番鸭饲养管理与疾病防治

吴志远　主编

中国农业出版社
北　京

图书在版编目（CIP）数据

番鸭饲养管理与疾病防治/吴志远主编．—北京：中国农业出版社，2017.4（2020.10重印）
ISBN 978-7-109-22763-7

Ⅰ．①番…　Ⅱ．①吴…　Ⅲ．①番鸭-饲养管理②鸭病-防治　Ⅳ．①S834②S858.32

中国版本图书馆CIP数据核字（2017）第034308号

中国农业出版社出版
（北京市朝阳区麦子店街18号楼）
（邮政编码 100125）
责任编辑　刘　伟　胡烨芳

中农印务有限公司印刷　　新华书店北京发行所发行
2017年4月第1版　　2020年10月北京第3次印刷

开本：850mm×1168mm　1/32　　印张：8.75　　插页：4
字数：230 千字
定价：30.00 元

彩图1　本书主编吴志远开展技术培训

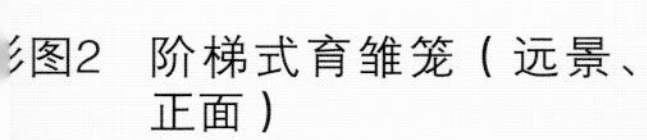

彩图2　阶梯式育雏笼（远景、正面）

彩图3　阶梯式育雏笼（远景、背面）

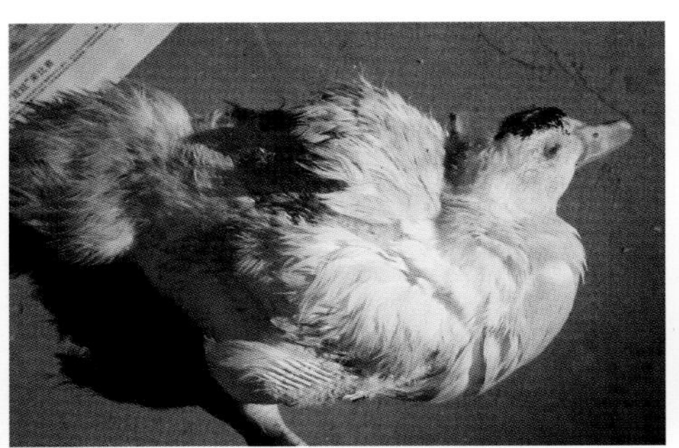

彩图4　禽流感：番鸭共济失调

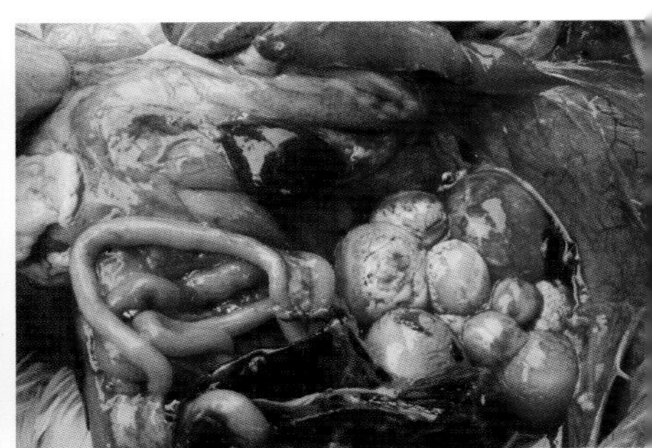

彩图5　禽坦布苏病毒病：鸭卵泡出血、脾肿大出血

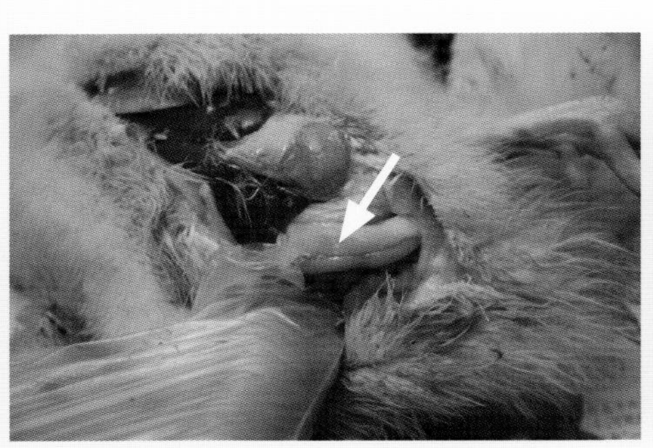

彩图6　番鸭细小病毒病：雏鸭胰有大量白色坏死点、肠内容物稀薄

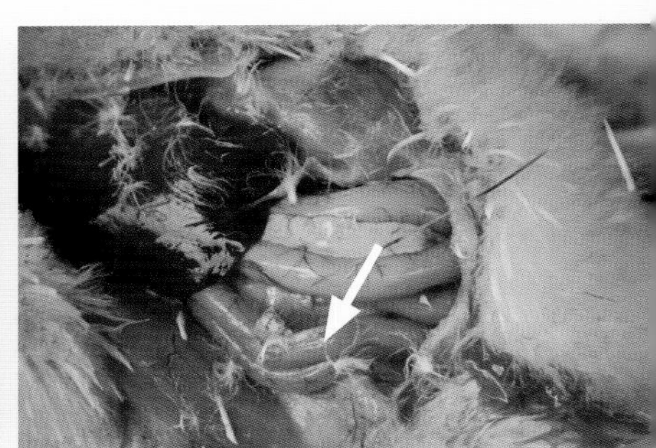

彩图7　雏番鸭小鹅瘟：病鸭小肠后段增粗变硬

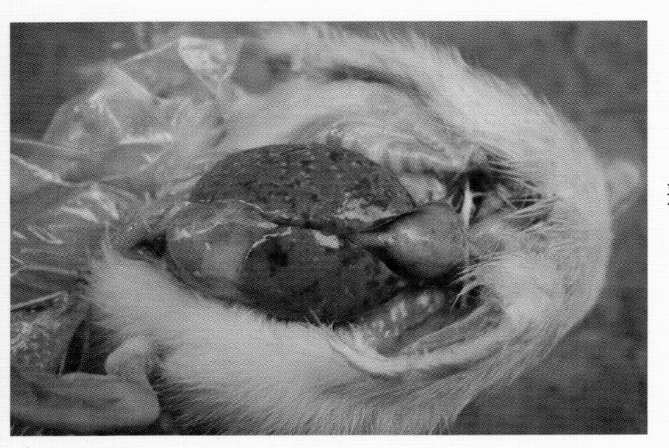

彩图8　番鸭花肝病：雏鸭肝肿大、淡，有大量出血斑、坏死斑出于肝表面，心外膜出血

彩图9　鸭病毒性肝炎：病鸭角弓反张、双脚呈游泳状

彩图10　鸭瘟：病鸭头部肿大、眼睑充血出血

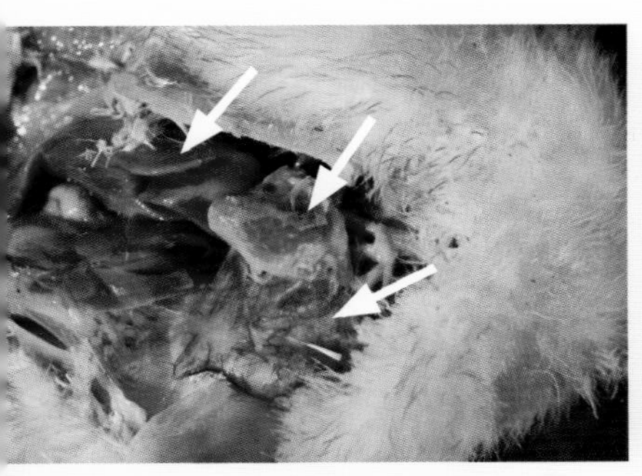

彩图11　鸭传染性浆膜炎：病鸭心包、肝和胸气囊积有纤维素性炎性渗出物

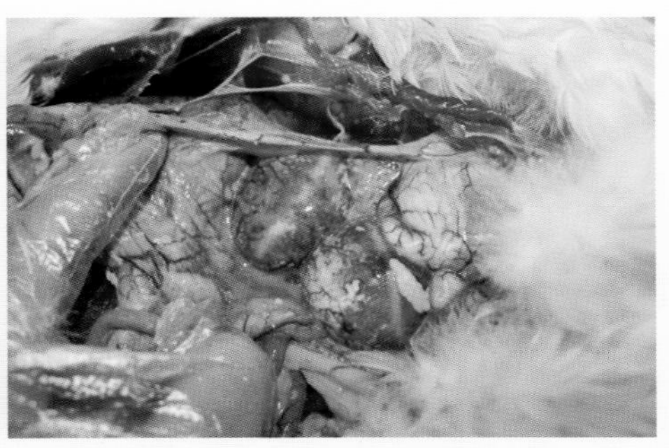

彩图12　沙门氏菌病：病鸭卵泡发炎、出血，腹腔有炎性渗出物

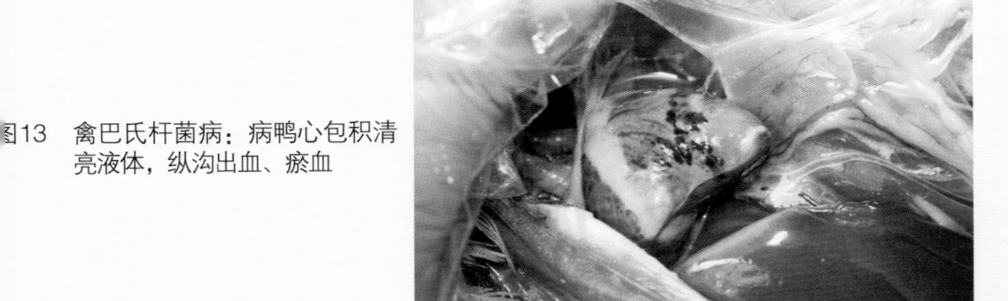

图13　禽巴氏杆菌病：病鸭心包积清亮液体，纵沟出血、瘀血

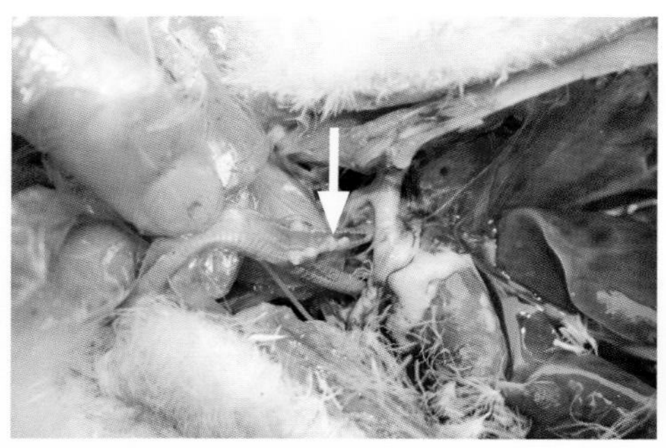

彩图14　鸭变形杆菌病：病鸭气管充血、有炎性渗出物堵塞

彩图15　支原体病：病鸭气囊混浊，有大量奶酪样黄白色炎性渗出物

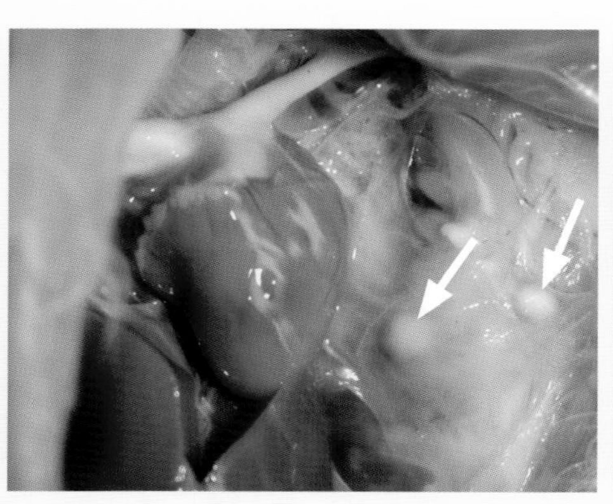

彩图16　曲霉菌病：病鸭气囊上有霉菌结节

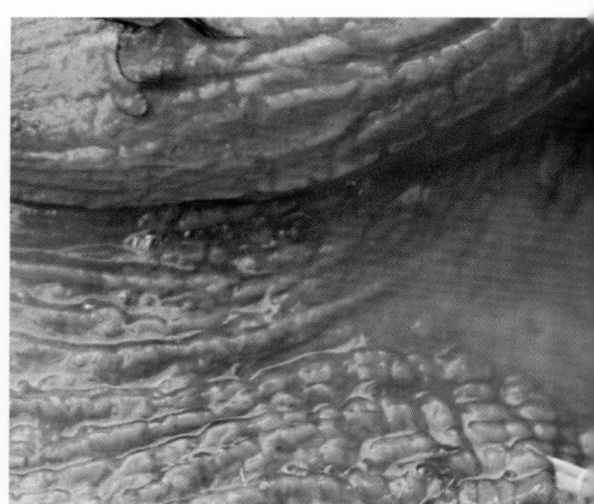

彩图17　念珠菌病：病鸭食道下段覆盖一层黄色伪膜

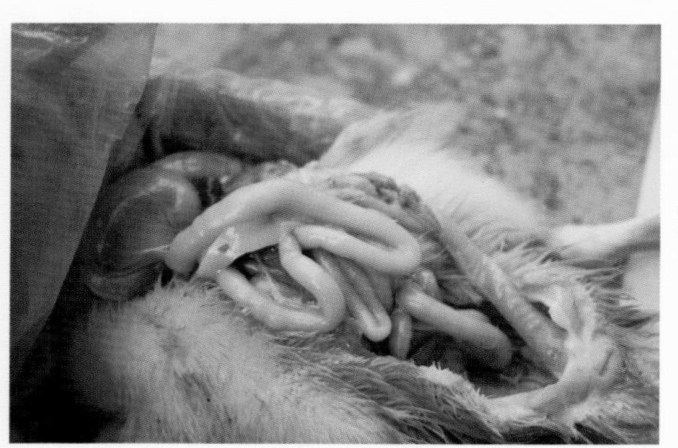

彩图18　鸭球虫病：雏鸭小肠变粗

彩图19　绦虫病：病鸭肠道内含绦虫

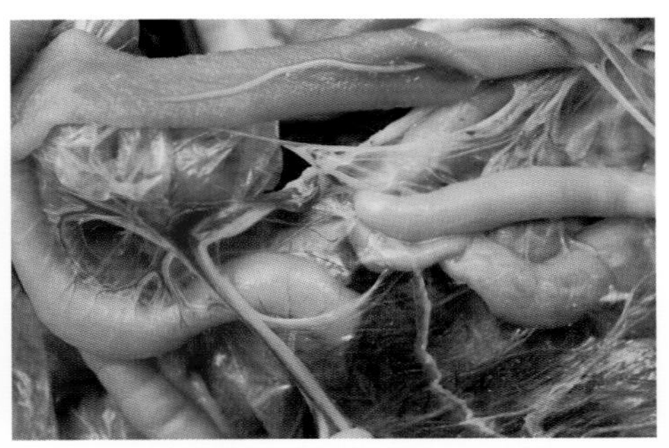

彩图20　蛔虫病：病鸭小肠内有蛔虫、黏膜粗糙

彩图21　疥螨病：病鸭背部穴状脱毛、翅膀呈裸体状

彩图22　维生素E和微量元素硒缺乏症：胸肌白色条纹状坏死

彩图23　番鸭腹水症：病鸭腹腔积液

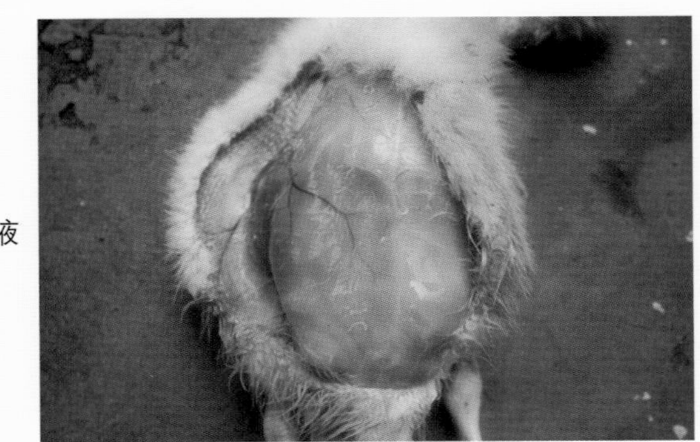

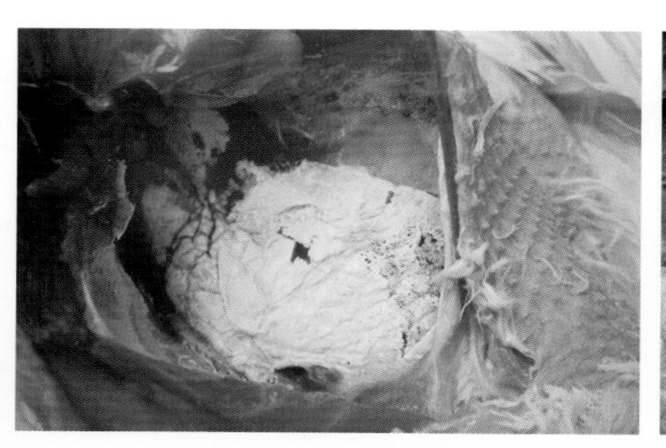

彩图24　痛风：病鸭肝表面有一层白色尿酸盐沉淀

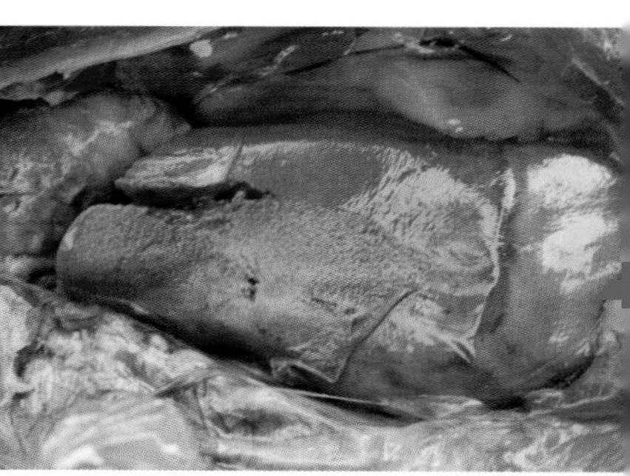

彩图25　霉饲料中毒：肝肿大、色泽变淡、脂肪变性

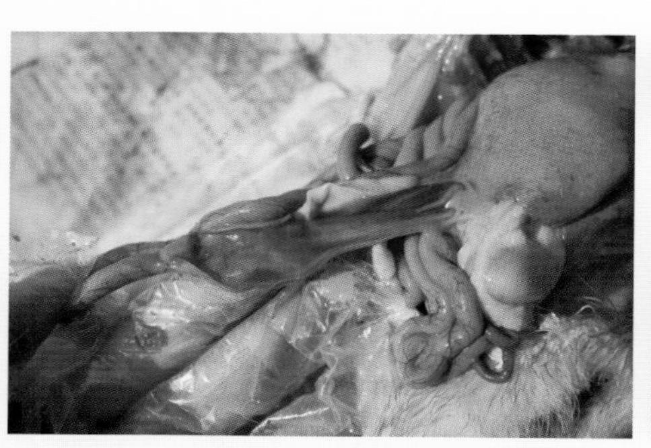

彩图26　胃肠炎：病鸭十二指肠黏膜充血、出血

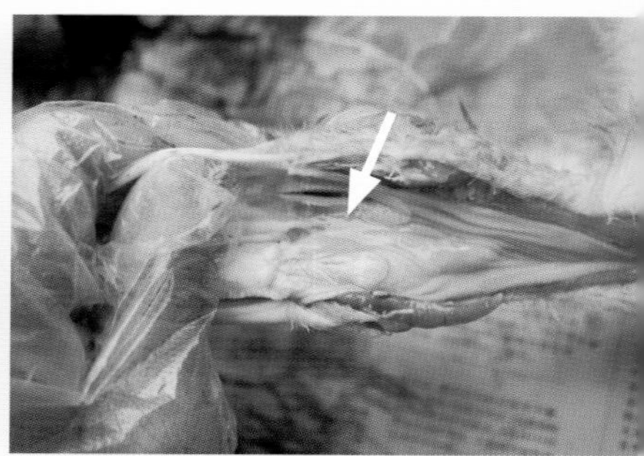

彩图27　气管炎及肺炎：病鸭喉头浆液性渗出

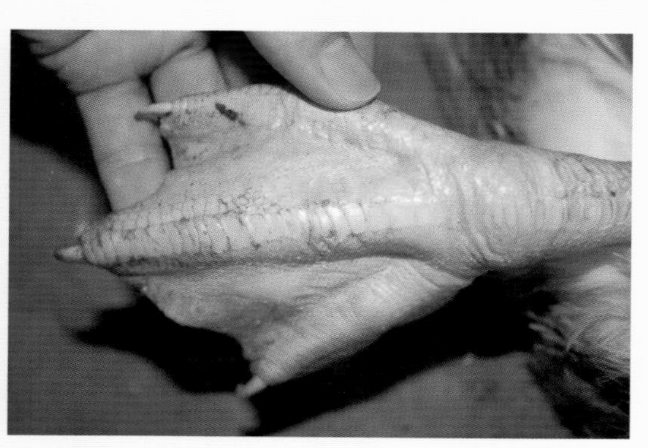

彩图28　细菌性关节炎：病鸭关节肿、渗出

主　　编： 吴志远
副 主 编： 林明星　李国勤
编写人员： 吴志远　林明星
李国勤　余见栋
蔡春芳　游　洋
任逸懿
审　　定： 卢立志

本书有关用药的声明

兽医药物知识是一门不断发展的科学，随着科学研究的不断深入及临床经验的不断总结，兽药知识也在不断更新。因此，治疗方法和用药也必须做相应的调整。建议读者在使用一种药物之前，参阅厂家提供的产品说明，以确认推荐的药物用量、用法、疗程及禁忌等。医生有责任根据经验和对患病动物的了解，决定用药量及选择最佳的治疗方案。出版社及作者对任何在治疗中所发生的对患病动物或财产所造成的损害或损失不承担任何责任。

前言

QIANYAN

平阳县是浙江省温州市著名的番鸭产区，也是温州一带番鸭养殖的发源地。该县番鸭饲养历史悠久，当地群众素来将番鸭炖品作为产妇、病人和劳作过度人群的滋补用品。相传18世纪，平阳县麻步镇雷渎村民从福建将番鸭带回饲养，并逐步扩散，后经数百年民间选育形成羽毛纯白、早熟的“麻步番鸭”，并分布在麻步镇周边的鹤溪、腾蛟、水头、南湖、闹村、凤卧、山门、晓坑、怀溪、梅源、梅溪、水亭等乡（镇）。20世纪80年代，在番鸭市场的鼎盛时期，麻步苗番鸭市场年交易量达60万～80万羽。番鸭苗除供应本地外，还远销永嘉、洞头、玉环、缙云以及江西的上饶等地，也催生出一批番鸭孵化专业户。经过多年市场竞争和技术进步，目前平阳县还有文华禽业专业合作社等3～5家种番鸭饲养和孵化专业企业，年苗番鸭销售量60万～80万羽。其中，平阳县饲养量40多万羽。苗鸭孵化技术也由自然孵化、坑孵发展到电孵箱孵化，自动化水平逐步提高，劳动强度大为下降，番鸭受精蛋孵化率达90%以上。

21世纪初，平阳县怀溪乡农家乐从业者以生姜、老酒为佐料，将番鸭烹饪成“怀溪番鸭”。因其烹饪工艺独特、口味鲜美，受到广大消费者欢迎，成为温州的知名小吃，销量不断攀升。这既促进了当地乡村旅游业的发展，又带动了平阳县番鸭生产进一步发展。

笔者自20世纪80年代参加工作以来，一直从事畜牧兽医技术的研究、推广和服务，特别是长期从事家禽配合饲料研制推广和兽医临床工作。笔者根据平阳县番鸭生产现状，总结近30年来从事番鸭养殖新技术推广和疾病防治临床经验编写了本书。书中主要介绍了番鸭品种、番鸭场设计、种番鸭选育及种蛋孵化、番鸭不同阶段饲养管理技术、番鸭营养与饲料要求、番鸭疾病防治、常用兽药知识等内容，同时本书还收录了笔者多年积累的番鸭典型病理剖检照片。希望该书的出版能对番鸭养殖专业户饲养技术和基层临床兽医番鸭疾病诊疗水平的提高有所帮助。

由于编者水平有限，不当之处在所难免，欢迎有关专家、技术人员和广大读者不吝指教，以便再版时修订(邮箱 13906668203@163. com)。

编　者

2016年3月

目录

MULU

第一章　概　　述

番鸭原产于南美洲和中美洲热带地区，17 世纪由东南亚引入我国，在我国经过长期的风土驯化与饲养，已成为我国养鸭业中极为重要的肉用鸭种之一。番鸭具有生长速度快、饲料转化率高、抗病力强、耐粗饲、瘦肉率高、肉味鲜美且具有野禽风味等特点，备受饲养者和消费者青睐，是国内外公认的优良肉鸭品种。

一、番鸭的别称

番鸭的别名很多，在饲养番鸭数量最多的法国，人们称之为蛮鸭；在前苏联，因为公鸭在繁殖季节可散发出浓烈的麝香气味，而被称为麝香鸭；在欧洲被称火鸡鸭；在日本则被称为台湾鹜或广东鹜。在我国番鸭的“小名”就更多了，因为它的头部两侧和脸上长有皮瘤，人们称之为瘤头鸭；又因它来自国外，所以又称洋鸭；福建省称之为全番、正番或红鼻番；台湾称生番鸭或哑鸭，那是由于它的叫声嘶哑而得名；在海南省琼海县加积镇，当地人们称之为加积鸭。此外，还有疣鼻栖鸭、疣子鸭、无声天鹅、姜母鸭和红面鸭等称谓。

二、番鸭在我国的分布

番鸭因喜欢温暖多雨的亚热带气候，所以，引入我国后多分布在长江以南的广大地区。福建省的饲养量最大，主要分布于福州、莆田、厦门、泉州等地。海南、台湾、广东、广西、江苏、江西、浙江、湖南、上海等地饲养也较多。近年来，湖北、安徽、四川、贵州等省也相继饲养。北方数量则较少，20 世纪 80 年代起，北京开始引种饲养，产蛋和生长速度也可达到南方饲养的水平，但是冬季需舍饲。

三、番鸭的外貌特征

番鸭与普通家鸭虽均属鸭科，但普通家鸭是河鸭属，而番鸭则为栖鸭属，故番鸭在形态特征上与普通家鸭相比颇有差异。番鸭头大颈粗短，健壮硕大，体躯长宽略扁，前后狭小呈橄榄状，与地面呈水平状；胸、腿肌肉丰厚；翅膀大而有力，翅尖伸长达尾部，并能低飞；腿短而粗壮，趾爪硬而尖锐；喙较短窄。

我国的番鸭主要有黑、白、黑白花 3 种羽色，极少数为赤褐色和银灰色。黑色番鸭羽毛有黑绿色光泽，皮瘤黑红色且较单薄，喙红色带黑斑，胫、蹼黑色，虹彩浅黄色，有的番鸭有几根白色副翼羽。白色番鸭皮瘤鲜红而肥厚，喙呈粉红色，胫、蹼橘黄色，虹彩蓝灰色；另有一变种，头上有一撮黑毛。黑白花番鸭喙为红色，上喙有黑斑点，胫、蹼暗黄色或有黑斑点。

四、番鸭的生活习性

番鸭是水禽，喜欢在水中扑翅游水，却不善在水中长时间戏水，但耐热、耐旱，所以可旱养，故也称“旱鸭”。它既可在水中配种，也可在陆地交配，受精率不受影响。番鸭蹼大而肥厚，步态平稳，行动笨拙，性情温驯喜安静，有时一脚着地，另一脚蜷缩，头伸埋于翼下，呈“金鸡独立”状，站立很久。

番鸭喜欢群居，除吃一般性饲料外，还喜欢吃青菜以及鱼、虾、蚯蚓等动物性饲料。吃饱后的番鸭常成群伏卧，故宜于集约化大群饲养，且受精率高于小群饲养。番鸭受到惊吓等刺激时，会竖起头顶一排纵向羽毛，像刷子一样。公番鸭性情较暴烈，尤其遇到异群成年公鸭时，表现凶猛、好咬斗。母番鸭则温驯得多。公番鸭性成熟后发出“嗞嗞”的低哑叫声。母番鸭在繁殖期间，会发出“唧唧”的轻叫声，有的具有就巢性。

五、番鸭的生产性能

1. 肉用性能　成年公母番鸭体重相差极悬殊，公鸭体重可达 4.0～4.5kg，母鸭仅为 2.7kg 左右。肉用番鸭早期增重速度较慢，40～60 日龄生长速度最快，80～90 日龄（主翼羽交叉重叠时）体重可达成年体重的 90%，以后生长速度又变慢。母鸭体成熟期比公鸭大约提前 1 周，所以，母鸭满 10 周龄体重达 2.1kg 左右、公鸭满 11 周龄体重达 3.5kg 左右时出栏，可获得较高的出肉率。此时，肉质也好，其胸肌率比北京鸭高 8%～9%。番鸭肉脂肪少，无油腻感，肉质鲜美，在餐桌上称之为“大补品”。在浙江省温州一带，当地群众常将其作为产妇必备的滋补品。番鸭与普通家鸭杂交，其杂交一代在福建、浙江称半番鸭、土番鸭；在广东、湖南称为泥鸭或靠鸭；在江西称为葫鸭。因杂交一代无繁殖能力，故也称骡鸭。

骡鸭的最大优点是生长快、肉质好、胸肌厚、饲料转化率高、抗病力强，而且公母鸭体重相近，极适合肉用。唯一的不足之处是，番鸭与普通家鸭交配属于不同属间的杂交，且父本与母本间体重相差悬殊，自然交配困难。即使公母配种比例为 1∶(3～4)，受精率也只有 30%～50%。如果采用人工授精，受精率可提高到 70%以上。所以，生产骡鸭多采用人工授精的方法。

2. 肥肝性能　骡鸭、番鸭都可用于肥肝生产，其肥肝重量远远高于其他肉鸭。骡鸭比番鸭产肥肝的性能还强，每只骡鸭可产肥肝 300～400g，少数可达 800～900g。此外，用于生产肥肝的鸭体活重可增至5kg以上，又增添了鸭肉资源。

3. 繁殖性能 公番鸭的性成熟在7～8月龄，体重达3.5～4.5kg。种公鸭一般只利用1～1.5年。母番鸭的开产期在6～7月龄，体重为2.0～2.7kg。年产蛋量80～120枚，最高可达160枚。蛋重70～80g，蛋壳呈玉白色，大小较均匀，种蛋质量好，合格率高达99%。公母番鸭配种比例为1∶7时，受精率可达85%～95%，受精蛋孵化率为80%～85%。母鸭多有就巢性，一般农户多用母鸭自然抱孵，每只母鸭一次可孵20枚种蛋，孵化期33～35d。有一定规模的养殖场以及母鸭无就巢性的，多采用孵化机孵化。种母鸭一般利用期为2年。

六、番鸭的营养价值

番鸭肉是一种高蛋白低脂肪类食品，可食部分鸭肉中的蛋白质含量为16%～25%，比畜肉含量高得多。鸭肉中的脂肪含量适中，比猪肉低，易于消化，并较均匀地分布于全身组织中。鸭肉是含B族维生素和维生素E比较多的肉类，对心肌梗死等心脏病有保护作用；可抗脚气病、神经炎和多种炎症。与畜肉不同的是，鸭肉中钾含量高，还含有较多的铁、铜、锌等微量元素。鸭肉具有滋阴补虚、利尿消肿之功效，可治阴虚水肿、虚劳食少、虚羸乏力、健脾、补虚、清暑养阴、大便秘结、贫血、浮肿、肺结核、营养性不良水肿、慢性肾炎等疾病。

第二章　番鸭品种

一、克里莫瘤头鸭

克里莫瘤头鸭也称法国番鸭，由法国克里莫公司培育而成。有白色（R_{51}）、灰色（R_{31}）和黑色（R_{41}）3 种羽色，都是杂交种。此鸭体质健壮，适应性强，饲养容易，而且肉质好，瘦肉多，脂肪少，肉味鲜而香，故在法国发展很快，已占全国养鸭总数的 80％左右。法国饲养此鸭主要用于生产肥肝。一般在 13 周龄时，强制填饲玉米，经 3 周左右，平均肥肝重可达 400～500g。这种鸭肥肝虽不及鹅肥肝大，但填饲期较短，耗料少，饲料转化率较高，故用克里莫瘤头鸭生产肥肝发展较快，已占据法国肥肝总量的一半左右。

1. 生产性能　成年体重，公鸭 4.9～5.3kg，母鸭 2.7～3.1kg。10 周龄母肉鸭体重为 2.2～2.3kg，11 周龄公肉鸭体重为4.0～4.2kg。每千克增重耗料 2.7kg。屠宰性能：半净膛率 82％，全净膛率 64％。10～11 周龄肉用鸭成活率在 95％以上。

2. 繁殖性能　开产周龄 28 周，年平均产蛋量 160 个。种蛋受精率在 90％以上。受精蛋孵化率在 72％以上。每个种蛋耗料 380g（包括育成期）。

二、福建番鸭

番鸭原产于中美洲和南美洲热带地区，17 世纪传入我国福建，经当地群众长期驯化选育而成福建番鸭。福建番鸭主产于古田、福州市郊和龙海等地，分布于福清、莆田、晋江、长泰、龙岩、大田、浦城等市县。

1. 体型外貌 体型前尖后窄，呈长椭圆形，头大，颈短，嘴甲短而狭，嘴、爪发达，胸部宽阔丰满，尾部瘦长。嘴的基部和眼圈周围有红色或黑色的肉瘤，雄鸭展延较宽。翼羽矫健，长及尾部。尾羽长，向上微微翘起。番鸭羽毛颜色为白色、黑色和黑白花色3种，少数呈银灰色。羽色不同，体型外貌也有一些差别。不同毛色公番鸭体重无差异；不同毛色的母番鸭体重差异显著，以白色体重最大，黑色次之，黑白花的最小。

2. 生长发育 据不同毛色的61只公番鸭和200只母番鸭体重、体尺测定：不同毛色的公番鸭体重无显著差异，平均为3.04kg；不同毛色的母番鸭体重差异显著，以白色者体重最大（平均为1.90kg），黑色者次之（平均为1.80kg），黑白花的最小（平均为1.72kg），三者平均为1.87kg。

3. 繁殖性能 平均开产日龄为172.88d，见蛋日龄为153d，开产后第一个产蛋周期最长，连产蛋数为35～40枚。以后每个产蛋周期连产蛋数可稳定在13～15枚，年产蛋100～110枚，最高个体可达160枚。有抱性。据110个番鸭蛋测定，平均蛋重71.50g，蛋形椭圆，蛋形指数为1.39，蛋壳为玉白色。

4. 屠宰性能 番鸭屠宰率较高，在一般饲养条件下，成年公鸭的半净膛率可达81%，全净膛率为74%。

三、麻步白番鸭

相传18世纪后叶，浙江省平阳县麻步镇雷峰村农民从福建引进番鸭，开始饲养。番鸭羽毛有白色、黑色和黑白花3种。经历代繁育饲养比较，一致认为，白色番鸭繁殖性能好、增重速度快、肉质佳、市场销路好。经过世代选育，在毛色上留白去杂，从而培育成如今的麻步白番鸭。

麻步白番鸭主要分布于平阳县麻步、桃源、梅溪、梅源、鹤溪、腾蛟、水头、南湖、山门、怀溪等地。成年体重，公番鸭3.5～4.5kg，母番鸭2.0～3.0kg。种母鸭160～180日龄开产，年产蛋60～140枚，蛋重60～80g。种母鸭每产20～30枚蛋即抱窝，年孵化3～4窝，年产雏鸭40～75羽，雏鸭出壳重48g左右。种母鸭利用年限为2～3年，第一年产蛋率高，抱窝性差；第二年产蛋率降低，抱窝性能较好；第三年产蛋率及抱窝性能均有不同程度的下降。肉番鸭两主翼羽尖相交即上市出售；公鸭一般70日龄体重为2.5～3.0kg；母番鸭63日龄体重为1.75～2.0kg。

第三章　番鸭场的设计

一、场址选择

新建番鸭舍要选择离居民点、工矿企业500～1 000m以上，远离交通要道但交通方便，有河流山川等作为天然屏障，有利于防疫；背风向阳，离水源近的僻静之处。

二、鸭场布局

鸭场由生产区和生活区组成。生产区包括生产鸭舍、隔离舍、饲料混合间、饲料仓库、药房和兽医室等。生活区包括办公楼、饲养员宿舍、厨房和配电房等。生产区和生活区必须严格隔开，仅留一个通道进出。通道口必须设有消毒设施。

消毒设施：番鸭场大门口、生活区通往生产区门口、各幢鸭舍门口均应设消毒池。池宽与门口一致，池深10～15cm，池长要根据车辆和人员进出情况而定。鸭场门口消毒池宽应大于进出车辆的宽，长应以车轮1.5圈周长为宜，一般要达到宽2.5～3.0m、长3.0～3.5m以上；各幢鸭舍门口消毒池以门口宽度为准；生活区通往生产区门口还应设消毒室，消毒室内安装紫外线灯、洗手池、沐浴间和更衣间等。

三、育雏舍

1. 育雏舍总体要求　育雏室应为砖灰结构，密闭，有良好的保温性能；有供暖、降温、照明（采光条件）和通风换气设备等。

2. 育雏舍结构 椽高 2m 以上，顶高 2.5m 以上。最上层育雏床顶篷水平线以上的墙上安装一个排风机，用于通风换气，确保育雏舍内空气清新充足。

育雏床分 3 层，床面由约 2cm 宽的修边竹条或木条钉成，竹条间距约 1cm；也可用塑料网铺成。床面下 15cm 处有一活动的承粪板，以便及时清除粪便。下层床面距上层承粪板 40～45cm，每床均设置保温灯、料桶和饮水器等。最上层覆盖一层毛毯，以便保温降湿。育雏床宽以 80cm 为宜，以利于操作（如捕捉鸭等）（图 3-1）。

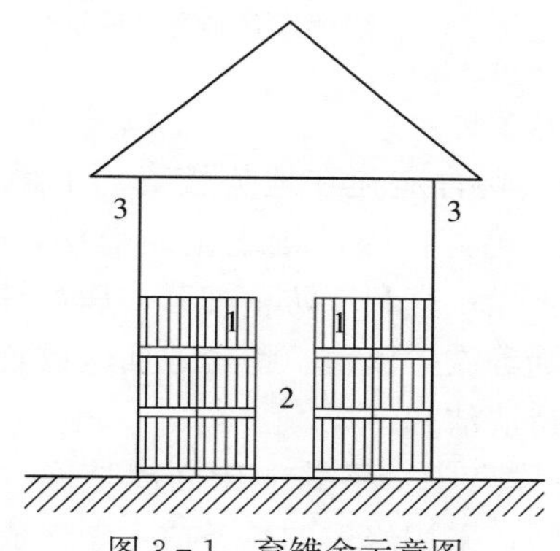

图 3-1 育雏舍示意图
1. 育雏床 2. 过道 3. 排风机孔

也可借用大型集约化鸡场的育雏设备，采用 4 层阶梯式育雏笼、乳头式自动饮水器、料槽、自动加热装置（包括加热器、风机、温控仪）等。详见图 3-2、彩图 2、彩图 3。

四、肉番鸭舍

商品代肉鸭可以不设水池。按番鸭饲养方式不同，可分为地

图 3-2　阶梯式育雏笼（近景）

面平养和网上平养 2 种：

1. 地面平养　鸭舍应建在地势较高、干燥、通风良好的地方。土质以沙壤土为好，因沙壤土土质疏松，透气性和透水性好，能保持地面干燥；有利于防止细菌、病毒等病原微生物，以及寄生虫、蚊、蝇等滋生繁殖。鸭舍地面应放置木屑、麦秸、稻草等垫料，以保持清洁和干燥。

2. 网上（或称高床）**平养**　床面离地面 60～70cm 或更高（以利于机械清粪），采用修边的竹条或木条构成（防止竹条或木条边缘粗糙，刺伤或割伤番鸭），竹条或木条间距 2cm 左右，以利于鸭粪落在地面上；也可在床面上铺一层塑料网，以利于番鸭在上面活动等，实行离地饲养（图 3-3）。

该方式优点是，可以避免番鸭与粪便接触，减少疾病特别是球虫病的发生；减少饲养员打扫地面次数，降低饲养员劳动强度。此外，还可提高番鸭成活率、生长速度和饲料转化率等。目前，肉番鸭大群饲养普遍采用此种方式。

图 3-3　肉番鸭网上平养

五、种番鸭舍

种番鸭舍除与肉番鸭舍有相同的设施外，还需要产蛋箱（产蛋期）、运动场、水池（水深 15～20cm 即可，最好引入流动的溪流或山泉水）、鸭滩（指从水面到运动场的斜坡，以 20°～30°

图 3-4　种番鸭网上平养

坡度为宜，便于鸭从水面走到运动场），见图3－4至图3－6。种番鸭能短距离低空飞翔，故运动场及水池最好用网罩网住，以防种鸭飞出。

试验表明，种番鸭地面平养，其种蛋受精率达96.28%，与网上平养的83.56%相比差异显著（P<0.01）。

图3－5　种番鸭网上平养

图3－6　种番鸭运动场和水池

第四章　番鸭的选种选配

一、选种的标准与方法

（一）种番鸭的主要性状

传统的选种工作十分重视体型外貌，非常强调羽毛颜色的整齐一致；而现代的选种标准则侧重于主要经济性状。番鸭在选种时要首先考虑以下几个性状：早期体重（3周龄、7周龄）；成年体重；肉鸭饲料转化率；羽毛生长速度；屠宰率、半净膛率、全净膛率；胸肌率；腿肌率；脂肪率；开产日龄；产蛋量；种蛋受精率、孵化率；7周龄仔鸭存活率；种鸭产蛋期存活率。

1. 体重　番鸭除要求有一定的成年体重外，更要侧重于早期的生长速度。体重和生长速度的遗传性都比较高，通过个体选择和家系选择均有效。番鸭体重与性别有强相关，选种时应分别制定标准。

2. 饲料转化率　指消耗若干饲料后能取得肉、蛋产品的多少，也称饲料报酬。饲料转化率性状是可以遗传的，通过选种可提高饲料转化率。

3. 肉的品质　优秀的肉鸭品种，不仅要求屠宰率、半净膛率、全净膛率高，而且胸肌率、腿肌率也要高。脂肪率包括腹脂肪率和皮下脂肪率，脂肪率越低，越能适应消费市场需要。

4. 产蛋量　产蛋量遗传力比较低，通过个体选择成效极差。要进行家系选择，选出高产的公鸭才有较大的成效。一定时期内产蛋量的高低，受下面3个因素影响：

（1）开产日期的迟早　早熟有获得高产的重大潜力，但初产日龄与平均蛋重存在负相关，选种过程中必须处理好两者的关系。

（2）产蛋强度的高低　产蛋强度通常也称产蛋率。产蛋强度与产蛋量的关系很密切，尤其是开产初期和产蛋末期更为重要。开产初期产蛋强度高，表示该品种产蛋高峰来得快；产蛋末期强度高，表示该品种的产蛋持续性好。

（3）换羽和休产　种鸭经过一段时期的产蛋以后，要换羽、休产，但部分高产个体在换羽时不休产，选种时要注意选留这种个体。

5. 生活力　通常用存活率和死亡率来表示，这是番鸭对不良环境条件的适应能力，故也称适应性。番鸭的适应能力主要分4个阶段来考核：一是胚胎期，用受精率和孵化率来表示；二是3周龄成活率，用育雏期成活率表示；三是0～26周育成期成活率，用育成率表示；四是产蛋期淘汰率，用产蛋期死淘率表示。生活力的遗传性很低，采用个体选择是无效的，必须通过家系选择才有成效。

（二）选种方法

种番鸭选择通常采用两种方法：一是根据体型外貌和生理特征选择；二是根据生产记录的资料选择。有的地方可将两种方法结合起来进行。

1. 根据体型外貌进行选择　这种方法适合缺乏记录资料的养鸭场应用。外貌选择必须符合该品种特征的要求。

（1）种鸭的选择

①种公鸭。要选择体大，身长，颈粗，背平直而宽，胸骨正直，体躯长方形，与地面呈水平状，尾稍上翘，腿的位置近于体躯中央，雄壮稳健，阴茎发育良好的公鸭。

②种母鸭。要选择头大而宽圆，喙宽而直，颈粗、中等长，

胸部丰满向前突出，背长而宽，腹部深，脚粗而稍短，两脚间距宽的母鸭。

选择高产母鸭，还要触摸腹部，测量耻骨间距。高产鸭腹部柔软，泄殖腔大而湿润，耻骨薄而柔软，并有弹性，耻骨间距宽，可并排容纳 4 个手指，耻骨与龙骨间距离，起码可以并排容纳 5 个手指以上。

羽毛色泽与色素消退情况，也可以作为判断鸭高产或低产的指标。开产初期，产蛋性能好的母鸭代谢旺盛，性腺机能活跃，羽毛细而有光，像“鲜花”一样。如果这时的鸭羽毛零乱，没有光泽，“粗毛大花”，大多是健康不佳、产蛋不好的个体。到了产蛋后期，高产的鸭连续产蛋，养分消耗多，色素消退，羽毛零乱、没有光泽，腹部也因产蛋下蹲的时间多，羽毛沾污，甚至部分脱落，走起路来摇摇摆摆，像个“丑八怪”；而产蛋少的鸭，由于较早就停产换羽，此时新羽已先后长齐，颈粗体胖腰身好，羽毛光泽，外观反而好看，实际上大多是产蛋很差的个体，应从种群中淘汰。

（2）种蛋的选择　种鸭选好后，应根据该品种固有的要求选择种蛋，如蛋壳颜色、蛋重和蛋形。此外，还要将沙壳、薄壳和“钢皮蛋”（蛋壳特别坚硬，外观失去正常蛋壳结构，敲击时声音发脆）剔除。

（3）雏鸭的选择　种蛋选好后，孵出小鸭时再进行一次挑选。选择雏鸭，一看绒毛颜色，二看喙的颜色，三看蹠、蹼、趾的颜色，把不符合本品种要求的变种淘汰。此外，还要将硬脐（脐带收缩不好，腹部有硬块）的弱雏淘汰。

（4）后备种鸭的选择　后备种鸭的选择可分两个阶段进行。第一阶段在 3 周龄育雏结束时，选生长速度快、饲料转化率高、发育良好、外观无畸形的雏鸭作为种鸭。第二阶段在 10 周龄，此时骨架已经长成，除主翼羽外，全身羽毛基本长好。这个阶段的选择标准，第一，看生长发育水平，将生长慢、体重轻的不符合本品种要求的次鸭淘汰；第二，看体型外貌，将羽毛、喙、蹠、蹼和趾的颜色不符合本品种要求的个体淘汰。此阶段选留的后备种鸭，立即进行限制饲喂（多喂青饲料、少喂精饲料），以促进后备种鸭消化系统和生殖系统发育，防止过肥影响种鸭产蛋性能的发挥。

（5）开产前期的选择　母番鸭在150日龄左右入舍，将已经培育好的青年鸭，除根据本品种对体型外貌和体重的要求进行选择外，还要观察以下5个方面：一是羽毛着生紧密，毛片细致、有光泽；二是胸骨硬而突出，肋骨硬而圆，肌肉结实；三是喙长、颈长、体躯长；四是眼睛突出有神，虹彩符合本品种标准；五是腹部发育良好，宽大柔软，耻骨间和耻骨与龙骨之间的距离要大。将符合要求的个体选进鸭舍饲养。

2. 根据生产记录成绩进行选择　种鸭的生产性能不能单靠体型外貌的选择，只有依靠科学测定的生产记录资料进行统计分析，才能做出比较正确的选择。

一个正规的育种场，必须对各项生产性能做好记录。在鸭的育种工作中，必须记录的项目有初生体重、育雏结束（3周龄）时体重、育成期初（10周龄）体重、育成期末（26周）体重、开产期体重、500日龄体重、开产日龄、蛋重、产蛋量（产蛋率）、种蛋受精率、孵化率、雏鸭成活率、育成鸭成活率、产蛋期淘汰率等。

取得上述生产记录资料后，就可以从以下4个方面进行选择：

（1）从系谱资料中进行选择　就是根据双亲及祖代的成绩进行选择。尤其是公鸭没有产蛋记录，在后代尚未繁殖的情况下，系谱就是主要依据。因为亲代或祖代的表现在遗传上有一定相似性，可以据此对被选的种鸭做出大致判断。在运用系谱资料时，血缘关系越近，影响越大，亲代的影响比祖代大，祖代比曾祖代大。

（2）从本身成绩中进行选择　系谱资料反映上代的情况，只说明生产性能可能怎么样，而本身的成绩则说明其生产性能已经怎样了。这是选种工作的重要依据，每个育种场都必须做好个体记录。但是，依据本身成绩进行的选择，只适用于遗传性高的性状，这样选择才能取得明显的效果。

（3）从同胞姐妹的成绩中进行选择　同父同母的兄弟姐妹称全同胞，同父异母或同母异父的兄弟姐妹称半同胞，它们之间有共同的祖先，在遗传上有一定的相似性。尤其在选择公鸭的产蛋性能方面，可作为主要依据之一。

（4）从后裔的成绩中进行选择　经以上三项选择，可以比较正确地选出优秀的种鸭。但它是否能够真实稳定地将优秀性状遗传给下一代，还必须进行后裔测定。了解下一代子女的成绩，选择才能更准确、更有效。

二、选配方法

（一）选配的种类

优秀种鸭选出以后，通过公母的合理组群，以使优良的性状遗传给后一代。所以，组群是选种的继续，有人将它合称为选种选配。选配方法通常有 3 种。

1. 相似交配，或称同质选配　将生产性能相似或特点相同的个体组成一群，这种方法可以使后代同胞之间增加相似性，也使后代更相似于亲代。如根据系谱资料判断，使具有相同基因型的个体交配，称基因型同质选配。近亲交配也属于这一类。如果不了解系谱资料，仅根据表现型相似的选配，称表现型同质选配。

2. 不相似交配，或称异质选配　将生产性能不同、特点各异的个体组成一群。这种方法可增加后代的杂合性，降低亲代与后代的相似性。与亲代相比，后代将出现介于双亲之间的性状，也可能获得具有双亲不同优点的后代。如不同品种或不同品系之间的杂交就属于这一类。

3. 随机交配 不加人为有意识的控制，随机组群，自由交配。这种方法是为了保持群体遗传结构不变，适于在保存品种资源方面应用。

（二）配种方式

配种方式通常有3种：

1. 大群配种 这种配种方式是公母自由组合，配种的机会均等，受精率较高。缺点是公鸭血统不清楚，故只适用于繁育场，不适用于育种场。但须注意，大群配种时，公鸭的年龄和体质要相似，体质较差和年龄较大的公鸭，没有竞配能力，不宜作为大群配种用。

2. 小间配种 一个配种小间放入1只公鸭。再在室内放置产蛋箱，使所获得的种蛋双亲系谱清楚，可以建立系谱。此法工作繁琐，要求高，只适于育种场使用。但要注意，选用的公鸭要先进行生殖器官和精液品质检查，或先进行配种预测，检查种蛋的受精率，将生殖器官有器质性缺陷、受精率很低的公鸭淘汰。

3. 同雌异雄轮配 此法的目的是多得到几个配种组合，或使被测定的公鸭获得更准确的数据。其方法是，配种开始后，第一个配种期放第一只公鸭，留足种蛋的前2天，将第一只公鸭拿出，空出1周不放公鸭（此期间内的种蛋孵出的小鸭，仍是第1只公鸭的后代），于下1周放入第二只公鸭（最好在放公鸭前，将第二只公鸭的精液与所配母鸭全部输精一遍），前5天种蛋不用（如进行人工授精，前3天的种蛋不用），此后所得的种蛋为第二只公鸭的后代。如需测定第三只公鸭，按上述方法轮流下去。

（三）番鸭初配年龄、利用年限和公母性别配比

番鸭初配年龄，母番鸭要在6月龄以上，公番鸭应在7月龄

以上，利用期为 1 年。在自然交配情况下，公母配比为 1：(5～8)；在人工授精情况下，公母配比为 1：(20～25)。

三、育种方法

现代家禽育种，强调群体的生产性能；要求提供商品生产的鸭群必须健康无病，生活力强，高产（肉鸭要求早期生长快，饲养周期短），饲料转化率高，比较早熟，群体性状整齐。因此，要在已有标准品种的基础上，选育出若干专门化的品系，然后进行配合力测定，选出优秀的配套组合，通过配套杂交，培育出高生产性能的肉鸭。

1. 近交建系法 近交是指血缘相近的个体之间，如连续全同胞交配、连续半同胞交配、亲子（父女或母子）、祖孙级进交配等。经过若干世代，使近交系数达到 0.375 以上，方可称为近交系。一般全同胞交配需 2 个世代以上，半同胞交配需 4 个世代以上，级进交配 2 个世代以上。

近交可增加群体的纯合性，但往往导致后代生活力下降，出现近交衰退现象，有时会使建系中断。因此，在建立近交系之初，需要有大量的原始素材，特别是母鸭越多越好；但公鸭不宜过多，以免近交后群体中出现过多的纯合类型，影响近交系的建立。

组建近交系基础群的个体，要进行严格的选择。参与近交的母鸭最好来自经过生产性能测定的同一家系，公鸭最好来自经过后裔测定的优秀个体。

在近交系组建的进程中，要密切注意是否出现了所要求的优良性状组合，最好近交建系结合进行配合力测验，一旦发现配合力高的近交系时，就要放慢近交进程，把重点放在扩群上，以加快育成优良的近交系。

2. 系祖建系法 选出一个符合选育目标的优秀个体作为系

祖，环绕这个系祖进行近交，大量繁殖并选留它的后代，扩大该理想型的个体数量，并巩固其遗传性，从而使系祖个体所特有的优良品质变为群体共有的优良品质。用这种方法培育的鸭群，一般具有该系祖的突出优点，称为系祖建系，通常用系祖的名称（编号）命名。

进行系祖建系时，还要注意以下 3 点。

（1）要选好系祖　系祖的主要性状要很突出，但其他性状也要有一定水平。为了选准系祖，最好运用后裔测定和测交的方法，证明所选的系祖能将优良性状稳定地遗传下去，且无不良基因。

（2）进行有计划的选配　保证后代能集中地将系祖具有的突出优点传递下去，因此要尽量选配没有亲缘关系的同类型配偶（或称同质选配）。但对于带有某些缺点的系祖，也可进行一定程度的异质选配，用配偶的优点来弥补系祖的不足。

（3）要加强对后代的选择和培育　由于系祖的后代并不是都能继承系祖的优良性状，要不断地选择那些能较完整继承并遗传系祖优良性状的个体，淘汰那些性状较差不能继承系祖突出特点的个体。为此，可以采用同雌异雄轮配法，以扩大后代数量，从中选出理想而可靠的继承个体。

3. 闭锁群建系法　又称继代选育法。在建系之初，选择并组成基础群，然后把这个基础群封闭起来，在若干世代内，不再引入种鸭，只在基础群内，根据生产性能和外貌特征进行相应的选种选配，使鸭群中的优秀性状迅速集中，并转而成为群体共有的性状，因此又称品系建群。它所采用的配种制度，一般都是随机交配，避免了有意识的近交，以减慢近交的进程，不致生活力迅速衰退。另一方面，由于采用继代选育法，每一代选留的都是性状最理想的个体，它们基本上是同质的，故不必进行严格的选配，因此建系方法比较简单、易行。

进行闭锁群建系时，要注意以下 4 点：

（1）基础群应有一定的数量　因为个体太少难以获得较理想的基因组合，影响建系的质量和进展，导致群体近交程度的提高，增加近交衰退的危险。一般认为，基础群的每一代以 1 000 只母鸭、200 只公鸭较为理想。

（2）基础群应具有广泛的遗传基础　封闭以后的鸭群，将来建成的新品系性状，只限于基础群基因素材以内的范围，不可能出现基础群所控制范围以外的性状。所以，要根据建系的目标，将新品系预定的特征、特性汇集在基础群的基因库中，为建系打好基础。同时，群内各个体的近交系数应为零，至少大部分个体不是近交后代。

（3）要严格封闭　所有更新的后备种鸭，都必须从基础群的后代中选择，至少应封闭 4～6 代。如过早引入种鸭，会影响鸭群遗传稳定性，不利于品系的建成。

（4）选种目标和管理方法要保持一致　每一世代的选种目标和管理方法要一致，保持连续性。只有这样，才能使鸭群的基因频率朝同一方向改变。同时，各世代的饲养管理条件要尽可能一致，保持稳定，使各世代的性状有可比性，从而使选种更加准确。

4. 正反反复选择法　此法在品系培育的过程中结合了杂交、选择和纯繁 3 个阶段。既有杂交组合试验，可避免近交育种时大量淘汰造成的损失，又有方法简便、只要有两个亲本群（品种或品系）就可着手进行的优点。所以，此法一举数得，颇受欢迎。

具体做法：先从基础群中按性能特点或来源不同，选出较优秀的 A、B 两个群体（品系），第一年分成两组配种，第一组正交，即 A 系公鸭配 B 系母鸭，第二组反交，即 B 系公鸭配 A 系母鸭。正交和反交各组以分成若干个配种小群，每个配种小群只放 1 只公鸭和 5～8 只母鸭，将种蛋做好标记，在同样条件下孵化，留足后裔，在相同的饲养管理条件下进行生产性能测定。第二年根据后裔测定的成绩，分别在第一组（正交组）和第二组

（反交组）中各选出最高产的1～2个小组，再找出该高产小组的亲本，将正交组中最高产的A系公鸭与反交中最高产的A系母鸭组群纯繁；将正交组中最高产的B系母鸭与反交组中的B系公鸭组群纯繁，次高产的亲本也按同样的方法组群纯繁。第三年，用第二年纯繁所得的A、B两系的亲本，按第一年的同样方法进行正反交，同样分成若干配种小群，然后进行后代生产性能测定。根据测定结果，选出优秀的亲本。第四年，重复第二年的方法。

如此反复选择，经过一定时间，就可以形成两个新的品系，而且彼此之间有很好的杂交优势。因为它是通过配合力测定结果而选留繁育的亲本。

必须注意，在选育过程中，不管是哪一代杂交鸭都不能留种，只能直接用作商品生产。

5. 合成系的选育和利用 合成系是由两个或两个以上的系（或品种）杂交，选出具有某些特点并能遗传给后代的一个群体。

合成系选育的基本方法是杂交、选择和配合力测定。如以两系（或品种）作为素材，杂交的亲本就是基础群，杂交一代就是零世代，杂交二代就是一世代。

选育合成系的重点是经济性状，不要求体型外貌和血统上的一致性。合成系育种的目的不是推广合成系本身，而是将它作为商品生产繁育体系中的一个亲本。这与一般杂交育种不同，它不须从杂交二代的分离中再经多代的选优汰劣，就能育成在体型外貌和生产性能上都相当稳定的“纯系”，然后再投入使用。

合成系选育的最大特点是时间短，见效快。一般经过一两个世代选育即可，比通常培育一个纯系要节省一半以上的时间。所以，目前在国外的商品鸡生产中多采用合成系选育技术，生产新的系或配套组合，为产品更新和商品竞争赢得时间。

合成系的利用，可以两系配套，也可以三系配套或四系配套。

合成系选育取得成功的关键是选好亲本，应将特点突出、生产性能优秀的系（或家系）作为基础群，使合成系的起点高，再与另一个高产纯系配套时，就有可能结合不同的亲本优点获得杂交优势。

合成系育成后，如再经几个世代选育，即可成为一个纯系。当生产性能达到较高水平时，再进一步提高就比较困难，需要改变选种方法或与其他纯系杂交，引入高产基因，以产生新的合成系。

四、杂交优势的利用

采用不同方法建立起来的品系（或品种），目的在于开展品系（或品种）间配套杂交，充分利用其杂交优势，生产高产优质的商品代肉鸭。这种生产须按一定的程序或模式制种，先进行配合力测定，再配套杂交。

1. 配合力测定 配合力可分为一般配合力和特殊配合力。一般配合力所反映的是杂交群体平均育种值的高低。一般配合力主要依靠亲本品系的纯繁选育来提高，它的基础是基因的加性效应。所以，遗传力高的性状，一般配合力提高比较容易。特殊配合力所反映的是杂种群体平均基因型值与亲本平均育种值之差，它的基础是基因的非加性效应。一般遗传力高的性状，各组合的特殊配合力不会有很大差异；反之，遗传力低的性状，特殊配合力有很大差异。所以，要提高特殊配合力，主要依靠杂交组合的选择，从配合力测定中，选出杂交优势强大的配套组合投入生产使用。

2. 品系配套模式 从遗传学的角度看，参与配套的品系多，其遗传基础更广泛，能把多个亲本的优良性状综合起来，生产的商品杂交优势更强大。但参与 杂交的品系越多，品系繁育、保种制种的费用也越高，到达商品代的距离也越长，制种更繁琐、规模也更庞大。从经济效益出发，近年来的配套系模式主要有二系、三系和四系3种模式。

二系配套，是指用不同品种（品系）进行一次杂交所组成的配套系。

三系配套，先用A品系的公鸭与B品系的母鸭进行杂交，再用杂交一代（AB）的母鸭与C品系的公鸭杂交，组成三系配套系。

四系配套，用A、B、C、D 4个品系，分别进行两两杂交，然后两个杂种之间再进行杂交，这种配套模式通常称为双杂交。

五、番鸭人工授精技术

番鸭公母体型、体重差异悬殊，自然交配公母比例1∶(5～8）才能获得较高受精率；采用人工授精技术，公母比例可达1∶（20～25），可以显著提高公番鸭的利用率，进而减少公鸭饲养数量、降低饲养成本，提高经济效益。此外，采用人工授精能充分发挥优良公鸭的作用，在短期内获得大量优良公鸭后裔，且系谱记录方便准确，有利于番鸭选种选育。

（一）采精和输精用具

我国番鸭人工授精尚未普及，人工采精和授精用具还没有规格化。采精、输精用具常采用水禽人工授精用具，生产实践中也有用结核菌素注射器（青霉素皮试针管）作为输精器的（图4－1）。

（二）种公鸭的培育与选择

1. 种公鸭的培育 生长期（10～26周龄）的种公番鸭，应采用限制饲喂，以控制适当的体重（配种前控制在4.0～5.0kg)，同时要做好免疫工作。在整个配种期间，以公番鸭的

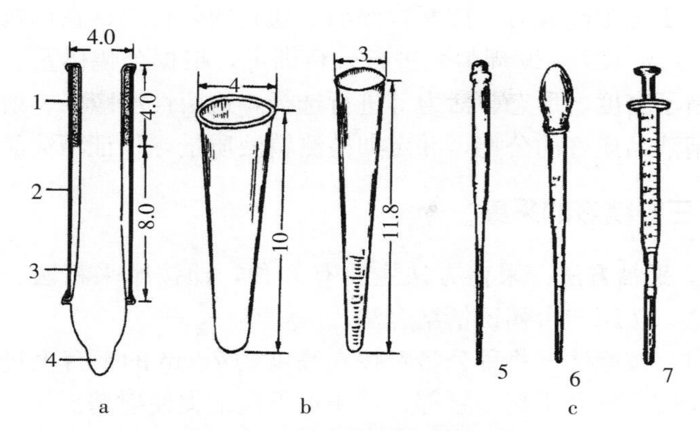

图 4－1 水禽采精和输精器械

a. 鸭用假阴道（单位：cm） b. 水禽集精杯（单位：cm） c. 水禽输精器

1. 海绵 2. 锌管外壳 3. 内橡皮管 4. 集精袋 5、6. 有刻度的玻璃管

7. 毫升注射器（前端接无毒塑料管，可以更换，避免污染）

体重不下降为标准。生产中可根据具体情况适当添加矿物质和维生素，特别是维生素 E、维生素 A、维生素 D、维生素 C 等，以提高精液品质。

公番鸭应一羽一笼饲养，上笼时间一般在 170～180 日龄。笼养便于轮流采精，避免强弱相欺、啄伤和公番鸭之间爬跨射精。笼养的公番鸭应每周安排 2～3 次室外运动和水浴。如果没有采取笼养，应分栏饲养，并且密度要低，减少追咬、爬跨现象。

夏季高温公番鸭采食量和性欲下降，对公番鸭精液会产生不利影响，故应做好夏季舍内降温工作。

2. 种公鸭的选择 种公番鸭选留一般分 4 次进行：3 周龄时，选留生长良好、健康、毛色符合品种特征的公番鸭；10 周龄时，选留发育良好、符合本品种外貌特征、体重在平均值以上的公番鸭；24 周龄时，选留雄性特征明显、肉瘤大而红、体形呈长方形、头大颈粗、背平直而宽、胸腹宽而稍扁平、脚粗长而结实、步态雄健有力、按摩背部羽毛翘起的公番鸭；在母鸭开产前2～3周（27～29周龄）进行采精训练，根据公鸭体重、精液量、精子密度、形态、活力等进行选择，选留性反应强、射精量多、精液品质好的公鸭，并定期检测精液质量，保证精液品质。

（三）精液的采集

1. 采精方法 采精方法主要有3种，即按摩采精法、台鸭诱情法、按摩与台鸭诱情结合法。

（1）按摩法 将种公番鸭按在高度约70cm的平台上进行保定，先按摩种公番鸭的腰部，后压迫下腹部促使射精。

（2）台鸭诱情法 用产蛋母鸭向公鸭诱情，使其爬跨，待其性冲动达到高峰时，采精者将采精杯杯口套住公番鸭阴茎，接住其射出的精液。

（3）按摩与台鸭诱情结合法 把母鸭置于采精台上，采精者用右手压住，左手取1羽种公鸭，让其压在台鸭上。当种公鸭咬住母鸭头颈在背部站稳后，尾部频频摆动并向母番鸭泄殖腔口靠近时，采精者的左手按摩种公番鸭腰部，右手中指和无名指夹住采精杯（集精杯），并用右手的掌侧按摩种公番鸭泄殖腔的左侧。当种公番鸭性冲动接近高峰时，公鸭阴茎向泄殖腔翻出并迅速射精。此时，采精者右手的采精杯（集精杯）伸到种公番鸭泄殖腔的前下方，杯口朝上稍向右倾斜，轻轻靠向公番鸭阴茎头，及时接住其射出的精液。

研究表明，采用按摩与台鸭诱情结合法采精效果最好，且操作简单，无需特殊设备。鸭场和养殖户多采用此法。

2. 采精注意事项

（1）应在采精前3h停水停料；集精杯勿太靠近泄殖腔，以防止采精时种公番鸭粪便污染精液。

（2）采集精液不能暴露在强光下，以免降低精子活力。

（3）采精处要保持安静，抓鸭动作要轻柔，不能粗暴。

（4）集精杯每次使用后都要清洗消毒。寒冷季节采精时，集精杯夹层内应以40～42℃温水保温。

3. 采精频率和种公番鸭使用年限 公番鸭的采精频率以每天1次为佳（达0.8mL以上），采精3～5d休息1d。在采精过程中，发现精液质量下降（精液量0.7mL以下，或精子密度每毫升12亿个以下，或精子活力70%以下），应停止采精，待调养后再用，若仍不合格的应淘汰。同时，要注意种公番鸭阴茎有红肿的也应立即停止采精，进行治疗，恢复正常后再用。种公番鸭利用年限一般为1.0～1.5年。

（四）精液质量检查

1. 外观检查 主要观察精液颜色、数量和状态。正常无污染的精液呈乳白色，为不透明的液体（似豆浆状），闻之有特殊的腥味，为优质精液；如精液呈透明的清水样，则精子密度低；如精液混入血液，则呈粉红色；如精液被粪便污染，则呈黄褐色，有臭味；如精液有尿酸混入，则呈粉白色、棉絮状。总之，凡被污染的精液，均会发生凝集或精子变形，不能用于输精。

2. 显微镜检查 主要检查精子活力和密度2个指标。

（1）精子活力 精子活力的强弱关系到精子受精能力的高低。一般在采精后20min内，取精液和生理盐水各1滴，置于载玻片上混合均匀，在37℃条件下，用200～400倍显微镜观察。如果全部精子呈直线前进运动，则评为10分；如果直线前进运动的仅占70%，则评为7分。呈直线前进运动的精子有受精能力；做圆圈运动或钟摆运动的精子均无受精能力。

（2）精子密度 在人工授精过程中，可根据精子密度确定稀释倍数。精子的密度一般分密、中、稀三等。密，是指在整个镜检视野内布满精子，中间几乎没有空隙，每毫升精液有7亿～10亿个精子；中，是指在整个镜检视野内精子间距离明显，每毫升精液有4亿～6亿个精子；稀，是指在整个镜检视野内精子间有较大空隙，每毫升精液有3亿个精子以下。

（五）精液的稀释

目前生产中输精多采用现采现输，番鸭精液多采用生理盐水作为稀释液，一般与新鲜精液按1：（1～2）的比例进行稀释。操作时，将稀释液沿集精杯壁缓慢加入，并缓缓转动杯体使其混合均匀。在气温较低的季节，稀释液应先在25～35℃的温水中水浴加温，严防温差过大影响精子活力。

（六）输精

1. 输精量 在一定范围内，输精量越大受精率越高。试验表明，一般以0.1～0.15mL（稀释后）、含6 000万～8 000万个以上精子为宜。

2. 输精时间 试验表明，全天均可输精。有人认为，番鸭产蛋时间大多集中在夜里和凌晨，故母番鸭输精时间以早晨为宜。也有人认为，因母番鸭产蛋都在4：00～10：00，故一般以下午为好。其共同点，都认为是在母番鸭产蛋之后输精为好。另外，在常温情况下，精液从采出到输完一般不超过1h。

3. 输精间隔时间 试验表明，番鸭本品种人工授精一般以隔4～5d输1次为宜。

4. 输精方法 常用1mL的结核菌素注射器作为授精器。生产实践中常用以下两种授精方法：

（1）翻肛授精法 即，助手将母番鸭以仰卧姿势固定在输精台上，输精者左手压迫母番鸭的下腹部，使其泄殖腔外翻；然后，将精液注入离输卵管开口部2～4cm的阴道深处。

（2）直接插入阴道授精法 即，输精者坐在高20cm的板凳上，将母鸭固定在两膝盖中间（母鸭腹部朝向输精者），左手四指并拢将母鸭的尾部拨向上方，左手大拇指紧靠在泄殖腔下缘，轻轻向下方按压，使泄殖腔张开。右手持事先吸好精液的输精器插入泄殖腔后，向左下方插进，输精器自然插入输卵管内 5～7cm，此时左手拇指放松，稳住输精器，由右手输入所需要的精液量，然后抽出输精器，输精结束。

番鸭人工授精需要注意的是，在每羽母鸭输精结束后，都要用酒精棉球将输精器揩抹干净，都再用棉球擦干，然后才能给第二羽母鸭输精。也可每羽换一个输精器头，然后将输精器头统一消毒处理，以备下次再用，可以防母番鸭生殖道感染或传播疾病。

据报道，采用不同种公番鸭精液混合后给母番鸭输精，其受精率比单一公番鸭精液受精率更高。

第五章　番鸭种蛋孵化

一、种蛋的选择、保存与运输

1. 种蛋的选择　合格的番鸭种蛋，必须具备以下条件：

（1）新鲜　孵化用的种蛋储存时间越短越好（但当天的也不是最好的），种蛋保存时间与气温、保存环境等有关。一般秋冬季保存期最好不超过 7d，春季不超过 5d，夏季不超过 3d。

（2）大小和形状符合标准　一般番鸭种蛋要求达到 70g 以上；蛋形指数（纵径/横径）为 1.35～1.45。

（3）蛋壳质量好　蛋壳必须厚薄适中（蛋壳厚度在 0.40～0.45mm），壳质致密均匀，表面平整，没有裂纹。

（4）蛋壳表面清洁无污染　已经沾上粪污的种蛋，必须经过清洗消毒才能孵化。

根据上述条件，通过一看、二摸、三听、四嗅等方法，剔除螺纹、歪头、薄壳、破蛋和畸形蛋等。具体方法是：一看，蛋的形状是否正常，大小是否标准，蛋表面是否清洁等。二摸，蛋壳表面是否粗糙，手感蛋重是否达标。三听，将蛋互相轻轻撞敲，如有破裂会听到破裂音或金属音，应剔除。四嗅，有臭味者，说明蛋已腐败，应剔除。

此外，还可以通过照蛋器（灯），观察有无散黄、血丝、裂纹和霉点等。

2. 种蛋的保存　番鸭种蛋保存的最适温度为 10～15℃，储蛋室的温度超过 23℃时，胚胎开始缓慢发育。如果储蛋室的温度低于 0℃，胚胎受冻死亡而降低孵化率。如果种蛋保存在 15℃

左右、通风良好的条件下，可保存 7d，一般不影响孵化率。保存期超过 7d 的，每天至少翻蛋 1～2 次，以防止胚盘与蛋壳粘连。

在夏季高温条件下，种蛋最好保存在有空调的蛋库中，储存温度根据储存时间调节。储存期 0～3d，温度为 18～20℃；储存期 4～7d 为 16～17℃；超过 7d 则以 15℃为宜。在蛋库中要注意室内温差，靠近空调机的蛋架温度偏低，离空调机远的蛋架温度偏高，可在蛋库中用吊扇适当均衡蛋库的温差。同时，要保持蛋库内适当湿度（适宜湿度为 65%～75%）。

据报道，种蛋保存过程中，小头朝上放置比大头朝上放置孵化率更高（但孵化时，大头朝上孵化率较高，且有利于快速照蛋）。

3. 种蛋的运输　种蛋运输是良种引进中不可缺少的重要环节。启运前，必须将种蛋包装好。包装箱要坚实，能承受较大的压力而不变形，并且要有通气孔。通常用纸箱或塑料蛋箱盛放。装蛋时，每个蛋的上下左右都要隔开，通常用木屑、谷糠等填充，不留空隙，以免松动撞破蛋壳。装蛋时，蛋要竖放，大头朝上，每箱都要装满。然后，整齐码放在运输工具上，并做好防雨、防风、保温工作。运输过程中严防剧烈振动，以免引起蛋壳或蛋黄膜破裂，损坏种蛋。

经过长途运输的种蛋，到达目的地后，要及时开箱，取出种蛋，剔除破蛋。尽快消毒装盘入孵，千万不可储放。

二、种蛋孵化前处理

由于鸭群饲养的特殊性，鸭蛋壳表面清洁度难以达到要求，种蛋在形成、产出和运输等过程中会受到多种微生物，如细菌、病毒、寄生虫卵等的污染。因此，种鸭蛋须进行消毒处理。

种蛋从产出到孵化应进行 1～3 次熏蒸消毒，分别为种鸭场存蛋期、孵化厂接收种蛋后和种蛋准备入孵清洗前。

1. 种蛋消毒 大多采用甲醛熏蒸消毒法。具体方法是：将蛋置于密闭的空间（种蛋消毒室）内，按每立方米用28mL福尔马林（40%甲醛）、95%以上高锰酸钾14g的药量计算。消毒前，将消毒室或孵化箱内温度升至24～27℃，空气相对湿度控制在75%～80%，以提高消毒效果。消毒时，在蛋架下方放置一较大的陶瓷容器（容积应为放入高锰酸钾容积的10倍以上），先放入高锰酸钾，然后再倒入福尔马林，顺序绝对不能错。然后，操作人员迅速退出，并关好门，密闭熏蒸20～30min。最后打开门，让有刺激性的气体排出。消毒完毕后，及时冲洗器具。

在做好种蛋消毒的同时，也要对孵化箱进行清扫，并采用同样方法对孵化箱内部进行消毒，以防细菌、霉菌或病毒通过孵化途径传染给雏鸭。

当前，一些中小型孵化厂对种蛋和孵化箱消毒重视不够，消毒制度执行不到位，导致孵出的雏鸭被致病性细菌甚至病毒污染，严重影响苗鸭质量和成活率，应引起足够重视。

2. 种蛋清洗 种蛋清洗可起到很好的消毒作用，增加胚胎的通气性，提高孵化率和健雏率。种蛋清洗可采取两种方法：

（1）有机氯消毒剂清洗法 采用含氯浓度1 000～1 400mg/L、35～40℃溶液，浸泡10～15min，即达到清洗目的。然后，捞出晾干。由于含氯消毒剂比重大于水，消毒液配制放置一段时间后会发生沉淀，使上层液体有效氯浓度降低，故应注意搅拌，以保证消毒液浓度。清洗液必须现配现用，一次性使用，不得重复使用。此外，清洗液的温度一定要高于种蛋内部温度。否则，蛋内容物收缩，蛋内产生负压，导致蛋壳表面污物、细菌及消毒液经由蛋壳气孔吸入蛋内。

（2）新洁尔灭浸泡法 将种蛋放在温度为35～40℃的0.1%的新洁尔灭溶液中浸泡5min，然后取出晾干。清洗液必须现配现用，一次性使用，不得重复使用。清洗液的温度一定要高于种蛋内部温度。

3. 种蛋预温 种蛋消毒、清洗、晾干后，放入预温室或孵化箱进行预温。在夏季预温时，由于蛋温（低）和环境温度（高）相差较大，种蛋易发生“出汗”现象。可采用逐级预温或风冷预温来解决。逐级预温是使环境温度与蛋温相差10℃以内，然后逐级升温。风冷预温是通过风吹的方法进行预温。刚洗好的种蛋应放在孵化箱内消毒过的蛋车上室温风吹2～4h，然后开机升温。

三、种蛋孵化

1. 胚胎的发育过程 鸭胚胎发育分为两个阶段：第一个阶段是在母体内进行。由于母鸭体内温度非常适合胚胎发育，受精卵在输卵管的峡部开始卵裂，并发育成一个多细胞胚盘。第二个阶段是鸭蛋离开母体后进行。产出来的蛋在23℃以下的环境，胚胎发育基本处于停止状态。如果将受精卵置于适当的环境中进行孵化，胚胎则继续发育。番鸭孵化期为33～35d。

2. 孵化过程的控制

（1）进蛋入孵 种蛋在入孵前12h运到孵化室内预热，然后将种蛋大头朝上（方便第七天照蛋）斜置在蛋盘上，切勿垂直放置。每昼夜翻蛋8～12次，角度达110°。头照后，种蛋可横放，以利于胚胎“合拢”，促进蛋白质吸收。每行的蛋数要一致，以便清点计数。如果是变温孵化，则种蛋一批进完；如果是恒温孵化，种蛋可按3d、5d或7d分批进蛋。

（2）孵化温度 温度是孵化的首要条件，温度掌握的好坏。直接关系到孵化的效果。鸭胚胎不同发育阶段对温度要求也不同。发育前期，胚胎幼小，还没有调节体温的能力，故需较高的温度；发育后期，由于脂肪代谢加速，产生大量的生理热，只需稍低的温度。因此，孵化期的温度应“前高、中平、后低”，再结合孵化季节，外界温度、孵化器具及胚胎本身发育情况，做到“看胎施温”，灵活掌握。孵化有恒温孵化和变温孵化两种。

①恒温孵化。适应于种蛋采用分批入孵者。一般1～32胚龄孵化箱内保持37.8℃，33～35胚龄时转至出壳箱或摊床上，温度保持在36.5～37℃。

②变温孵化。适应于种蛋采用整批入孵者。根据平阳县文华番鸭孵化厂的实践经验：第1天，前6h保持38.8℃，第7～24h保持38.4℃；第2天保持38.4℃；第3～4天保持37.8℃；第5～21天保持37.3℃；第22～35天保持36.5℃（此阶段主要在摊床上进行）。温度过高或过低均易引起胚胎死亡。同时，孵化室内适宜温度为25～26℃，平时应控制在23～27℃。

（3）孵化湿度　孵化前期（第1～7天），因为胚胎要形成羊水和尿囊液，孵化机内温度又高，故需相对湿度大一些，一般控制在60%～65%；孵化中期（第8～21天），为了便于排出羊水和尿囊液，应降低相对湿度，一般控制在55%～60%；孵化后期（第22～35天），为了防止雏鸭绒毛粘连，又要提高相对湿度，一般控制在70%～75%。湿度过大，雏鸭体重大、绒毛长，过于嫩弱；湿度过低，雏鸭绒毛干而粘连。

（4）通风换气　胚胎在发育过程中，不断吸入氧气，排出二氧化碳。一般要求孵化机内氧气含量不能低于20%，二氧化碳不能超过1.5%～2%。

孵化早期，胚胎代谢较低，需氧量较少；至中后期，随着尿囊的发育，呼吸量（需氧量）逐渐增大；胚胎最后2d，开始用肺呼吸，需氧量显著增加。控制要领是根据胚龄大小开启通气孔。将孵化分成3期：前期开启1/3，中期开启2/3，后期全部打开。现代孵化机都有良好的通风装置，只要不影响孵化机内温度，通气换气越畅通越好。

（5）翻蛋　翻蛋的目的是使胚胎受热均匀，避免胚胎与蛋壳粘连。孵化机都有自动或半自动翻蛋系统，一般第1周最重要，以每3h 1次为宜（每天8～12次）；第2～3周，以每4～6h 1次即可（每天4～6次）；第4～5周（22～35胚龄）上摊床后，每天翻蛋3次；翻蛋角度以90°～110°效果最好。最后3d可以停止翻蛋。

（6）照蛋　照蛋一般分两次进行：头照在第7天进行，二照在21d进行。

照蛋目的是了解胚胎发育情况，及时剔除无精蛋、弱精蛋和死胚蛋。可用专门的照蛋器（验蛋灯）或小手电筒照蛋。照蛋器（验蛋灯）的外观及示意图详见图5－1。

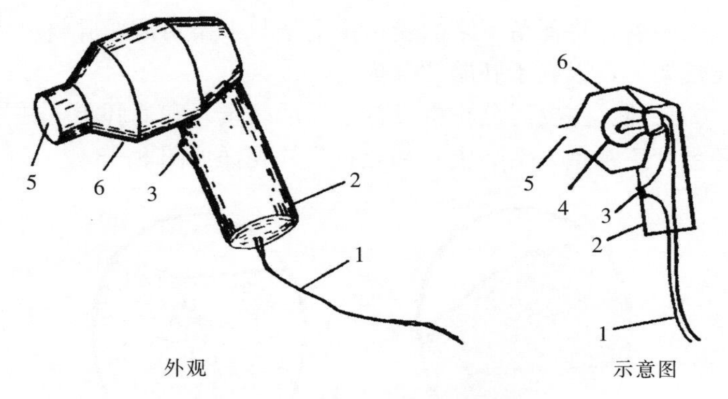

图5－1　照蛋器（验蛋灯）示意图

1. 电线　2. 把手　3. 开关　4. 灯泡　5. 照蛋口　6. 外壳

①头照。主要区分受精蛋、弱精蛋、无精蛋和死胚蛋（图5－2）。

a. 受精蛋（活胚蛋）。气室界线分明，血管明显呈蜘蛛状，胚的黑影活泼移动。

b. 无精蛋。色浅，无血管，蛋黄一般不下沉，有的蛋黄形状不整。

c. 死胚蛋。头照时，蛋黄下沉、色较淡、有血点、血线和血环。

d. 弱精蛋（弱胚蛋）。气室界线分明，血管较模糊，血管和胚胎发育不良，胚的黑影小而不明显。

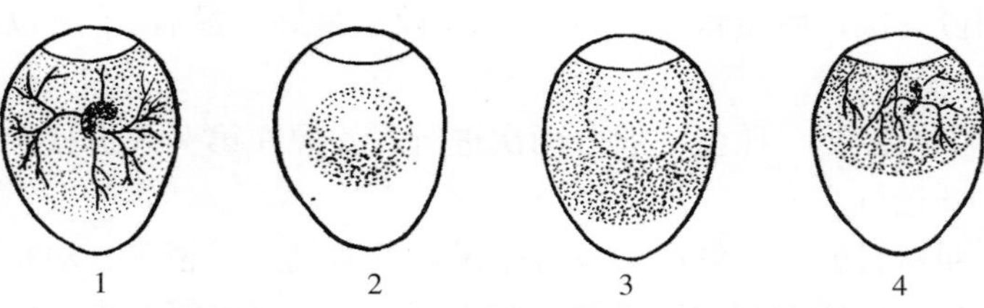

图 5-2　受精蛋、无精蛋、死胚蛋和弱精蛋示意图

1. 受精蛋（正常）　2. 无精蛋　3. 死胚蛋　4. 弱精蛋

头照后，将保留下来的受精蛋上架与下架对调，并将种蛋平放在蛋架上，以利于胚胎“合拢”。

②二照。主要区分正常发育蛋（活胚蛋）和死胚蛋，并剔除死胚蛋。正常蛋（活胚蛋）和死胚蛋外观详见图 5-3。

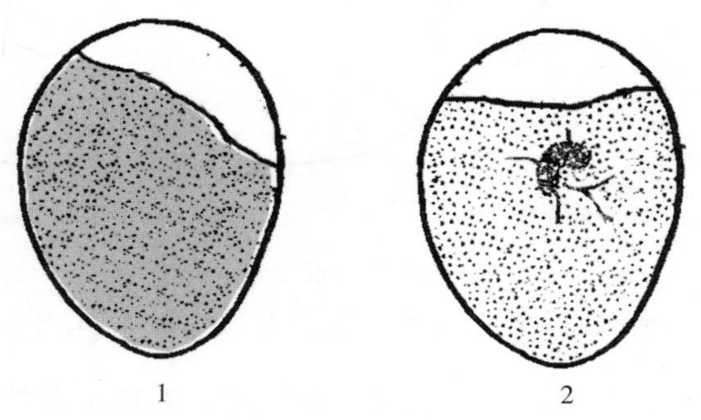

图 5-3　正常发育蛋（活胚蛋）和死胚蛋示意图

1. 正常发育蛋　2. 死胚蛋

a. 正常发育蛋。若蛋内一端乌黑，固定不动，气室空白增大、向一侧倾斜，则胚胎发育正常，也称为正常蛋。

b. 死胚蛋。若蛋内容物透亮、如水状流动，气室界线呈水平状，应为死胚蛋，须及时剔除。

（7）淋蛋和晾蛋　番鸭蛋与其他鸭蛋相比，具有蛋大（75～

85g)、壳厚（0.42～0.45mm)、壳膜厚而坚韧（0.1～0.12mm）和气孔少（每平方厘米 60～76 个）及通气性差等特点。同时，蛋黄比例高（3.5%～3.85%)，脂肪含量约占 17.19%，胚胎释放热量较多。如果不做好散热和供应新鲜空气工作，则后期死胚蛋增加。

淋蛋和晾蛋可以帮助鸭胚散发代谢热，提高孵化率及健雏率。番鸭蛋的脂肪含量高，孵至第 12 天后，蛋温常常上升，这时须通过喷水晾蛋。一般 12 胚龄后，每天喷水 1 次（切忌在 12 胚龄及之前，胚胎未“合拢”情况下喷水淋蛋)；17～31 胚龄，每天喷水 2 次；31d 后停止淋蛋。具体根据蛋温确定。

淋蛋和晾蛋具体方法：先停电关机，然后用 35～37℃的温水喷洒番鸭蛋，至湿透为止，再进行晾蛋。晾蛋时打开机门，用风扇吹。晾蛋时间依气温而定，一般使蛋表面温度降至 28～29℃时停止；也可用眼皮测试蛋温，感觉温和时为宜。晾蛋后，关门开机继续孵化。

（8）落盘（摊蛋）　将胚蛋由孵箱移至出雏盘中称为落盘。一般落盘时间：夏天 30 胚龄，冬天 33～34 胚龄。落盘最好在胚蛋有 5%啄壳时进行。

落盘后，将胚蛋按单层放置于摊床上，盖上棉絮或棉毯保温。以胚蛋放在人眼窝感觉温和不烫为度（36.5～37℃），每天翻蛋 3 次。同时，将摊床边温度较低的胚蛋与中央温度较高的胚蛋进行对调，以均衡胚蛋温度。并及时进行喷水淋蛋，提高湿度，促进出雏。

（9）拣雏和出雏　种蛋孵化至 34～35 胚龄时，雏鸭即陆续出壳。出壳后的雏鸭，待其绒毛基本干燥时，即可拣出。绒毛未干者，不要拣出，以免受凉。拣出的雏鸭，放在室温为 23～27℃的出雏室内。

（10）人工助产　出雏后期，有的蛋虽已啄破一个洞（特别是蛋的小头破壳)，但雏鸭绒毛未干，甚至与壳膜黏在一起，这时应进行助产。对壳膜已发黄的蛋，可小心避开壳膜剥离蛋壳，将雏鸭头部从翅下拉出，任其自然挣脱。如遇壳膜仍为白色，内壁胎膜上的血管清晰可见，则要立即停止助产，过一段时间后再助产。

（11）清理　雏鸭大批出壳以后，留下的胚蛋可进行一次照蛋。取出死胚，把剩下的活胚蛋合并，并尽可能做好保温工作，以利于弱胚出雏。

（12）雌雄鉴别　番鸭雌雄生长速度差别比较大，必须雌雄分群饲养。因此，必须进行雌雄鉴别。可采用肛门鉴别法，雌雄鉴别准确率可达95%以上。初生的公雏鸭，在肛门口的下方有一长0.2～0.3mm的小阴茎，状似芝麻，翻开肛门时肉眼可见（图5-4）。

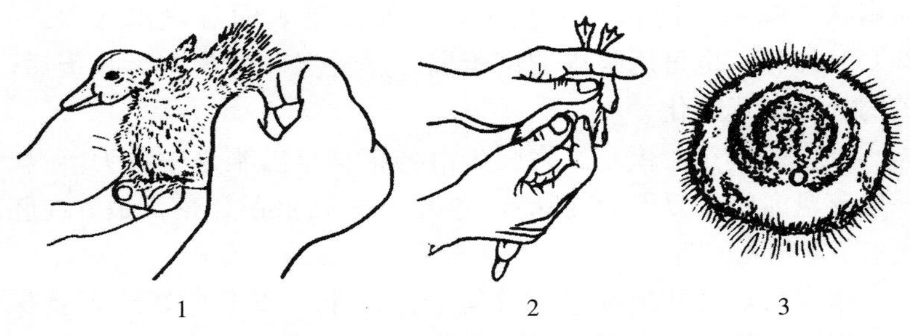

图5-4　番鸭雌雄鉴别示意图

1. 捏肛法手势　2. 翻肛鉴别手势　3. 公雏鸭的阴茎

但有经验的孵坊师傅不用翻肛门，而是采用捏肛法。鉴别时，左手抓鸭，鸭头朝下，腹部朝上，背靠手心；鉴定者右手拇指和食指拽住肛门的两侧，轻轻揉搓，如感觉到肛门内有个像芝麻似的小突起，上端可以滑动、下端相对固定，这便是阴茎，即可判断为公鸭；如无此小突起即为母鸭（母雏在用手指揉搓时，虽有泄殖腔的肌肉皱襞随着移动，但没有芝麻点的感觉）。

（13）强弱分级　每次孵化，总有一些弱雏和畸形雏，出雏后、发运之前，要进行严格地挑选分级。畸形雏坚决淘汰，弱雏单独饲养，不可留作种用。

（14）注射疫苗　根据当地番鸭疫情做好免疫工作。一般应给雏鸭接种花肝病（鸭呼肠孤病毒病）、番鸭细小病毒病和番鸭小鹅瘟疫苗或其蛋黄抗体，以防止上述传染病的发生。

第六章　番鸭的饲养管理

一、商品代肉用番鸭的饲养管理

（一）育雏期饲养管理

育雏期指番鸭 0～3 周龄阶段。

1. 育雏室的准备

（1）消毒　①育雏室内用具用 0.3%农乐或 0.1%百毒杀等消毒。②育雏室熏蒸消毒：进雏前 3d，封闭育雏室门窗，按每平方米高锰酸钾 7～14g，加 2 倍量的甲醛。方法：先放高锰酸钾，后加甲醛溶液，然后迅速退出；保持 24～48h 后，再打开门窗及排风设备，排净有刺激性的气体。

（2）预热　进雏前应对育雏室内用电设备、线路、器具等检修一遍，并在进雏前 1d 进行预热。一旦发现问题，应及时整修，为雏番鸭创造一个良好的生活环境。

2. 雏禽的选择和运输

（1）雏番鸭选择　养殖户购买雏番鸭时，要进行个体选择。标准是：①腹部收缩良好，不是大肚子鸭。②肚脐吸收良好。③泄殖腔周围干净，无黄白色稀便黏着。④喙、眼、腿、爪等无畸形。

（2）运雏的关键　要解决好温度与通风的矛盾。只注意保温不注意通风换气，易造成雏番鸭闷热窒息死亡；只注意通风换气，而忽视保温，雏番鸭易受凉感冒。一般运雏可用纸箱，箱壁上打一些直径 1～2cm 的通气孔；再视天气冷暖情况，在纸箱外加盖棉布或棉毯等物，以免受冷风或“顶头风”吹袭。在运输过程中，每隔1～2h要检查雏番鸭温度和通风情况，以免过热或过冷。

3. 雏番鸭对环境的要求 刚出壳的雏番鸭抵抗力弱，对环境条件要求比较高。其中，尤以温度、湿度、通风、光照和密度最为重要。

（1）温度 一般1日龄雏番鸭，保温灯下温度要求达33℃，在离保温灯水平和垂直距离各为30cm处为31℃。以后，灯下温度每天下降0.3℃左右，直至室温维持在24～26℃后，逐步脱温（一般3周龄左右）。温度切忌忽高忽低。

育雏期温度是否适宜，除按规定控温外，还要随时观察雏番鸭神态。如果雏番鸭打堆，发出尖叫，表明育雏室内温度过低，应升温；若雏番鸭远离热源，频频张口呼吸，呼吸急促，说明温度过高，应降温或通风排气。一般温度适宜时，雏番鸭表现活泼、好动、均匀分布，食欲良好，饮水适度，羽毛光滑，展翅侧卧而睡。

（2）湿度 刚孵出雏禽身体含水分约70%，育雏室一般相对湿度要求保持在55%～65%。若相对湿度过高，易使细菌和寄生虫繁殖，导致发生白痢、霉菌病和球虫病等；湿度过低（此情况较少，均为温度过高所致），则易引起雏番鸭脱水（俗称出汗），则以后较难养。雏番鸭较适宜的相对湿度应控制在60%～65%。

（3）通风 由于雏番鸭新陈代谢旺盛，呼吸次数多，加上育雏室密闭，室内温度高，雏番鸭密度大，易使育雏室内空气污浊。因此，必须定期打开气窗或排风设备进行通风换气。通风换气过程中必须注意：①严防育雏室内温度骤降（应保持温度恒定）。②只准向外排热浊空气，不得直接向育雏室内灌清冷的空气。③严禁室外冷空气直袭雏番鸭，以免受寒感冒。

通常番鸭对氧气的需求大于其他禽类，故在舍饲条件下应特别注意通风换气，并根据季节、密度、温度、气味等来调节通风换气量。

（4）光照　雏禽（雏番鸭）能把吸收的光线转变成热能，促进血液循环，刺激食欲，帮助消化；也可帮助雏番鸭合成维生素 D_3，促进钙、磷吸收和骨骼的生长。此外，光照还有保暖和杀菌作用。育雏期光照强度以普通白炽灯或日光灯 1.0～1.5W/m^2 为宜。

初生雏番鸭，1 日龄实行 24h 光照，以后每天减少 1h，半个月后采用自然光照。实践认为，育雏期（至少是 20 日龄以前）采用 24h 光照为好。其优点：①提高雏番鸭、雏鸭采食量，促进雏番鸭生长。②防止雏番鸭打堆，造成不应有的损失。③适于雏番鸭体格小、代谢旺盛、少吃多餐的生理特点。

（5）密度　育雏密度总的原则是宜小不宜大。密度过大，造成空气污浊，湿度增加，易发生啄癖及生长发育不良。密度过小，饲养不经济。一般掌握在：第 1 周龄每平方米养 40～45 只，第 2 周龄 30～35 只，第 3 周龄 25～30 只。

4. 育雏期饲养

（1）给水　雏番鸭在出壳和运输过程中会失去一定水分，为促进雏番鸭新陈代谢和腹内残留蛋黄吸收，帮助排出胎粪。雏番鸭进入育雏室后不要急于喂料，应尽早给水（4～8h 后再给料）。水温控制在 18～20℃，切忌饮凉水。同时，在雏番鸭饮用水中加入 0.1%维生素 C（每 2kg 水 1 支）、维生素 B 糖粉或 2%葡萄糖粉，有利于促进胃肠蠕动，提高雏番鸭成活率。为减少胃肠道疾病，对 1～2 日龄雏番鸭 0.2 万 U/羽庆大霉素，1d 1 次（2h 内饮完），连用 2d。也可用水溶性氟哌酸、强力霉素等内服。

饮水一定要清洁、充足，可多设饮水器。采取先饮足水再开食的措施，可大大提高育雏成活率。

（2）开食　开食时间最好是出壳后 24～30h 或有 1/3 的雏番鸭有觅食感后开食。饲料要现拌现喂，少喂勤添，以防吃剩的饲料在高温高湿条件下发霉变质。育雏期间饲料要自由采食，敞开供应，以满足雏番鸭快速生长的需要。

（3）适时断喙　番鸭在3～7周龄和换羽期间极易发生啄羽、食羽现象。解决的方法是适时断喙。断喙一般在15～20日龄进行。断喙前，应在饮水或饲料中添加维生素K、维生素C，连喂3d，在添加维生素K的第二天断喙。断喙后若有出血现象，须重新补烙。断喙时，切去番鸭上喙中部一圆形珠状的角质部分即可。断喙后，食槽要加满饲料，防止啄食时重新出血。

如果首次断喙操作不准确，则须再断第二次，对重新长出的角质部分进行修整。

留种用的公鸭不宜断喙，可喂给富含硫氨基酸的饲料，即在饲料中添加0.2%～0.4%的石膏粉；降低鸭群密度；缩短光照时间和降低光照强度等方法来预防啄癖。

（4）消除和减少应激　雏番鸭对环境条件反应敏感，因此，在管理上特别强调要尽量消除和减少应激因子。如育雏室四周保持安静，防止突然发生某种尖厉刺耳的声音，谢绝参观，防止突然断电（熄灯）、缺水、断料，保持温度、饲料等的相对稳定，平稳过渡，尽可能减少捕捉等。

（5）做好清洁卫生和消毒工作　育雏室外设专用消毒池，内投2%烧碱。育雏期间，饮水器每天清洗1次，过道、承粪板和笼底每周用百毒杀消毒1次。饲养员在育雏室内要穿专用（经消毒过）的工作服、帽子和胶鞋，接触病番鸭后应用0.3%农乐消毒。

（6）供给优质配合饲料　育雏期饲料营养水平以每千克饲料含代谢能为11.70～12.12MJ，粗蛋白质含量以19%～21%为宜。

（7）脱温　随着雏番鸭日龄增大，抗寒能力的增强，一般在20～23℃环境下，活动正常即可脱温。脱温时，先白天脱温、晚上给温，逐渐过渡到昼夜脱温。

（二）育成期及育肥期饲养管理

番鸭育成期指4～7周龄，育肥期指8周龄至出栏（母番鸭

10周龄，公番鸭11周龄）。

1. 公母分群饲养 番鸭3周龄后，公母鸭体重差异与日俱增；至8周龄时，公鸭体重可超过母鸭1 000多g，公母鸭的采食量差异也很大。如果继续混养和按统一的营养水平及料量饲喂，就会使母鸭营养过剩，造成浪费和公鸭营养不足，影响生长发育。所以，从3周龄或4周龄后就应按公母分群饲养，使其更好地满足各自生长发育的营养需求，从而提高鸭群的均匀度及商品质量。鸭群除按公母分群外，还应按大小和强弱再分群，一般100～120只为一群。

2. 育成期供给充足营养 育成期是番鸭生长最快的时期，所以要最大限度地满足番鸭对饲料营养的要求，自由采食，促进番鸭成长。同时，要保证有足够的料槽、水槽（或饮水器），防止番鸭抢食，造成部分弱鸭因吃不到足够营养而成僵鸭，导致群体出现大小不均现象。育成期每千克饲料含代谢能为11.70～11.91MJ，粗蛋白质含量为18%～19%。

3. 育肥期适当控制喂量 番鸭有暴食习惯，为提高出肉率，降低饲养成本，可在公鸭9周龄、母鸭8周龄开始采用控制饲养，即只给自由采食量的90%～95%。限饲后至10～11周龄时，由于番鸭有较强的补偿生长能力，不仅不影响其生长发育，反而可增长肌肉，胸肌可增加3倍，此时屠宰，肉的滋味和营养价值均最佳。此外，育肥期要减少运动，适当降低饲料蛋白质水平。一般育肥期每千克饲料含代谢能均为12.12～12.54MJ，粗蛋白质含量为15%～17%。

二、种番鸭的饲养管理

（一）种番鸭育雏期的饲养管理

种番鸭育雏期的饲养管理与商品代肉番鸭育雏期的饲养管理要求相同。

（二）种番鸭后备期的饲养管理

种番鸭后备期指从4周龄开始直至开产前（26周龄）。其中，4～10周龄为发育期，11～26周龄为生长期。

1. 建立良好的作息制度 从第4周龄起就应对鸭群进行生活规律的调教和训练，对每天的饮水-吃料-室外活动、下水、上岸理毛-休息-入舍等，要有一定的时间，并使其形成固定的条件反射。这样既便于饲养管理，又可保证鸭群的正常生长发育、培养出优秀的种鸭。

2. 做好限饲 母鸭过肥影响产蛋，公鸭过肥也影响种蛋受精率。做好限饲，避免育成期番鸭过肥、过大和过早性成熟是育成期最重要的工作。限饲开始时间，一般公鸭为9周龄（57日龄）、母鸭为8周龄（50日龄），同时应结合番鸭生长发育情况适当调整限饲开始时间。

限饲的方法：公母鸭的限料量分别为自由采食量的75%～80%和85%～90%，不足部分由青饲料补充；直至第24周临近开产时才开始逐渐增加喂料量。在限饲期内，每天喂1次，即1次给予1d的料量，公鸭在11～18周龄时可采取隔日限饲法，即1次给2d的料量，隔日给料。

种番鸭发育期饲料营养水平为，每千克饲料含代谢能均为11.70～11.91MJ，粗蛋白质含量为15%～17%；种番鸭生长期饲料营养水平为，每千克饲料中的代谢能为11.28～11.70MJ，粗蛋白质为14%～15%。每只鸭平均用料100～150g，青料25～50g，最终将种公鸭体重控制在3 500g左右，母鸭2 200g左右。

3. 控制光照 育成期的光照主要依靠自然光照，通常每天为9～10h。临近预产期，即从25～26周龄应开始补充光照。一般每天增加15min光照时间，直到每天光照时间达到16h后，可不再增加并保持至产蛋期结束。光照强度以普通白炽灯或日光灯1W/m^2为宜，节能灯按比例适当减少。

4. 强制运动 留种番鸭必须实行地面平养，定期强制运动，以锻炼种番鸭双脚良好的支撑能力，为今后配种创造条件。

（三）产蛋期的饲养管理

1. 公母鸭合群 公母鸭分群至22～24周龄时，即应进行公母鸭合群，公母比例为1∶（6～8），每群应考虑多搭配2～3只公鸭，以备淘汰时补充用。公鸭要选配种能力强、精液品质好的。种鸭群大小，每群可以几百只到上千只，群体大者受精率高。番鸭虽可旱养，但仍以有水为宜，有水域者受精率高。

2. 种鸭饲养密度和光照 种鸭舍的面积以每平方米4～5只为宜。光照时间以14～16h，光照强度以普通白炽灯或日光灯1.5～2W/m^{2}为宜，节能灯按比例适当减少。

3. 产蛋箱的准备 产蛋前2周应准备好产蛋箱，以利于母鸭早日适应环境。简陋而实用的方法是，在舍内沿墙根离墙约40cm处，用粗竹竿挡成长条状，也可用砖围码成高2～3块砖，中间有无隔断均可，然后铺上10cm厚的垫草。舍内四周除门口及人行通道外，均可造窝。此法简单易行，经济实用，便于每天打扫、更换垫草。若用产蛋箱，用量按每6只母鸭占1个巢位计算，用木条和薄木板做成每巢高、宽、深均为40cm的木箱，每4个巢联为一组。木箱其实是只有两侧隔断的框架，在前下方处钉一高10cm的长木条，以防蛋滚出和拢住垫草。巢内铺10cm厚的垫草。产蛋箱沿墙根摆放。此外，舍内地面面积应铺2/3的垫草。夏季天热时，除产蛋巢内，其余地面不须铺垫草。

4. 防寒保暖 番鸭耐热不耐寒，若舍温低于15℃，不仅影响产蛋，受精率也降低，故在冬季应注意防寒保暖。

5. 种鸭水浴与配种 运动场内的水池每天应清扫1次。若为流水，则2～3d清扫1次。放水深度为15～20cm。鸭喜在水中交配，交配时间多集中于15：00～17：00，故此时放鸭入水最为适宜。

6. 饲料营养水平 种番鸭在产蛋期内的营养需要，每千克饲料中的代谢能为11.70MJ，蛋白质含量不低于17.5%。

7. 种蛋的消毒与储存 收集的种蛋，当天要进行1次熏蒸消毒（入孵前再进行1次熏蒸或浸泡消毒，具体见种蛋孵化部分）。熏蒸法按每立方米空间用28mL福尔马林和14g高锰酸钾的比例混合，熏蒸30min。种蛋的储放时间越短越好，一般以4～5d为宜，超过7d孵化率会下降20%以上。炎热季节的种蛋，储存超过10d者，不宜用于孵化。

8. 种鸭利用年限 公鸭利用1年，母鸭可利用1～1.5年。虽也有利用2～3年的，但产蛋量下降。在生产结构上，通常1年的母鸭群应占1/3以上。母鸭27～29周龄开产，到33～35周龄时达产蛋高峰，随后产蛋量渐降，经20～22周产蛋后，到第53～55周龄时结束第一个产蛋期，即停产换羽（换羽期需7～9周）。到60～63周龄，第二个产蛋期开始产蛋。产蛋到80～84周龄后第二个产蛋期结束，最多延至85～86周龄即应淘汰。第一个产蛋期的产蛋率为66%，第二个产蛋期为61%。一般情况下，常低于这个水平。

9. 强制换羽 番鸭经过较长时间的产蛋后，体质变弱则会停产换羽。如任其自然换羽，全程需3～4个月。为提高经济效益，必须缩短休产时间，一般采取人工强制换羽的方法。强制换羽可根据产量具体情况于50～53周龄开始进行。具体措施如下：公母鸭分栏饲养，停料，不限饮水。冬季停料4～5d，夏季6～8d。停料结束后，改喂换羽期饲料，每千克饲料代谢能为11.33MJ，粗蛋白质12%，钙1.4%，有效磷0.45%。60～63周龄时喂产蛋料，给料量逐渐增加到65周龄时的每只180g（公母平均）。以后，逐渐过渡到自由采食。在强制换羽执行开始1周后，将光照逐渐减至每天8h，光照度为5～10 lx，到实施9周时逐渐增加光照时间，直至增到16周时的每天16h，一直恒定下去，且光照度也随光照时间的增加而逐渐增到50～70 lx。公母鸭一般在强制换羽执行开始第 6 周时按配比合群。正常情况下，换羽期鸭的死亡率仅为 3%左右。

实际生产过程中，除国外引进的高价值种番鸭外，自行培育的种母番鸭一般仅利用 1 年，不实行强制换羽。据龚惠人报道，种番鸭自然培育经济性优于强制换羽，且强制换羽与当今的动物福利理念也不相符。

第七章　番鸭的营养与饲料要求

一、番鸭所需营养物质种类

番鸭在生长、繁殖、生活和生产过程中，须从饲料中摄取各种营养物质，无论哪种饲料，经过化学分析，都含有水分、粗蛋白质、粗脂肪、碳水化合物、矿物质及维生素6种营养物质。

番鸭的各种营养主要包括能量、蛋白质（氨基酸）、矿物质、微量元素、维生素和水六大类。

二、各种营养物质的功能及其来源

（一）能量的功能及其来源

1. 能量的主要功能　能量是番鸭最基本的营养物质，番鸭的一切生理活动过程，包括消化、吸收、排泄、运动、呼吸、循环、神经活动、体温调节、生长、繁殖、生产等都需要能量。番鸭能根据日粮的能量水平在一定范围内自动调节采食量。

2. 能量的来源　番鸭机体所需的能量来源于饲料中的碳水化合物、脂肪、蛋白质。日粮中碳水化合物及脂肪是能量的主要来源。蛋白质多余时，能分解产生能量。

碳水化合物包括淀粉、糖类和纤维。在饲料成分中淀粉和糖类作为番鸭的能量来源，其生物利用度最高、价格最低，也最清洁（无任何有害产物）。番鸭肠道中没有纤维素酶，不能消化饲料中的粗纤维，故饲料中的粗纤维含量不能过高；但也不能过低，因为粗纤维虽然不能为机体提供能量，但其结构蓬松、有一定体积，能刺激肠道蠕动，让动物有一定的“饱”感。脂肪分解产生的能量约为碳水化合物的 2.25 倍。但从价格上考虑，不宜作为饲料中能量的主要来源。蛋白质也可以作为能量来源，但蛋白质价格昂贵，且蛋白质在分解过程中产生能量的同时，也产生“氨基”。“氨基”还须要消耗机体一部分能量，才能分解成尿素或尿酸，最后排出体外。因此，饲料中蛋白质含量要能满足机体需要，也不能过高。否则，既浪费了饲料，也增加了机体的负担，甚至会引起疾病（如饲料中蛋白质含量过高，易发生番鸭痛风疾病）。

（二）蛋白质的功能及其来源

1. 蛋白质的主要功能 蛋白质是番鸭体组织和番鸭蛋的重要成分。番鸭机体的肌肉、皮肤、羽毛、体液、神经、内脏器官以及酶、激素、抗体等均含有大量蛋白质；番鸭在生长发育、新陈代谢、繁殖后代过程中都需要大量蛋白质来满足细胞组织的更新、修补需求。蛋白质的作用不能由其他营养物质来代替。

蛋白质由 20 多种氨基酸构成。其中，有相当一部分氨基酸在番鸭体内可以通过其他氨基酸转化、合成，不一定需要从饲料中获取，这一类氨基酸称为非必需氨基酸。有一部分氨基酸番鸭体不能自己合成或通过其他氨基酸转化合成，或者转化合成量不能满足番鸭需要，必须从饲料中摄取，这类氨基酸称为必需氨基酸。家禽的必需氨基酸有 11 种，分别为甘氨酸、精氨酸、胱氨酸、亮氨酸、异亮氨酸、赖氨酸、蛋氨酸、苯丙氨酸、苏氨酸、色氨酸和缬氨酸。必需氨基酸又可分为两类。一类是在饲料中含量较多，为番鸭所必需，能比较容易满足番鸭的营养需要，称为非限制性必需氨基酸，如胱氨酸、苏氨酸等。另一类饲料含量较少，不容易满足番鸭营养需要，称为限制性必需氨基酸，如蛋氨酸、赖氨酸、色氨酸等。

2. 蛋白质的来源 番鸭生产和生活过程中所需要的蛋白质

或氨基酸，必须从饲料中获得，所以，要保证番鸭良好的生产性能，就必须为番鸭提供足够的蛋白质或氨基酸。日粮中蛋白质和氨基酸不足时，番鸭会出现生长发育缓慢，食欲减退，羽毛生长不良，产蛋量减少，蛋重减轻，番鸭消瘦等现象。但是，日粮中蛋白质含量过高时，不但没有良好的饲养效果，反而会使番鸭排泄的尿酸盐增多，造成肾损害、机能受损。

（三）脂肪的功能及其来源

1. 脂肪的主要功能

（1）脂肪是番鸭体组织的重要成分　番鸭体各器官和组织，如神经、血液、肌肉、骨骼、皮肤等都含有脂肪。脂肪是由脂肪酸构成的。

（2）脂肪是供给能量和体内储存能量的最好形式　脂肪在体内氧化时所释放出的热能为同一质量碳水化合物或蛋白质的 2.25 倍。番鸭从饲料中摄取的脂肪酸、碳水化合物，除了直接为机体提供能量外，多余部分可转化为脂肪。当机体能量不足时，可分解脂肪为机体提供能量。

（3）脂肪是脂溶性维生素的溶剂　脂溶性维生素 A、维生素 D、维生素 E、维生素 K 及胡萝卜素，必须用脂肪作为溶剂，并靠脂肪在体内输送。

（4）脂肪能保障番鸭生产力的发挥　番鸭肉、番鸭蛋中都含有脂肪，若番鸭体摄入的脂肪不足，将严重影响番鸭生产性能的发挥。

2. 脂肪的来源　番鸭体所需的脂肪需要通过消化吸收饲料中的脂肪酸或碳水化合物中淀粉、糖类等营养物质转化、合成。

3. 必需脂肪酸的功能　必需脂肪酸是指体内不能合成，必须由日粮供给，或通过体内特定前体形成，但数量仍不能满足需要，对机体正常机能和健康具有重要保护作用的脂肪酸。脂肪酸中有两种不饱和脂肪酸，即亚油酸、亚麻酸，其在番鸭体不能转化、合成，必须从饲料中获取。这两种不饱和脂肪酸称为必需脂肪酸。

必需脂肪酸主要功能是：与其他不饱和脂肪酸一起参与构成磷脂分子，形成细胞、组织内部膜结构。必需脂肪酸缺乏时，影响磷脂代谢，降低磷脂含量，造成膜结构异常，通透性改变，使得动物在临床上表现皮肤出现角质鳞片，毛细管脆弱，动物免疫力下降，生长发育受阻，生产性能下降，抗血栓、动脉粥样化功能下降等。此外，亚油酸还是合成前列腺素前体物，前列腺素是对雌禽的生殖器官的活动机能起调节作用的激素。

（四）矿物质功能及其来源

矿物质种类很多，主要有常量元素，包括钙、镁、钾、钠、磷、硫、氯；微量元素：铁、铜、钴、碘、锰、锌、硒等。

1. 矿物质的主要功能及其来源

（1）矿物质的功能　矿物质虽然不含能量，但与产生能量的碳水化合物、脂肪、蛋白质的代谢有密切关系，是生命过程中所必需的物质。其主要营养功能如下：

①矿物质是构成体组织和细胞，特别是形成骨骼的最重要的成分。如钙、磷、镁为骨骼的重要构成成分。锰、锌、铜、铁、碘、钴为酶的辅基或激素与某些维生素的组成成分。

②矿物质中的钠、氯、钾等离子，可调节体液（如血液、淋巴）渗透压的恒定。保证细胞获得营养以维持生命活动。

③维持血液的酸碱平衡。矿物质中的无机盐类（重碳酸盐与磷酸盐）是血液中重要的缓冲物质，可维持血液氢离子浓度保持平衡稳定。

④矿物质可影响其他物质在体内的溶解度。如胃液中的盐酸可溶解饲料中的矿物质，便于吸收，血液中的食盐可提高磷酸钙的溶解度。此外，体内一定浓度盐类也有助于饲料中蛋白质的溶解。

⑤有些矿物质对消化液的酶有催化作用，增进消化效能。

（2）矿物质来源　矿物质元素不能相互转化或代替，必须从饲料中采食和补充。

2. 矿物质中各常量元素的主要功能、来源以及不足与过量时的表现

（1）钙的主要功能、来源以及不足与过量时的表现　钙是机体内含量最多的矿物质元素，为骨骼成长所必需。机体内钙90%左右在骨骼中。钙是蛋壳形成的主要成分。钙还参与神经传导、肌肉收缩、血液凝固，维持细胞膜稳定等生理过程。

钙缺乏或过量。雏番鸭缺钙时，采食量下降，生长受阻，长骨变短变粗，关节变粗、畸形，肋骨与软骨端出现串珠样肿大；成年番鸭会出现骨质疏松、产软壳蛋等。饲料中钙过量可出现腹泻，长期采食钙含量过高的饲料会出现痛风等疾病。

机体所需的钙主要来源有贝壳粉、石粉、骨粉、陈石灰、石膏等。

（2）磷的主要功能、来源以及不足与过量时的表现　磷是骨骼的结构物质，机体中80%左右的磷存在于骨骼中。骨骼除了作为支撑系统外，也是磷的储备库。磷几乎对体内各种代谢过程都起着重要的作用，如血液中磷酸盐的缓冲体系维持机体生理生化所需的稳定环境；磷是核酸的重要成分，参与遗传信息的传递；磷在机体能量代谢中起着重要的作用，含高磷酸键的ATP是能量传递物质。磷也是蛋壳的重要成分之一。

磷的缺乏与过量。番鸭缺磷时，能引起血磷下降，同步引起骨骼中钙、磷含量下降，出现食欲下降、生长受阻，发生骨质疏松症，产蛋期番鸭产软壳蛋等。磷过多时，会促进钙的排出，也能引起骨质疏松、缺钙等症状。因此，番鸭饲料中的钙、磷必须保持一定的比例，一般生长发育期，饲料中钙磷比例为（1～2）∶1，产蛋期比例为（3～5）∶1。

机体所需的磷的主要来源有磷酸氢钙、骨粉、糠麸类饲料等。糠麸类饲料中所含的磷大多为不易吸收的植酸磷，须添加植酸酶促进其分解成为易吸收的磷。

(3) 镁的主要功能、来源　镁是骨骼和蛋壳的组成成分，机体中镁总量的60%～70%存在于骨骼中。同时，也是一些酶的活化因子和组成成分，如磷酸酶、氧化酶、激酶、精氨酸酶等。镁还参与DNA、RNA和蛋白质合成。

植物饲料中镁含量丰富（特别是麸皮），能满足番鸭生长、生产和繁殖的需要。因此，番鸭日粮中一般不添加镁。

(4) 钠、钾、氯的主要功能、来源以及不足与过量时的表现　这3种元素主要功能是维持番鸭体内酸碱平衡、细胞渗透压平衡、参与水代谢。钠主要分布于细胞外液，大量存在于体液中；钾主要分布于细胞内液；两者对神经冲动传导和营养物质吸收起重要作用。氯在细胞内、外液中均有，为肌胃分泌盐酸的组成成分。

缺乏与过量。这3种元素中的任何一种缺乏都能导致番鸭食欲变差，生长迟缓或脱水失重（细胞内外脱水），严重时引起死亡。缺钠时，番鸭厌食，易出现啄癖，产蛋率和蛋重下降等症状。缺钾时（严重腹泻），会表现肌肉软弱无力等现象。缺氯时，可因突然光照或喧闹时出现神经症状。在正常情况下，番鸭可通过肾调节钠、钾、氯的排出量，所以，这3种元素过量摄入引起中毒的现象很少发生。但在日粮中食盐含量过多（1%甚至4%以上），饮水受到限制或肾功能障碍时，会出现中毒症状（表现极度口渴，站立不稳，死前呈惊厥性运动；剖检发现胃肠道、肌肉、肝和肺有出血、充血）。

番鸭体内没有储存钠、钾、氯的能力，须经常供给。番鸭采食的植物饲料中钾含量丰富不须另外添加；但钠、氯含量较低，必须用食盐补充；饲料中添加量为0.3%～0.5%。

(5) 硫的主要功能及来源　硫是含硫氨基酸（如蛋氨酸、胱氨酸等）、维生素B_1（硫胺素）和某些酶的构成成分。番鸭机体的皮毛、爪、喙等的角蛋白中含有多量的硫。在家禽体内代谢过程中，有机硫比较容易吸收，无机硫吸收较差。饲料中一般都含有较丰富的硫，不须另外补充。

3. 矿物质中各微量元素的主要功能、来源及不足与过量时的表现

（1）铁的主要功能、来源以及不足与过量时的表现　铁是血液红细胞中血红蛋白的组成成分（Fe^{2+}），血红蛋白是体内运载氧（O_2）和二氧化碳（CO_2）的主要载体；铁还是细胞色素 C 和多种亚铁血红素氧化酶的构成成分，与细胞内氧化过程有着密切的关系；铁也是有色羽毛家禽羽毛色素的构成成分。铁的另一个功能是能与棉籽粕中的棉酚形成铁-棉酚复合物，从而降低棉酚的毒性。机体中的铁有 60%～70%在红细胞的血红素中；20%左右与蛋白质结合形成铁蛋白（Fe^{3+}），存在于肝、脾和骨髓中，用于维持机体血液中铁的相对平衡，还有一部分存在于酶、肌红蛋白和血清中。

缺乏与过量。铁缺乏时，会出现贫血、继发高血脂症（血中甘油三酯浓度明显升高），有色羽毛颜色退色。铁的吸收通过机体铁蛋白含量来调节。饲料中铁含量过高时，铜、磷利用率降低，维生素 A 在肝沉积下降，严重时导致上述 3 种营养素缺乏症。

机体中铁来源。由饲料供给和体内分解代谢铁再利用。饲料原料中含有一定的铁，但往往不能满足番鸭体的需要，须在饲料中添加一定量的有机或无机铁。

（2）铜的主要功能、来源以及不足与过量时的表现　铜是多种酶类，如铜蓝蛋白、超氧化物歧化酶、赖氨酸氧化酶、酪氨酸酶、细胞色素的构成或活化成分。铜蓝蛋白是一种亚铁氧化酶，催化 $Fe^{2+} \rightarrow Fe^{3+}$，与红细胞成熟和合成血红蛋白有关。角蛋白的形成过程中，需要铜参与。铜对蛋白质有较强的凝固作用，高剂量的铜（每千克饲料 250mg）有防霉和促生长作用，但长期使用也易引起铜中毒。

缺乏与过量。铜缺乏时，易引起贫血，骨、毛生长障碍。过量时，引起呕吐、腹泻，肌胃、腺胃糜烂，还可引起锌、铁缺乏症。

铜也是植物中必需的元素，饲料中都含有铜，是家禽需要量的3～4倍（家禽对铜的需要量每千克日粮不超过3～5mg），故饲料中一般不须添加铜。

（3）锰的主要功能、来源以及不足与过量时的表现　锰是禽类肝线粒体中超氧化物歧化酶、丙酮酸羧化酶，黏多糖合成过程中的糖基转移酶的构成成分，也是精氨酸酶激活剂。主要分布于动物的骨骼、肝、肾、胰腺、心脏和肌肉中。

缺乏与过量。锰缺乏时，导致家禽生长发育受阻，被毛粗乱，后肢长骨弯曲、粗短，胫跖关节畸形肿大，出现“滑腱症”；雏番鸭还会产生共济失调等神经症状（与维生素B_1相似的观星姿势），成年番鸭产蛋下降，蛋壳变薄，种蛋孵化率下降。番鸭对锰的需要量比其他家禽高，在饲料配制中应特别引起注意。

籽实饲料中锰含量较低，不能满足番鸭对锰的需要，必须向饲料中添加一定量的锰元素。

（4）锌的主要功能、来源以及不足与过量时的表现　据报道，体内近300多种酶与锌有关，有的作为酶的结构成分，有的作为辅助因子。锌调节和控制着这些酶的结构及功能，影响机体的许多代谢功能。骨骼肌中含体内总锌量的50%～60%，骨骼含体内总锌量的30%左右。

缺乏与过量。锌缺乏时，动物皮肤角化不全，家禽卵巢、输卵管发育不良，产蛋量和蛋壳品质下降，孵化率降低，雏番鸭出现腿骨粗短，跗关节畸形、肿大，羽毛脱落，胸腺、脾、法氏囊萎缩，免疫力下降等。过量时，也易发生中毒，表现为精神沉郁，羽毛蓬乱，肝、肾、脾肿大，肌胃角质层变脆甚至糜烂，生长减慢，渗出性素质和白肌病等。给产蛋期番鸭喂高锌日粮可诱发换羽。

籽实饲料中都含有锌，但不能满足番鸭生产需要，必须通过饲料添加一定量的锌。酵母、麸皮中含有较高的锌。

（5）硒的主要功能、来源以及不足与过量时的表现　硒是谷胱甘肽过氧化酶的组成成分，与维生素 E 之间有协同作用。主要功能为抗氧化作用。谷胱甘肽过氧化酶能催化还原型谷胱甘肽向氧化型谷胱甘肽转变，该变化过程提供电子与过氧化物（自由基）结合，使过氧化物变成醇和水，从而消除过氧化物对细胞脂质膜的损害。此外，硒还是其他多种酶的构成成分。硒在体内不同部位分布大致比例为，肌肉占 50%、皮毛占 14%～15%、骨骼占 10%、肝占 8%、其他占 15%～18%。

缺乏与过量。日粮中硒含量低于 0.1mg/kg 时，易发生硒缺乏症。硒缺乏时，主要表现为精神沉郁，食欲减退，生长迟缓，渗出性素质，肌肉营养不良或白肌病，胰腺变性、纤维化、坏死，机体免疫力下降，种番鸭产蛋率、受精率、孵化率下降。过量时，也易发生中毒，表现为精神萎靡，神经功能紊乱，消瘦，皮肤粗糙，羽毛脱落，生产性能下降，肝硬化和贫血，种蛋孵化率降低，胚胎畸形等。

籽实饲料中硒含量与所种植土地中硒含量密切相关，我国存在着一条从东北到西南的土壤缺硒带，浙江省也属缺硒地区。家禽日粮中硒的中毒量是最低需要量的 10 倍，故一般家禽饲料中均添加一定量的硒元素。

（6）碘的主要功能、来源以及不足与过量时的表现　碘是合成甲状腺激素的原料，甲状腺激素的功能是提高基础代谢率，增加组织细胞耗氧量，影响脂肪的合成、去饱和、链的延长及氧化。

缺乏与过量。碘缺乏时，甲状腺激素合成不足，基础代谢率降低，对低温适应能力降低，种蛋孵化率降低，体内脂肪积累加强，严重时甲状腺代偿性增生肿大、生长发育受阻、繁殖力下降。碘摄入过量时，也会引起产蛋量下降，蛋重和孵化率降低。

碘在体内存留时间较长，至少在3周以上，故番鸭对日粮中碘水平变异耐受范围较宽。植物饲料中碘含量变化较大，与土壤、气候、是否使用微肥等因素有关。一般籽实类饲料中碘含量比较低，鱼粉、骨粉与海盐中碘含量比较丰富。番鸭日粮以籽实饲料为主，碘需要量常得不到满足，故须在饲料中添加一定量的碘元素。碘的主要添加形式为碘化钠、碘化钾和碘酸钙。碘在含铁、铜、锰盐的预混料中极易氧化、挥发，故在配制预混料后，不能存储太久，以免碘被氧化挥发。

（7）钴的主要功能、来源以及不足时的表现　钴是维生素B_{12}的构成成分，动物不需要无机态的钴，只需要维生素B_{12}。其功能详见维生素B_{12}部分。钴或维生素B_{12}不足时，红细胞合成受阻，表现为贫血等症状。

维生素B_{12}只能由微生物合成（酵母和真菌不能合成）。肠道中微生物合成的维生素B_{12}远不能满足动物的需要，故一定要通过饲料中添加。

（五）维生素功能及其来源

维生素是一组化学结构不同，营养作用和生理功能各异的化合物。维生素可分为脂溶性维生素和水溶性维生素。脂溶性维生素包括维生素A、维生素D、维生素E、维生素K；水溶性维生素包括B族维生素和维生素C。B族维生素主要有维生素B_1、维生素B_2、维生素B_6、维生素B_{12}、烟酸、泛酸、叶酸等。脂溶性维生素与脂肪一起消化吸收，可在体内储存和积累，不足时，可从体内调剂。水溶性维生素，除维生素B_{12}外，不能在体内储存，过量部分通过尿排出，因此必须时时供给。

1. 维生素的主要功能　维生素既不能提供能量，也不是机体的组成成分，它的主要作用是控制、调节代谢。维生素的需要量极少，但其生理功能却很大，缺少任何一种，都会造成番鸭生长缓慢、停滞、生产力下降，引起抗病力下降，严重时甚至死亡。

2. 维生素来源 各种动、植物性饲料中含有一定量的维生素，但其所含维生素种类和数量都不相同。单靠饲料中所含的维生素不能满足番鸭对各种维生素的需要，需要在饲料之外，添加部分人工合成或发酵产生的维生素。

3. 各种脂溶性维生素的主要功能及来源

（1）维生素A主要功能、来源，缺乏、过量时的表现 维生素A是一组生物活性物质的总称，包括维生素A_1（视黄醇、视黄醛、视黄酸）和维生素A_2（脱氢视黄醇）。其主要功能是维持机体一切上皮组织的完整，促进结缔组织中黏多糖的合成，维持细胞膜及细胞器膜结构的完整，及正常的通透性，保障呼吸道、消化道、生殖道、肾小管、眼结膜、皮肤黏膜等上皮组织健康而行使机能；是眼球视网膜视紫质的构成成分。

维生素A只存在于动物体内，储存在肝；植物中不含维生素A，但含有维生素A原和胡萝卜素。饲料中的维生素A不能满足番鸭体的需要，必须在饲料中添加。

缺乏与过量。缺乏时，雏禽表现生长缓慢或停止，出现夜盲症状；家禽产蛋量下降、孵化率降低；呼吸道、消化道、生殖道、肾小管、眼结膜、皮肤黏膜等上皮组织出现角质化，而出现相应功能障碍，如消化道发生消化不良、腹泻、下痢等，再如呼吸道发生气管炎等。过量也会发生中毒，表现为食欲减退、采食量下降、生长减慢、眼水肿、骨骼强度降低变形等。

饲料中含有一定量的维生素A，但一般不能满足番鸭生长和生产需要，必须通过饲料中添加。

（2）维生素D主要功能、来源，缺乏、过量时的表现 维生素D又称钙化醇或抗佝偻维生素。它是固醇类衍生物，包括维生素D_2和维生素D_3。维生素D_2（也称麦角钙化醇，由麦角胆固醇经紫外线照射而得）存在于饲料中，维生素D_3（也称胆钙化醇，由7-脱氢胆固醇经紫外线照射而得）存在于动物组织中。其主要功能是调节钙、磷代谢，促进小肠对钙、磷的吸收，调节血中钙、磷浓度，有利于钙、磷沉积于骨和牙齿。

缺乏与过量。缺乏时，肠道钙、磷吸收减少，血中钙、磷浓度下降，骨钙化发生障碍。生长发育期番鸭出现骨骼变形、龙骨弯曲；成年番鸭蛋壳变薄、产蛋下降，骨骼疏松。维生素D摄入过量时，促进肠道钙吸收，过量吸收的钙会沉积在内脏和肾小管，引起家禽痛风等。

随着现代家禽业发展，番鸭长期关在室内，接触不到自然光照（紫外线照射不足），维生素D合成不能满足其生长和生产需要，必须通过饲料中添加。

（3）维生素E主要功能、来源，缺乏、过量时的表现　维生素E又名生育酚，与动物生育机能有密切关系。维生素E是脂质膜的组成成分，能防止脂质氧化和相应过氧化物（自由基）产生。其抗氧化能力，具有保护细胞生物膜的完整性，增强机体免疫机能，提高抗应激能力，保护维生素A免受氧化等功能。

缺乏与过量。缺乏时，番鸭表现脑软化症，渗出性素质，肌肉（横纹肌）营养障碍，免疫力下降，繁殖性能变差，孵化率下降（早期胚胎死亡）。

维生素E广泛分布于动植物组织中，动物组织含量较低，植物组织含量相对较高。随着动物集约化生产发展，家禽饲养密度普遍偏高，家禽饲养小环境变差，应激因素增加，使家禽对维生素E的需要量增加，饲料中的维生素E尚不能满足家禽需要，必须通过饲料中添加维生素E。

（4）维生素K主要功能、来源，缺乏、过量时的表现　维生素K与动物凝血有关。来源于植物的维生素K称为维生素K_1，来源于微生物的维生素K称维生素K_2，人工合成的维生素K称维生素K_3。天然维生素K为脂溶性，人工合成的维生素K为水溶性。

缺乏与过量。缺乏时，动物血中凝血酶原含量下降，血液凝血机能受到破坏。

随着动物集约化生产发展，家禽饲养密度普遍偏高，家禽极易发生球虫病。发生球虫病时，家禽对维生素 K 需要量明显增加，故饲养过程中需要通过饲料添加。

4. 各种水溶性维生素功能、来源及缺乏时的表现 水溶性维生素主要有维生素 C 和 B 族维生素，B 族维生素包括维生素 B_1、维生素 B_2、维生素 B_6、叶酸、维生素 B_{12}、烟酸、泛酸、生物素等（表 7－1）。

表 7－1 水溶性维生素来源、主要功能及缺乏症摘要汇总表

维生素名称	来 源	主要生理功能	主要缺乏症
维生素 C（抗坏血酸）	存在于青绿饲料中，家禽体内微生物也能合成	维持细胞间质的正常结构，促进伤口愈合。参与体内氧化还原反应，抗应激和解毒作用。促进小肠对铁吸收	表现为皮下出血。家禽一般不易发生缺乏症
维生素 B_1（硫胺素）	籽实饲料、酵母含有丰富维生素 B_1，青绿饲料、优质干草中含量也较多	为 α-酮酸脱羧酶的辅酶，抑制胆碱酯酶活性（促进肠道蠕动和消化液分泌）	由于碳水化合物中间代谢产物——丙酮酸和乳酸蓄积、能量供应减少，引起多发性神经炎，雏禽肌肉痉挛，呈“观星状”
维生素 B_2（核黄素）	青绿饲料叶片、动物性饲料含量较高，籽实饲料含量较低	为黄素酶类的辅酶组成成分，为体内氧化还原反应所必需	雏禽生长缓慢，脚趾向内弯曲，以跗关节（飞节）肿大、着地行走，产蛋和孵化率下降
维生素 PP（烟酸）（烟酰胺）	植物饲料中均含有一定量烟酸，动物性饲料以烟酰胺的形式存在	为辅酶Ⅰ和辅酶Ⅱ的组成成分，为体内氧化还原反应所必需	家禽生长受阻，羽毛不丰满，口腔炎症（有黑色痂皮），跗关节肿大，滑腱症

（续）

维生素名称	来　源	主要生理功能	主要缺乏症
维生素 B_6（吡多醇）（吡多胺）（吡多醛）	动植物饲料中含量较多。植物中主要是磷酸吡多醇、磷酸吡多胺，动物中为磷酸吡多胺	为氨基酸转氨酶及脱羧酶辅酶的组成成分，为含硫氨基酸和色氨酸代谢所必需，促进氨基酸进入细胞	体重、产蛋率、孵化率下降
泛酸（维生素 B_3）	广泛存在于动植物饲料中	为辅酶 A 的组成成分，参与体内酰基转移反应	生长速度下降，肝肿大，羽被粗糙、卷曲，爪底、喙边及眼睑周围裂口变性发炎，胫骨变短
生物素（维生素 H）	广泛存在于动植物饲料中	为羧化酶的辅酶，参与 CO_2 转移	爪底、喙边及眼睑周围裂口变性发炎，滑腱症、胫骨粗短症
叶酸（维生素 M、维生素 BC）	植物饲料中含有，特别是绿叶中更丰富	参与氨基酸互变中一碳基团的转移，为蛋白质合成所必需	巨幼红细胞性贫血，白细胞减少，生长停止
维生素 B_{12}（钴胺素）		参与一碳基团代谢，与核酸、蛋白质及其他中间代谢有关	巨幼红细胞性贫血，生长停止，滑腱症
胆碱	动植物内均含有结合型胆碱，能在肝合成	参与一碳基团代谢，以乙酰胆碱形式参与体内神经活动	肝肾脂肪浸润，胫骨粗短，滑腱症

在水溶性维生素的需要中，番鸭尤其是肉雏鸭对维生素 B_1、烟酸（维生素 PP）、生物素（维生素 H）的需要量较高，缺乏时，番鸭易发生严重腿病。

(六)水的功能及其来源

1. 水的主要功能

(1)水是番鸭体内最重要的溶剂　各种营养物质在体内的消化、吸收、输送以及代谢产物的排出等一系列生理活动均需要水;水是各种消化液的组成成分,并可刺激胃肠道消化液的分泌,以促进饲料消化;水还能稀释和溶解已消化的物质,使之便于吸收。同时,动物吸收的营养物质通过水才能运送到身体各部,体内代谢过程所产生的废物也是溶于水后才能运到适当器官而排出体外。

(2)水是各种生物化学反应的参与者　水可把营养成分变成离子状态,使细胞容易产生各种反应。动物机体体内所有的分解和合成过程大都与加水或去水有关。

(3)水对体温调节有重要作用　水的比热很大,可吸收体内产生的热量,不使体温升高;机体尚能利用水分的蒸发以散发过剩的体热,从而保持体温的恒定。

(4)水有润滑作用　如唾液可使食物吞咽容易;润滑液可使关节间和其他转动的部分减少摩擦。

(5)水对动物体内渗透压的调节,保持细胞的正常形态等方面均有重要作用。

番鸭如果饮水不足,不但损害健康,而且严重影响其生产力,甚至脱水死亡。

2. 水的来源　水的来源有3个。一是饮水。二是饲料中所含的水分。三是代谢水(指碳水化合物、脂肪和蛋白质在体内代谢过程中所产生的水分)。

3. 水缺乏及中毒表现　畜禽体内水分不足时,会影响到机体营养消化吸收、废弃物及有毒有害物质排出等,出现代谢性酸中毒等症状;体内水分排泄障碍时,易出现水肿等水分过多症状;家禽在高热环境、口渴情况下突然摄入大量水,也会发生脑水肿、溶血性贫血等症状，进而危及生命。

三、番鸭营养需要及饲养标准

（一）番鸭营养需要

番鸭的营养需要是指番鸭在一定的环境条件下维持生命正常、健康生长和一定生产成绩对能量等各种营养物质种类和数量的需求。一般可分为维持需要和生产需要。

番鸭在采食饲料消化吸收营养成分之后，一部分营养成分首先满足用于维持番鸭的正常生命活动，如体温调节、呼吸、血液循环、神经活动、体组织更替等，称为维持需要。而多出的另一部分营养再用于生长、繁殖、产肉、产蛋等，称为生产需要。

在生产过程中，假定番鸭每天吸收饲料营养作为一个整体，其中用于维持需要的营养比例越高，则饲料转化率就越低；反之，用于生产需要的营养比例越高，则饲料转化率就越高。番鸭用于维持需要的营养数量是相对固定的。因此，要使番鸭生长发育正常，发挥番鸭的生产潜力，就必须尽量供给充足而平衡的饲料营养。

那么，是不是番鸭采食饲料越多，吸收的营养越多，生产性能就越高呢？也不尽然。因为，番鸭从饲料中吸收营养后，首先满足维持需要，然后用于生产需要，如果营养还有多余，则一部分转化为脂肪储存在体内；还有一部分特别是蛋白质（氨基酸），通过代谢分解成氨和脂肪酸，脂肪酸可转化为脂肪，氨则最后转化成尿素或尿酸排出体外。如果无限制地提高饲料营养水平，不但浪费了饲料资源，还增加机体负担。此外，脂肪过度积累，还会影响种番鸭产蛋、孵化等生产性能。因此，如何提供适宜的饲料营养水平，达到既能满足番鸭的维持和生产需要，又不至造成饲料浪费，就必须有一个符合番鸭营养需要的饲养标准。

（二）番鸭饲养标准

所谓饲养标准，就是根据畜禽不同种类、性别、年龄、体重、生理状况、生产目的与水平，预期达到某种生产能力，科学地规定1头（只）畜禽每天应该给予的能量和各种营养物质的数量，称为饲养标准。

番鸭属珍禽类，从全国范围来看，番鸭饲养量占肉鸭饲养量比例不是很高，我国目前尚无正规的番鸭饲养标准。国内有关番鸭营养需要方面的系统研究报告很少，主要停留在代谢能、粗蛋白质水平；且不同研究报告得出的番鸭对饲料中代谢能、蛋白质需要量相差很大。如张建华等（2011）综述了我国番鸭营养需要研究得出：番鸭育雏期，代谢能需要量为10.40～13.20MJ/kg、蛋白质需要量为16%～22%；育成期代谢能需要量为10.88～12.33MJ/kg、蛋白质需要量为13.9%～19%。造成这些差异的原因，可能与我国幅员辽阔、气候和饲养管理条件、饲料类型、饲养阶段划分（二阶段或三阶段饲养法）以及番鸭具有特殊的生长补偿机制影响有关。据研究，肉番鸭早期（0～3周龄）生长以沉积蛋白质为主，3周龄后肉番鸭体脂沉积速度加快。以获得最大胸腿肌比率为指标所需要的饲料蛋白质水平远高于以获得最佳生长速度和饲料转化率为指标所需要的蛋白质水平。若仅追求生长速度和饲料转化率，则肉番鸭前期饲料粗蛋白质水平18%即可，但为获得较好的胴体品质，则以20%～22%为宜。

2012年，张建华等采用3×3双因子试验设计和一元线性回归分析方法，对黑羽公番鸭营养需要研究得出：0～3周龄（肉用商品鸭）代谢能和蛋白质需要量为12.10 MJ/kg和19.31%，赖氨酸1.12%、蛋氨酸0.51%、苏氨酸0.8%、色氨酸0.23%，钙1.02%，有效磷0.46%；4～7周龄（肉用商品鸭）代谢能和蛋白质需要量为 11.71 MJ/kg 和 17.64%，赖氨酸 0.91%、蛋+胱氨酸 0.77%、苏氨酸 0.68%、色氨酸 0.19%，钙 0.91%，有效磷 0.45%。

2012 年，贺丹艳等采用 3×3 双因子试验设计方法，对 50～75 日龄番鸭（8～11 周）进行限制性氨基酸水平进行研究，在代谢能为 11.97 MJ/kg、蛋白质 16%情况下，日粮中赖氨酸占粗蛋白质比例应为 5.5%（占日粮的 0.88%）；蛋氨酸和含硫氨基酸与赖氨酸的比例应为 40% 和 80%（占日粮的 0.35% 和 0.70%）。

2014 年，唐现文等采用 4 因素 3 水平正交试验设计方法，研究了 13 周龄黑羽番鸭（肉番鸭）饲料中代谢能、蛋白质、钙、有效磷表观消化率得出：代谢能为 12.32MJ/kg，蛋白质为 16%，钙为 1%，有效磷为 0.6%。

2005 年，潘爱銮等采用 2 因素 3 水平的试验设计方法，对 30 周龄法国 RF 白番鸭种鸭进行代谢能和蛋白质需要量进行研究得出：在代谢能 12.10MJ/kg 情况下，蛋白质适宜量为 17%，太高太低均不利于种番鸭产蛋水平的发挥。

杨芷等对肉番鸭饲养阶段划分和饲养标准进行综述认为，肉番鸭生长阶段划分以三阶段为宜。其中，公番鸭生长阶段分为 1～3 周龄、4～7 周龄、8 周龄至出栏 3 个阶段，母番鸭生长阶段分为 1～3 周龄、4～6 周龄、7 周龄至出栏 3 个阶段。各阶段饲料代谢能分别为 11.72～12.10MJ/kg、11.71～12.33 MJ/kg、11.91～12.54MJ/kg；各阶段饲料粗蛋白质分别为 19%～21%、16%～18%、14%～15%。

（三）部分国家、地区、著名番鸭养殖公司和科研机构提出的饲养标准

1. 法国番鸭营养标准（表 7－2）。

表 7-2 法国番鸭营养标准（INRA1984）

营养成分		0～3 周龄		4～7 周龄		8 周龄至上市			
						公		母	
		最低	最高	最低	最高	最低	最高	最低	最高
代谢能	kcal/kg	2 800	3 000	2 600	2 800	3 000	3 200	2 800	3 000
	MJ/kg	11.70	12.54	10.87	11.70	12.54	13.38	11.70	12.54
粗蛋白质（%）		17.70	19.00	13.90	14.90	13.00	14.00	12.20	13.00
粗脂肪（%）		—	—	—	—	—	—	—	—
粗纤维（%）		—	—	—	—	—	—	—	—
赖氨酸（%）		0.90	0.96	0.71	0.96	0.65	0.70	0.54	0.58
蛋氨酸（%）		0.38	0.41	0.29	0.31	0.24	0.26	0.23	0.24
蛋＋胱氨酸（%）		0.75	0.80	0.57	0.61	0.50	0.54	0.46	0.50
色氨酸（%）		0.19	0.20	0.14	0.15	0.13	0.14	0.11	0.12
苏氨酸（%）		0.65	0.69	0.48	0.51	0.44	0.46	0.56	0.56
亮氨酸（%）		—	—	—	—	—	—	—	—
异亮氨酸（%）		—	—	—	—	—	—	—	—
缬氨酸（%）		—	—	—	—	—	—	—	—
苯丙氨酸＋酪氨酸（%）		—	—	—	—	—	—	—	—
精氨酸（%）		—	—	—	—	—	—	—	—
维生素 A（IU）		—	—	—	—	—	—	—	—
维生素 D_3（IU）		—	—	—	—	—	—	—	—
维生素 E（mg/kg）		—	—	—	—	—	—	—	—
维生素 K（mg/kg）		—	—	—	—	—	—	—	—
维生素 B_1（mg/kg）		—	—	—	—	—	—	—	—
维生素 B_2（mg/kg）		—	—	—	—	—	—	—	—
维生素 B_6（mg/kg）		—	—	—	—	—	—	—	—
维生素 B_{12}（mg/kg）		—	—	—	—	—	—	—	—

（续）

营养成分	0～3周龄		4～7周龄		8周龄至上市			
					公		母	
	最低	最高	最低	最高	最低	最高	最低	最高
泛酸（mg/kg）	—	—	—	—	—	—	—	—
烟酸（mg/kg）	—	—	—	—	—	—	—	—
生物素（mg/kg）	—	—	—	—	—	—	—	—
胆碱（mg/kg）	—	—	—	—	—	—	—	—
钙（%）	0.85	0.90	0.70	0.75	0.65	0.70	0.65	0.70
有效磷（%）	0.63	0.65	0.55	0.58	0.49	0.51	0.49	0.51
锌（mg/kg）	—	—	—	—	—	—	—	—
锰（mg/kg）	—	—	—	—	—	—	—	—
铁（mg/kg）	—	—	—	—	—	—	—	—
钠（%）	0.15	0.16	0.14	0.15	0.15	0.16	0.15	0.16
氯（%）	0.13	0.14	0.12	0.13	0.15	0.14	0.15	0.14

2. 台湾畜牧学会（1993）建议的番鸭营养需要量（表7-3）

表7-3　台湾畜牧学会（1993）建议的番鸭营养需要量

营养成分		0～3周龄（公母混养）		4～7周龄（公母混养）		8周龄至上市				种鸭	
						公		母		母	
		最低	最高	最低	最高	最低	最高	最低	最高	最低	最高
代谢能	kcal/kg	2 800	3 000	2 600	2 800	2 800	3 000	2 800	3 000	2 600	2 800
	MJ/kg	11.72	12.55	10.88	11.72	11.72	12.55	11.72	12.55	10.88	11.72
粗蛋白质（%）		17.7	19.0	13.9	14.9	13.0	14.0	12.2	13.0	12	13
赖氨酸（%）		0.90	0.96	0.66	0.71	0.65	0.70	0.54	0.58	0.62	0.66
蛋氨酸（%）		0.38	0.41	0.29	0.31	0.24	0.26	0.23	0.24	0.33	0.35
含硫氨基酸(%)		0.75	0.80	0.57	0.61	0.50	0.54	0.46	0.50	0.56	0.60
色氨酸（%）		0.19	0.20	0.14	0.15	0.13	0.14	0.11	0.12	0.15	0.16
苏氨酸（%）		0.65	0.69	0.48	0.51	0.44	0.46	0.38	0.41	0.43	0.46

（续）

营养成分	0～3周龄（公母混养）		4～7周龄（公母混养）		8周龄至上市				种鸭	
					公		母		母	
	最低	最高	最低	最高	最低	最高	最低	最高	最低	最高
亮氨酸（%）	1.67	1.80	1.24	1.34	1.26	1.36	1.05	1.13	—	—
异亮氨酸（%）	0.80	0.85	0.58	0.62	0.57	0.61	0.47	0.51	—	—
缬氨酸（%）	0.87	0.93	0.64	0.69	0.64	0.69	0.53	0.57	—	—
苯丙氨酸＋酪氨酸（%）	1.57	1.67	1.15	1.23	1.15	1.24	0.96	1.03	—	—
精氨酸（%）	1.03	1.10	0.80	0.86	0.78	0.84	0.65	0.70	—	—
维生素A（IU）	8 000	—	8 000	—	—	4 000	—	—	—	10 000
维生素D_3（IU）	1 000	—	1 000	—	—	500	—	—	—	1 500
维生素E（mg/kg）	20	—	15	—	—	—	—	—		
维生素K（mg/kg）	4	—	4	—	—	—	—	—	—	4.0
维生素B_1（mg/kg）	1	—	—	—	—	—	—	—		
维生素B_2（mg/kg）	4	—	4	—	—	2	—	—	—	6.0
维生素B_6（mg/kg）	2	—	—	—	—	—	—	—	—	2.0
维生素B_{12}（mg/kg）	0.03	—	0.01	—	—	—	—	—		
泛酸（mg/kg）	5	—	5	—	—	—	—	—	—	10.0
烟酸（mg/kg）	25	—	25	—	—	—	—	—		
生物素（mg/kg）	0.1	—	—	—	—	—	—	—		
胆碱（mg/kg）	300	—	300	—	—	—	—	—		

（续）

营养成分	0～3周龄（公母混养）		4～7周龄（公母混养）		8周龄至上市				种鸭	
					公		母		母	
	最低	最高	最低	最高	最低	最高	最低	最高	最低	最高
钙（%）	0.85	0.90	0.70	0.75	0.65	0.70	0.65	0.70	2.50	2.70
磷（%）	0.63	0.65	0.55	0.58	0.49	0.51	0.49	0.51	0.6	0.62
有效磷（%）									0.37	0.40
锌（mg/kg）	40	—	30	—	—	20	—	—		
锰（mg/kg）	70	—	60	—	—	60	—	—		
铁（mg/kg）	40	—	30	—	—	20	—	—		
钠（%）	0.15	0.16	0.14	0.15	0.15	0.16	0.15	0.16	0.14	0.15
氯（%）	0.13	0.14	0.12	0.13	0.13	0.14	0.13	0.14	0.13	0.14

3. 法国克里莫公司推荐肉番鸭饲养标准（2006）（表7－4）

表7－4　法国克里莫公司推荐肉番鸭饲养标准（2006）

营养成分		0～3周龄		4～7周龄		8～12周龄	
		最低	最高	最低	最高	最低	最高
代谢能	kcal/kg	2 850	2 900	2 900	3 100	3 000	3 200
	MJ/kg	11.91	12.12	12.12	12.96	12.54	12.96
粗蛋白质（%）		19.00	22.00	17.00	19.00	15.00	18.00
粗脂肪（%）		—	5	—	6	—	7
粗纤维（%）		—	4	—	5	—	6
赖氨酸（%）		0.95	—	0.85	—	0.75	—
蛋氨酸（%）		0.45	—	0.4	—	0.3	—
蛋＋胱氨酸（%）		0.85	—	0.65	—	0.60	—
色氨酸（%）		0.23	—	0.16	—	0.16	—
苏氨酸（%）		0.75	—	0.60	—	0.50	—
亮氨酸（%）		—	—	—	—	—	—

（续）

营养成分	0～3 周龄		4～7 周龄		8～12 周龄	
	最低	最高	最低	最高	最低	最高
异亮氨酸（%）	—	—	—	—	—	—
缬氨酸（%）	—	—	—	—	—	—
苯丙氨酸＋酪氨酸（%）	—	—	—	—	—	—
精氨酸（%）	—	—	—	—	—	—
维生素 A（IU）	15 000	—	10 000	—	10 000	—
维生素 D_3（IU）	3 000	—	2 000	—	2 000	—
维生素 E（mg/kg）	20	—	20	—	20	—
维生素 K（mg/kg）	—	—	—	—	—	—
维生素 B_1（mg/kg）	—	—	—	—	—	—
维生素 B_2（mg/kg）	—	—	—	—	—	—
维生素 B_6（mg/kg）	—	—	—	—	—	—
维生素 B_{12}（mg/kg）	—	—	—	—	—	—
泛酸（mg/kg）	—	—	—	—	—	—
烟酸（mg/kg）	—	—	—	—	—	—
生物素（mg/kg）	—	—	—	—	—	—
胆碱（mg/kg）	—	—	—	—	—	—
钙（%）	1.00	1.20	0.90	1.00	0.85	1.00
有效磷（%）	0.45	—	0.40	0.40	0.35	—
锌（mg/kg）	—	—	—	—	—	—
锰（mg/kg）	—	—	—	—	—	—
铁（mg/kg）	—	—	—	—	—	—
钠（%）	0.15	0.18	0.15	0.18	0.15	0.18
氯（%）	0.15	0.22	0.15	0.22	0.15	0.22

4. 法国克里莫公司推荐种番鸭饲养标准（表 7－5）

表 7－5　法国克里莫公司推荐种番鸭饲养标准

营养成分		育雏期 0～3 周龄		后备期				产蛋期 27 周龄以后	
				发育期 4～10 周龄		生长期 11～27 周龄			
		最低	最高	最低	最高	最低	最高	最低	最高
代谢能	kcal/kg	2 900	2 950	2 800	2 850	2 600	2 650	2 750	2 800
	MJ/kg	12.12	12.33	11.70	11.91	10.87	11.08	11.50	11.70
粗蛋白质（%）		19.50	22.00	17.00	19.00	15.50	17.00	16.50	18.00
粗脂肪（%）		—	5.0	—	4.0	—	3.5	—	4.0
粗纤维（%）		—	4.0	—	4.0	—	6.0	—	4.0
赖氨酸（%）		1.00	—	0.80	—	0.65	—	0.75	—
蛋氨酸（%）		0.50	—	0.45	—	0.33	—	0.35	—
蛋＋胱氨酸（%）		0.85	—	0.75	—	0.63	—	0.65	—
色氨酸（%）		0.23	—	0.16	—	0.16	—	0.17	—
苏氨酸（%）		0.75	—	0.59	—	0.45	—	0.60	—
亮氨酸（%）		—	—	—	—	—	—	—	—
异亮氨酸（%）		—	—	—	—	—	—	—	—
缬氨酸（%）		—	—	—	—	—	—	—	—
苯丙氨酸＋酪氨酸（%）		—	—	—	—	—	—	—	—
精氨酸（%）		—	—	—	—	—	—	—	—
维生素 A（IU）		15 000	—	15 000	—	15 000	—	15 000	—
维生素 D_3（IU）		3 000	—	3 000	—	3 000	—	3 000	—
维生素 E（mg/kg）		20	—	20	—	20	—	20	—
维生素 K（mg/kg）		—	—	—	—	—	—	—	—
维生素 B_1（mg/kg）		—	—	—	—	—	—	—	—
维生素 B_2（mg/kg）		—	—	—	—	—	—	—	—
维生素 B_6（mg/kg）		—	—	—	—	—	—	—	—

（续）

营养成分	育雏期 0～3周龄		后备期				产蛋期 27周龄以后	
			发育期 4～10周龄		生长期 11～27周龄			
	最低	最高	最低	最高	最低	最高	最低	最高
维生素 B_{12}（mg/kg）	—	—	—	—	—	—	—	—
泛酸（mg/kg）	—	—	—	—	—	—	—	—
烟酸（mg/kg）	—	—	—	—	—	—	—	—
生物素（mg/kg）	—	—	—	—	—	—	—	—
胆碱（mg/kg）	—	—	—	—	—	—	—	—
钙（%）	1.00	1.20	0.90	1.00	1.30	1.50	3.00	3.20
有效磷（%）	0.45	0.50	0.45	0.50	0.45	0.50	0.45	0.50
锌（mg/kg）	—	—	—	—	—	—	—	—
锰（mg/kg）	—	—	—	—	—	—	—	—
铁（mg/kg）	—	—	—	—	—	—	—	—
钠（%）	—	—	—	—	—	—	—	—
氯（%）	—	—	—	—	—	—	—	—

5. 福建农学院推荐的肉用番鸭营养建议量（表7-6）

表7-6 肉用番鸭营养建议量（福建农学院）

营养成分		0～3周龄		4～6周龄		7周龄至屠宰	
		最低	最高	最低	最高	最低	最高
代谢能	kcal/kg	2 850	2 900	2 900	2 950	2 900	2 950
	MJ/kg	11.91	12.12	12.12	12.33	12.12	12.33
粗蛋白质（%）		19.00	21.00	18.00	19.00	15.00	16.00
粗脂肪（%）		3.3		3.2		4.1	
粗纤维（%）		3.3		3.2		2.7	
赖氨酸（%）		1.05		1.02		0.75	

（续）

营养成分	0～3周龄		4～6周龄		7周龄至屠宰	
	最低	最高	最低	最高	最低	最高
蛋氨酸（%）	0.50		0.48		0.38	
蛋+胱氨酸（%）	0.85		0.82		0.68	
色氨酸（%）	—	—	—	—	—	—
苏氨酸（%）	—	—	—	—	—	—
亮氨酸（%）	—	—	—	—	—	—
异亮氨酸（%）	—	—	—	—	—	—
缬氨酸（%）	—	—	—	—	—	—
苯丙氨酸+酪氨酸（%）	—	—	—	—	—	—
精氨酸（%）	—	—	—	—	—	—
维生素A（IU）	—	—	—	—	—	—
维生素 D_3（IU）	—	—	—	—	—	—
维生素E（mg/kg）	—	—	—	—	—	—
维生素K（mg/kg）	—	—	—	—	—	—
维生素 B_1（mg/kg）	—	—	—	—	—	—
维生素 B_2（mg/kg）	—	—	—	—	—	—
维生素 B_6（mg/kg）	—	—	—	—	—	—
维生素 B_{12}（mg/kg）	—	—	—	—	—	—
泛酸（mg/kg）	—	—	—	—	—	—
烟酸（mg/kg）	—	—	—	—	—	—
生物素（mg/kg）	—	—	—	—	—	—
胆碱（mg/kg）	—	—	—	—	—	—
钙（%）	0.90		0.93		0.95	
有效磷（%）	0.45		0.50		0.40	
锌（mg/kg）	—	—	—	—	—	—

（续）

营养成分	0～3周龄		4～6周龄		7周龄至屠宰	
	最低	最高	最低	最高	最低	最高
锰（mg/kg）	—	—	—	—	—	—
铁（mg/kg）	—	—	—	—	—	—
食盐（氯化钠，%）	0.37		0.37		0.37	

6. 福建农学院推荐的种番鸭营养需要建议量（表7-7）

表7-7 种番鸭营养需要建议量（福建农学院）

营养成分		育雏期 0～3周龄		后备期				产蛋期 25周龄以后	
				发育期 4～10周龄		生长期 11～24周龄			
		最低	最高	最低	最高	最低	最高	最低	最高
代谢能	kcal/kg	2 850	2 900	2 800	2 850	2 600	2 650	2 700	2 750
	MJ/kg	11.91	12.12	11.70	11.91	10.87	11.08	11.29	11.45
粗蛋白质（%）		19.00	20.00	17.00	18.00	14.00	15.00	17.00	18.00
粗脂肪（%）		—	—	—	—	—	—	—	—
粗纤维（%）		—	—	—	—	—	—	—	—
赖氨酸（%）		1.00		0.80		0.65		0.75	
蛋氨酸（%）		0.50		0.45		0.33		0.35	
蛋+胱氨酸（%）		0.85		—	—	0.63		0.65	
色氨酸（%）		—	—	—	—	—	—	—	—
苏氨酸（%）		—	—	—	—	—	—	—	—
亮氨酸（%）		—	—	—	—	—	—	—	—
异亮氨酸（%）		—	—	—	—	—	—	—	—
缬氨酸（%）		—	—	—	—	—	—	—	—
苯丙氨酸+酪氨酸（%）		—	—	—	—	—	—	—	—

（续）

营养成分	育雏期 0～3周龄		后备期				产蛋期 25周龄以后	
			发育期 4～10周龄		生长期 11～24周龄			
	最低	最高	最低	最高	最低	最高	最低	最高
精氨酸（%）	—	—	—	—	—	—	—	—
维生素A（IU）	—	—	—	—	—	—	—	—
维生素D_3（IU）	—	—	—	—	—	—	—	—
维生素E（mg/kg）	—	—	—	—	—	—	—	—
维生素K（mg/kg）	—	—	—	—	—	—	—	—
维生素B_1（mg/kg）	—	—	—	—	—	—	—	—
维生素B_2（mg/kg）	—	—	—	—	—	—	—	—
维生素B_6（mg/kg）	—	—	—	—	—	—	—	—
维生素B_{12}（mg/kg）	—	—	—	—	—	—	—	—
泛酸（mg/kg）	—	—	—	—	—	—	—	—
烟酸（mg/kg）	—	—	—	—	—	—	—	—
生物素（mg/kg）	—	—	—	—	—	—	—	—
胆碱（mg/kg）	—	—	—	—	—	—	—	—
钙（%）	1.00		0.90		1.30		3.25	
有效磷（%）	0.45		0.45		0.45		0.45	
锌（mg/kg）	—	—	—	—	—	—	—	—
锰（mg/kg）	—	—	—	—	—	—	—	—
铁（mg/kg）	—	—	—	—	—	—	—	—
钠（%）	—	—	—	—	—	—	—	—
氯（%）	—	—	—	—	—	—	—	—

从表7-2至表7-7可以看出，不同单位推荐的饲养标准中饲料营养水平（包括代谢能、蛋白质等）差别很大。但如果从必需氨基酸方面看，不同单位推荐的饲养标准差别相对较小。

7. 根据国内有关研究报告结合作者多年饲料研究推广实践，拟出如下标准，供参考表 7－8。

表 7－8　番鸭饲料营养标准（参考）

养分		0～3 周龄	4～7 周龄	8 周龄至上市（10 周龄）	10～26 周龄	产蛋期
代谢能	kcal/kg	2 900	2 800	3 000	2 650	2 800
	MJ/kg	12.14	11.72	12.55	11.09	11.72
粗蛋白质（%）		19～21	17～19	15.5～16.5	14.5～15.5	17～18
粗纤维		＜4	＜5	＜6	＜8	＜6
赖氨酸（%）≥		1.12	0.91	0.8	0.65	0.85
蛋氨酸（%）≥		0.51	0.46	0.40	0.30	0.45
蛋＋胱氨酸（%）≥		0.8	0.73	0.65	0.55	0.70
色氨酸（%）≥		0.23	0.20	0.18	0.15	0.21
苏氨酸（%）		0.80	0.68	0.61	0.55	0.61
亮氨酸（%）		—	—	—	—	—
异亮氨酸（%）		—	—	—	—	—
缬氨酸（%）		—	—	—	—	—
苯丙氨酸＋酪氨酸（%）		—	—	—	—	—
精氨酸（%）		—	—	—	—	—
维生素 A（IU）		10 000	10 000	8 000	8 000	15 000
维生素 D_3（IU）		2 000	2 000	2 000	2 000	3 000
维生素 E（mg/kg）		18	18	18	20	30
维生素 K（mg/kg）		1.5	1.5	1.5	1.5	1.5
维生素 B_1（mg/kg）		1.2	1.2	1.2	1.2	1.5
维生素 B_2（mg/kg）		2.6	2.6	2.6	2.6	3.5
维生素 B_6（mg/kg）		2	2	2	2	3.0
维生素 B_{12}（mg/kg）		0.02	0.01	0.01	0.01	0.02

（续）

养分	0～3周龄	4～7周龄	8周龄至上市（10周龄）	10～26周龄	产蛋期
泛酸（mg/kg）	4.5	4.5	4.5	4.5	6.0
烟酸（mg/kg）	50	45	45	45	50
生物素（mg/kg）	0.05	0.05	0.05	0.05	0.08
叶酸（mg/kg）	0.6	0.6	0.6	0.6	0.8
胆碱（mg/kg）	500	500	500	500	500
钙（%）≥	1	1	1	1	3.0
有效磷（%）	0.45	0.45	0.45	0.45	0.45
锌（mg/kg）	60	40	40	40	40
锰（mg/kg）	100	90	90	90	90
铜（mg/kg）	80	80	80	80	80
铁（mg/kg）	60	60	60	60	60
硒（mg/kg）	0.20	0.20	0.20	0.20	0.20
碘（mg/kg）	0.40	0.40	0.30	0.30	0.30
钠（%）	0.15	0.14	0.16	0.16	0.16
氯（%）	0.13	0.12	0.14	0.14	0.14

四、番鸭常用饲料及添加剂

（一）能量饲料

在番鸭日粮中主要作为提供能量的饲料称为能量饲料。主要包括玉米、糙米、小麦、大麦、四号粉、麸皮、米糠等。

1. 玉米 玉米适口性好，番鸭喜欢采食，是谷实类中能量最高的饲料。每千克含代谢能14.0MJ，粗蛋白质8.6%，粗纤维2%，钙、磷含量低，粗脂肪3.5%，缺色氨酸和赖氨酸。番鸭配合饲料中用量在30%～60%。

2. 糙米 糙米适口性强，宜于饲喂各种番鸭。其营养与玉米接近，每千克代谢能14.0MJ，蛋白质8.8%，粗纤维0.7%，粗脂肪2.0%，与玉米、小麦搭配有防止腹泻的作用，用量可达10%~20%。大米精度越高，饲喂番鸭的效果越差；因为米皮中含有大量维生素、油脂等其他营养物质被去掉了。

3. 高粱 高粱适口性差，含有鞣酸，对家禽有不良影响，喂量应控制在15%以内。

4. 小麦 小麦是番鸭良好的能量饲料，每千克含代谢能12.9MJ，粗蛋白质12.1%，粗纤维2.7%。日粮中用量可达10%左右。

5. 大麦 大麦能量稍低，粗纤维含量相对较高，每千克含代谢能11.1MJ，粗蛋白质10.8%，粗纤维4.7%，粗脂肪2.0%。日粮中用量控制在10%以内。

6. 四号粉（次粉） 四号粉为精面粉加工后的下脚料，能量水平很高。每千克代谢能12.8MJ，蛋白质14%，粗纤维含量低，是一种良好的家禽能量饲料。日粮中用量可达10%左右。

大麦、小麦、四号粉作为主要能量来源的配合饲料，因其β-葡聚糖含量高，在家禽食糜中黏性较强、营养不易吸收，宜添加β-葡聚糖酶，以促进饲料消化、吸收，提高饲料转化率。

7. 麸皮 麸皮为大、小麦加工成面粉后的下脚料。富含锰、维生素E，能量比大、小麦低（每千克含代谢能6.8MJ）、粗蛋白质含量15%左右，粗纤维含量较高（8.5%~12%），因而有轻泻作用。日粮中用量以不超过10%为宜。

8. 米糠 成分随加工大米的精白程度而有显著差异。分普通米糠和砻糠两种。

普通米糠（米皮糠，二八统糠），由20%左右米皮和80%左右米糠构成，油脂含量高，维生素E和B族维生素含量高，易酸败变质，不耐储存，宜新鲜使用；饲料代谢能与玉米相仿（每千克含代谢能12.0MJ左右）。适于现产现用、作为肉番鸭育肥期饲料。

砻糠，由稻壳粉碎而成，粗纤维含量高、营养价值低，适于作为后备期种番鸭饲料，有利于促进其胃肠发育。

9. 稻谷 稻谷有厚壳，粗纤维含量达8%～10%，影响饲料的消化吸收，一般作为后备期种番鸭饲料，有利于促进其胃肠发育。

（二）蛋白质饲料

蛋白质饲料是饲养番鸭所需的蛋白质的主要来源，主要包括鱼粉、大豆饼（粕）、菜籽饼（粕）、花生饼（粕）、玉米酒精蛋白、啤酒酵母等。

1. 鱼粉 蛋白质含量高，易消化，各种必需氨基酸平衡。鱼粉中脂肪含量高达10%～12%，故常制成脱脂鱼粉。鱼粉是家禽最优良的蛋白质饲料，因其来源有限、价格高、成本高，故日粮中配制比例大都在5%以下。

2. 大豆饼（粕） 蛋白质含量高达40%以上，除含硫氨基酸不足外，其余的氨基酸组成平衡，消化吸收利用率高，比其他饼粕类营养价值高。每千克含代谢能9.62MJ，粗蛋白质43%，粗纤维5.1%，粗脂肪1.9%。日粮中用量比例可达10%～25%。

3. 菜籽饼（粕） 蛋白质成分比大豆粕稍低，含硫氨基酸比例较高，但消化吸收利用率不如大豆粕，且含有硫苷，为促使甲状腺肿大的有毒物质。每千克含代谢能7.41MJ，粗蛋白质38.6%，粗纤维11.8%，粗脂肪1.4%。饲喂未去毒菜籽粕时，日粮中用量不得超过6%。

4. 花生饼（粕） 花生饼蛋白质含量高达50%以上，蛋白质中赖氨酸、蛋氨酸、色氨酸含量均较低；含脂肪4.5%～8%，易发生酸败，不易储存。花生粕每千克含代谢能10.8MJ，粗蛋白质47.8%，粗纤维6.4%，粗脂肪1.4%。用量比例可达5%～10%。

5. 棉籽饼（粕） 棉籽饼（粕）含粗蛋白质36%～48%，赖氨酸、色氨酸含量较低。其内含有棉酚，将棉籽饼粉碎后加0.5%硫酸亚铁，可降低棉酚的毒性，去毒后的棉籽饼或粕在番鸭日粮中以低于5%为宜。此外，棉酚会影响生殖，故种鸭饲料中不能用棉籽饼或粕。

6. 玉米蛋白粉 玉米蛋白粉是玉米籽粒经医药工业生产淀粉或酿酒工业提醇后的副产品，其蛋白质含量丰富，具有抗营养因子含量少、安全性好等特点。不同用途、不同生产工艺生产的玉米蛋白粉营养成分不同，且变化程度很大。

医用玉米蛋白粉，蛋白质含量高（达60%以上），蛋白质中含硫氨基酸和亮氨酸含量高于大豆粉，但赖氨酸和色氨酸含量较低；脂肪（7%）含量比玉米（3.9%）高，粗纤维低（2%），是优质家禽蛋白质饲料。提醇玉米蛋白粉，蛋白质含量稍低（20%以上），粗纤维含量较高（达8%以上）。

7. 肉骨粉 肉骨粉一般含粗蛋白质50%以上，赖氨酸、蛋氨酸、色氨酸含量比鱼粉低，无机盐含量丰富，日粮中用量一般控制在5%以下。

（三）矿物质饲料

矿物质饲料是指用于补充矿物质不足的饲料。常用的矿物质饲料有食盐、贝壳粉、磷酸氢钙、石粉等，主要补充钙、磷、钠、氯等常量元素。

（四）添加剂

1. 微量元素添加剂 用于补充饲料中微量元素不足。包括铁、铜、钴、硫、碘、锰、锌等，常制成专用微量元素添加剂来补充。

2. 多维素添加剂 用于补充饲料中维生素不足。包括维生素A、维生素D、维生素E、维生素K，B族维生素、维生素C

等，常制成专用多种维生素添加剂来补充。

（五）常用饲料营养成分

常用饲料营养成分详见附录4常用饲料营养成分表。

五、番鸭日粮及其配制

（一）有关日粮概念

番鸭在一昼夜中采食的那部分饲料称为日粮。在日粮中，如果营养物质的种类、数量、质量、比例都能满足番鸭需要的话，这种日粮可称为平衡日粮或全价日粮。采用这种日粮饲喂番鸭，才能达到高效、低成本的目的。

1. 单一饲料 是指人们采用稻谷、玉米、小麦等单一的饲料饲喂畜禽。单一的饲料往往营养成分单纯或不足，不能满足畜禽的营养需要，必须多种饲料互相搭配，使各营养成分互相补充，以提高总体的营养水平和饲料转化率。

2. 混合饲料 是指人们从数种饲料原料，如玉米、小麦、豌豆等混合在一起，用于饲养畜禽的饲料。混合饲料比单一饲料营养更全面，但它仍然不能完全满足畜禽的营养需要。

3. 配合饲料 是指根据畜禽营养需要，将多种饲料原料和饲料添加剂按照一定的比例配合而成的饲料。

目前，国内很多单位都在研制和推广配合颗粒饲料。配合颗粒饲料具有以下优点。一是配合颗粒饲料能尽可能地满足番鸭对各种营养物质的需要，提高饲料转化率。二是配合颗粒饲料能有效防止番鸭偏食的习惯，保障番鸭获得配比平衡的营养。三是配合颗粒饲料可以提高番鸭的生产性能，如提高生长速度、缩短生产周期、提高产蛋率和出雏率。四是配合颗粒饲料能充分利用饼粕类饲料，降低饲料成本。五是配合颗粒饲料可以减少饲料浪费，进而降低饲料成本。六是使用配合颗粒饲料省工省时，提高工人的劳动生产率。

（二）日粮配合原则

日粮配合既要坚持科学性，也要兼顾经济性。

1. 科学性原则

（1）配合日粮时，必须以饲养标准为基础　并通过饲养实践而酌情修正。

（2）必须坚持多样化　日粮应尽可能用多种饲料配合而成，以使其营养价值更全面，并发挥各种营养物质的互补作用，从而提高日粮的消化率和利用率。

（3）要有良好的适口性和质地　日粮应适口性好，不含泥、沙、杂质等异物，并应保证无毒、无害、不霉变、无污染等。

（4）控制粗纤维含量　番鸭属家禽类，相对家畜表现为体型小、消化道短，饲料在肠道停留时间短，且番鸭肠道没有纤维素酶。因此，要严格控制饲料中粗纤维含量。

（5）注意日粮体积　配合日粮时，应注意饲料体积，让番鸭既能吃得下，又能吃得饱，且能满足番鸭对各种营养物质的需要

2. 经济性原则　有些饲料的营养价值相近，但价格差异很大，应在满足番鸭营养需要的前提下，尽量利用价格低廉的饲料，以节省成本。

（三）日粮配制方法

1. 查番鸭营养需要量（饲养标准），根据番鸭不同生长阶段的营养需要计算饲料配方（可用电脑配方软件自动计算）。若为手工计算，则首先要根据平时饲养经验确定粗略的饲料配比。

2. 查饲料成分表，根据粗略配比计算出饲料营养水平，然后根据计算结果进行微调。如4～7周龄番鸭饲料粗纤维含量必须小于5%，如果过高，则应调整粗纤维含量高的原料。

3. 检查各种原料是否超过规定的比例，若有（如4周龄以

上番鸭饲料配方中可以加入菜籽粕，但用量不能超过5%，否则易导致生产性能下降），则再予以调整，直到符合要求为止。

（四）常用番鸭饲料配方

根据选定的饲养标准，结合当地饲料资源，制订出番鸭各生长阶段的日粮配方。现提供部分番鸭养殖企业配制的番鸭饲料配方，供参考（表7-9、表7-10）。

表7-9　某企业商品代肉用番鸭的饲料配方（%）

饲料原料	0～3周龄	4～7周龄	8周龄至上市
玉米	56.35	64.71	68.88
大豆粕	31.48	25.87	16.75
小麦麸	3.09	—	5.26
菜籽粕	3.00	3.00	3.00
鱼粉（国产）	2.00	2.35	2.00
磷酸氢钙	1.37	1.63	1.12
石粉	1.20	0.82	1.49
维生素、微量元素添加剂	1.00	1.00	1.00
食盐	0.30	0.28	0.30
蛋氨酸	0.17	0.20	0.14
赖氨酸	0.04	0.14	0.06
合计	100	100	100

表7-10　某企业种番鸭的饲料配方（%）

饲料原料	0～3周龄	4～10周龄	11～26周龄	产蛋期
玉米	61.22	65.84	65.21	58.64
大豆粕	27.78	23.24	12.74	20.55
小麦麸	—	2.11	12.03	—

（续）

饲料原料	0～3 周龄	4～10 周龄	11～26 周龄	产蛋期
菜籽粕	3.00	3.00	3.00	3.00
鱼粉（国产）	4.71	2.00	2.00	9.25
磷酸氢钙	0.93	1.40	1.37	0.21
石粉	1.08	0.96	2.19	7.31
维生素、微量元素添加剂	1.00	1.00	1.00	1.00
食盐	0.19	0.30	0.30	—
蛋氨酸	0.09	0.15	0.13	0.04
赖氨酸	—	—	0.03	—
合计	100	100	100	100

第八章　番鸭病综合防治技术

一、番鸭场建设应符合卫生防疫要求

1. 番鸭场选址和布局　大型番鸭场应建在地势高燥、便于排水，离居民区 500～1 000m 以上；番鸭场总体布局要做到饲养区与生活区分开；饲养区除饲养人员外，要与外界呈隔离状态。番鸭场要有完善的污水排放系统，做到“雨水与污水排放分离”。番鸭舍之间要有一定距离，有利于通风，确保舍内光线充足。番鸭场水质应良好，符合 GB/T 18407 标准（详见附录 1 农产品安全质量无公害畜禽肉产地环境要求——畜禽饮用水质量指标）。

2. 配置必要的卫生消毒设施　在番鸭场入口设消毒池和消毒室。消毒池主要供车辆进出消毒用。消毒池宽度以大门宽度为限，消毒池长度以进出番鸭场的大型车辆车轮周长 1.5 倍为原则，一般为 2.5～3.0m，消毒池深度一般要达到 10cm 以上。消毒池每 1～2d 更换新鲜消毒液 1 次，以保持药效。人员进出番鸭场须经消毒室消毒；消毒室要安装紫外线灯，每次进出都要消毒 5～10min；并更换鞋、帽、外套等。有条件的番鸭场还要在消毒室内配置洗手、沐浴和更衣设施。平时，谢绝外来参观，每周舍内带番鸭消毒 1 次。

3. 贯彻自繁自养原则　坚持自繁自养原则，严防外界疫源传入。平时尽可能不到外地引种。当确须从场外购进种番鸭时，要到“非疫区”采购，并经当地畜牧兽医部门检疫“合格”。种番鸭到场后，不得直接与场内种番鸭混养，一定要单独安排饲养人员和番鸭舍，先进行隔离饲养，观察2～3周以上。同时，搞好预防接种工作，确认健康后方可混群。

二、做好清洁卫生和日常饲养管理工作

1. 舍内保持清洁、干燥 番鸭舍地面每天都要清扫1次，防止地面积水，确保舍内干燥；及时检查饮水系统是否密封或漏水，一旦发现饮水器或输水胶管密封不好或出现漏水现象，一定要及时维修，防止渗漏的水溅在粪便上，引起番鸭粪腐败发臭，滋生蚊蝇，甚至引起细菌或病毒大量繁殖；要定期清理粪便，及时清洗饮水器，保持舍内清洁卫生。

2. 做好环境卫生和消毒工作 饲养人员进出番鸭场要更换工作服，防止外界病原传入。番鸭舍周边、排污沟及排污管道出口等外界环境要1周或半个月清理、消毒1次，防止蚊蝇滋生。如果饲养员或其他人员随便进出番鸭场而不注意更换工作服鞋帽，严格消毒等，就易带入病原，引发传染病。如果番鸭舍环境不卫生、粪便不及时清理，加上饮水器漏水、舍内潮湿等，则易引起粪便腐败，从而滋生蚊蝇等，易发生虫媒性疾病。

番鸭舍每周用高氯制剂、季铵盐或碘制剂（如消毒威、百毒杀、聚合碘等）等消毒药进行带鸭消毒1～2次，以便及时杀死病原微生物，防止疫病发生或蔓延。

3. 保持环境稳定，防止过冷过热和贼风侵袭 饲养员要相对固定，操作要轻，注意保持番鸭场周围环境安静；平时要做好防暑、降温、防寒、保暖工作，防止番鸭过冷、过热和贼风侵袭，防止应激。

4. 重视饲料质量和饮水卫生 加强饲养管理，做到饲料配合、无霉变，注意在饲料中添加多维素和微量元素。饲喂要定时、定质、定量，防止番鸭饥饱不均。饮水要清洁、充足，严防水源性污染引起番鸭病。平时，应尽量采用配合颗粒饲料，满足

番鸭生长发育过程中对各种营养物质的需要，以增强番鸭抗病力。

5. 实行全进全出制度 番鸭场内以每幢鸭舍为单位，严格执行全进全出制度，经彻底消毒（如对番鸭舍、用具先进行高压冲洗，待干燥后，对鸭舍进行消毒和石灰浆粉刷，对用具曝晒和浸泡消毒），待空舍0.5～1.0个月后，再饲养下一批番鸭，这是预防疾病最有效、最经济的方法。

6. 加强观察，及时发现并处理病番鸭 饲养员每天喂料时，要观察番鸭的精神状态、食欲、饮水、粪便情况，发现异常应及时报告，由驻场兽医采取相应的隔离、消毒、治疗甚至扑杀措施。做到“早发现、早预防”，严防疾病扩散或蔓延，减少番鸭场损失。

三、按时接种疫苗

免疫接种是预防病毒性传染病的最有效的方法。采取科学的免疫程序和正确的免疫方法，坚持“预防为主”的原则，是饲养番鸭成功的关键。番鸭场应根据当地疫情，确定免疫接种的疫苗种类。同时，应根据各种疫苗的不同特性，确定免疫接种的程序和方法。

1. 免疫接种方法 番鸭免疫接种的常用方法有滴眼、滴鼻、翼膜刺种、皮下或肌内注射、饮水及气雾免疫等多种方法。应视疫苗的特性、使用方便与否决定采用的方法。

（1）滴眼滴鼻法 此法是通过滴眼滴鼻方法，使疫苗从眼结膜和呼吸道进入番鸭体内的接种方法，适用于弱毒疫苗等。接种时可按每100头份疫苗加10mL注射用水或凉开水稀释，充分摇匀，然后在番鸭的眼结膜或鼻孔上滴入1～2滴（每滴约0.03mL），此法是弱毒疫苗的最佳接种方法。

（2）翼膜刺种 此法适用于禽痘疫苗的接种。将疫苗用蒸馏水或生理盐水稀释 50 倍，用接种针蘸取疫苗刺种于番鸭翅内侧（避开血管）的翼膜内。

（3）皮下注射法　广泛应用于禽流感等灭活疫苗接种。方法是在番鸭颈部背侧皮下注射接种。

（4）肌内注射法　此法效果确切，剂量准确，产生作用迅速。是各种弱毒苗和各种灭活苗最适宜的接种方法。弱毒疫苗稀释方法是，按每只番鸭 0.5～1.0mL 的剂量，乘以须注射的番鸭数，得出稀释液的用量，然后进行稀释，将疫苗注射于翅膀内侧肩关节无毛处肌肉或胸部肌肉中。

（5）饮水免疫法　为减轻饲养员劳动强度，弱毒疫苗接种都可以用此法。饮水免疫法成功的关键在于用水量和饮水时间控制是否适当。时间应选择在中午，饮水器要充足，用凉开水稀释疫苗，饮水中不得含有氯、锌、铜、铁等离子。同时，最好加入 0.1%的脱脂奶粉，以提高免疫效果。免疫前停水 2～3h，停水时间根据饮水量、气候、饲料干湿度等因素适当加减。停水期间可照常喂料，疫苗水让番鸭在 1.0～1.5h 饮完。每只番鸭的饮水量确定方法：可先记录番鸭在正常情况下 2h 的饮水量，再断水至番鸭出现张口呼吸时，用上述水量稀释疫苗后让番鸭饮用，一般 45～60min 可饮干。另外，疫苗饮完前后 24h 不得饮含高锰酸钾等消毒药成分的饮水。饮水免疫时的稀释用水最好用凉井水或凉开水，不能使用含有漂白粉的自来水。含有疫苗的饮水一定要在 2～3h 内饮完。

（6）气雾免疫法　所谓气雾免疫是指利用气泵将空气压缩，然后通过气雾发生器使稀释疫苗形成一定大小的雾化粒子，均匀地悬浮于空气中，随呼吸进入家禽体内。疫苗进入体内后，一方面，被吞噬细胞吞噬后转动到淋巴器官或血液，进入网状内皮系统而产生体液免疫；另一方面，在呼吸道黏膜局部刺激吞噬细胞分化为浆细胞，产生局部抗体或干扰素，增强呼吸道黏膜的保护力。气雾免疫不但省时、省力、应激小，对平养、笼养的番鸭免疫都很方便，使鸭群产生良好一致的免疫效果，特别是对呼吸道有亲嗜性的疫苗特别有效。

影响气雾免疫效果的主要因素有气温、空气湿度、疫苗雾滴大小等。气雾免疫最适气温在15～20℃；高于25℃时雾滴易蒸发，低于10℃特别是4℃以下雾滴易凝结。上述情况下，一般免疫效果较差。空气湿度一般要求达70%以上。疫苗雾滴大小和均匀度与免疫效果密切相关，一般对1月龄以内的番鸭宜采用粗雾滴（100～200μm），而对1月龄以上的番鸭采用小雾滴和中雾滴（1～50μm，或50～100μm）；尤其对1月龄以下的雏鸭及有严重呼吸道疾病的成鸭，若雾滴过小，则容易进入下部呼吸道而引起严重的呼吸道反应。气雾免疫时，禽舍应密闭，关闭门窗、排风扇，减少空气流动，避免阳光直射进舍内。喷雾后20min后方可开启通风系统。

2. 番鸭场免疫程序实例 为帮助广大番鸭场（户）制订番鸭适宜的免疫程序和免疫方法，下面介绍某番鸭场免疫程序（表8-1），供参考。

表8-1 某番鸭场免疫程序表

日龄	疫苗名称	免疫剂量	免疫方法
1日龄	番鸭细小病毒、雏番鸭小鸭瘟二联苗，番鸭呼肠孤病毒疫苗	1头份（0.2mL）	肌内注射
1～7日龄	番鸭细小病毒、雏番鸭小鹅瘟、番鸭呼肠孤病毒病蛋黄抗体，或鸭毒抗（含鸭瘟、鸭流感、鸭副黏病毒、番鸭细小病毒、小鹅瘟、鹅副黏病毒等病毒抗体）	1mL	肌内注射
14日龄	禽流感灭活苗	0.5mL	肌内注射
35～40日龄	禽流感灭活苗	1.0mL	肌内注射
70～80日龄（后备种鸭）	禽流感灭活苗	1.0mL	肌内注射

（续）

日龄	疫苗名称	免疫剂量	免疫方法
150～180日龄至产蛋前（种鸭）	禽流感灭活苗	1.0mL	肌内注射
	番鸭细小病毒、雏番鸭小鹅瘟二联苗	1.0头份	肌内注射
	番鸭呼肠孤病毒病灭活苗或番鸭呼肠孤病毒疫苗	1.0头份	肌内注射
	鸭瘟苗（弱毒苗）	2头份	肌内注射
	鸭病毒性肝炎弱毒苗	2头份	肌内注射

四、适时驱虫

目前，番鸭场常见的寄生虫主要有蛔虫、绦虫、虱和疥螨等体内外寄生虫。

1. 蛔虫　可用左旋咪唑20mg/kg，或伊维菌素按使用说明；种番鸭一般每年进行预防性驱虫3～4次。

2. 绦虫　可用丙硫咪唑，每千克体重20mg，或吡喹酮，每千克体重10mg，一次内服。每年驱虫3～4次为好。

3. 体外寄生虫　如番鸭虱（羽虱）、疥螨、蜱等节肢动物：在防治上可用伊维菌素拌料内服，一般每季度进行1次预防性驱虫。用菊酯类农药或双甲脒溶液对环境进行喷洒，以杀死外界环境中的虱、螨等节肢动物。

五、根据不同生产阶段，有针对性地做好疾病防治工作

1. 雏番鸭（1～21日龄）　1月龄内雏鸭易发生沙门氏菌、鸭疫李默氏菌、大肠杆菌等细菌性疾病。故应在雏鸭1～4日龄

给予庆大霉素 4 000U/羽，1 次/d，饮水，连用 4d。1～3 周龄是番鸭细小病毒、番鸭花肝病、番鸭病毒性肝炎、番鸭小鹅瘟等传染病的易发阶段。故对 1 周龄左右雏鸭，应根据当地疫情，及时注射番鸭细小病毒、番鸭花肝病、番鸭病毒性肝炎、番鸭小鹅瘟等蛋黄抗体的一种或几种。此外，雏鸭保温结束，脱温上架前 1d、后 3d，给予抗生素，内服，预防疾病发生。

2. 青年鸭（22～180 日龄）　该阶段易发生线虫、绦虫或疥螨等体内、外寄生虫。故在番鸭 30～50 日龄阶段分别用伊维菌素（可驱线虫和疥螨）、丙硫咪唑（可驱绦虫、线虫和吸虫）等，按使用说明，进行 2 次驱虫。

3. 种番鸭（180 日龄以上）　番鸭产蛋前做好禽流感、鸭瘟、病毒性肝炎、番鸭细小病毒、雏番鸭小鹅瘟、番鸭花肝病等疫苗接种，既能防止种番鸭发生上述疫病，也能为雏鸭提供免疫保护。

六、发生传染病时的紧急措施

番鸭场发生传染病后，必须立即采取隔离、封锁、消毒、正确处理病死番鸭等紧急措施，以期迅速控制和扑灭传染病。

1. 隔离　番鸭场一旦发生传染病，必须按照“早、快、严、小”的原则，将病鸭与临床健康鸭进行隔离。对病鸭进行隔离治疗或扑杀，对临床健康鸭用药物或疫苗进行紧急预防。对隔离的病鸭要实行专人饲养，饲料和工具要单独使用，粪便要单独处理，无关人员不准进入隔离室。在隔离室门口建一个消毒池，放入消毒药物，进出人员必须经过消毒池消毒，以防疫源扩散，有利于将疫情控制在最小范围。

2. 及时报告疫情　当番鸭场发现疫情时，应尽快作出诊断。本场不能确诊时，应将刚死或濒死番鸭送有关单位进行确诊。当发生或怀疑为一、二类家禽传染病时，应立即向当地兽医部门报告。

3. 封锁 当发生一类传染病或二类传染病急性暴发时，应对番鸭场进行封锁，禁止番鸭或番鸭产品、饲料等与病番鸭接触的物品流出养殖场，以防疫源扩散。封锁时间长短，以最后一只病番鸭死亡或康复之后1个潜伏期后，未发生同样传染病时，才可解除封锁。

4. 消毒 在隔离的同时，要立即采取消毒措施，以防止疫病继续传播。对番鸭场门口、场内道路、番鸭舍内被污染的器具、垫草、粪便等进行彻底清扫，对病死番鸭和无希望治愈的病鸭进行扑杀和无害化处理，并再进行消毒。一般病鸭舍内每天消毒1次，直到封锁解除为止。

5. 紧急预防接种 当发生某些传染病时，可对假定健康番鸭群实施紧急预防接种。接种时，各种接种器具应严格消毒；如果须进行肌内或皮下注射时，要做到注射1只换1个针头，以防疫原传播扩散。

6. 药物治疗 对感染非一、二类传染病，且有治疗价值的病番鸭，应进行积极治疗。没有治疗价值的应及时淘汰。

第九章　番鸭病检查与给药技术

一、临床检查

所谓临床检查是指通过检查者的眼看、口问、耳闻、鼻嗅、手摸等综合性感观来完成的最基本也是最简单的检查方法。

1. 检查精神状态　动物健康与否首先表现在精神状态上，健康的番鸭表现为神态安详、反应敏捷、动作协调。如果番鸭表现为精神沉郁、嗜睡、对外界刺激反应迟钝，或者精神亢奋、惊恐、对外界反应强烈，均为疾病状态。

2. 检查体态和运动状态　观察有无异常的身体姿势和运动状态，如角弓反张、歪颈扭头、翅膀下垂、弯爪、跛行、麻痹、瘫痪、共济失调、运动障碍等均为病态。

3. 检查羽毛和营养状况　健康番鸭一般表现为肌肉丰满、羽毛紧贴身体、整齐、有光泽。如果番鸭表现消瘦、羽毛蓬松、不整齐、无光泽，甚至出现羽毛脱落、有粪污粘连等均为疾病状态。

4. 检查头部器官　检查头部器官的着眼点是观察眼及眼的周围、鼻、鼻瘤、喙、嘴角、口腔黏膜有无炎症，有无增生物等情况。

5. 检查呼吸系统　检查病番鸭是否有鼻液及鼻液性状；有无呼吸啰音，若有，是干性还是湿性啰音；是否张口或伸颈呼吸等呼吸困难症状。

6. 检查循环系统　主要观察病番鸭眼结膜有无苍白、发绀（蓝紫色）、樱桃红、紫黑、紫红、树枝状充血等异常情况。

7. 检查体温 检查者可用掌心紧贴病鸭背部，感觉是否发热、灼手，以此初步判断体温是否升高。一般来说，番鸭发生传染病时，体温易升高；而营养病、寄生虫病多无体温变化；中毒病可使体温升高，也有的反而出现体温下降现象。

8. 检查骨和关节 着重检查肢体，尤其是后肢关节有无肿大、有无波动感，长骨有无变形等。

9. 检查消化系统 着重检查番鸭饲料采食量和饮水量是否正常，料槽、水槽中是否有剩料、剩水；嗉囊是否膨大，内部是否充满饲料、液体等；粪便形状、气味如何，是否腹泻，是否含有未消化饲料等。

二、尸体剖检

番鸭的尸体剖检是番鸭病检查、诊断的一个极为重要的环节。

1. 用品准备 解剖瓷盘（35cm×45cm）1个，外科手术剪1把，外科镊子1把，毛巾1条，消毒液（0.1%新洁尔灭）适量，盛消毒液的塑料水桶1只，乳胶手套若干。濒死或刚死病番鸭若干只，死后超过12h且不是冷藏保存的尸体会影响病理剖检的准确性。

2. 具体操作

（1）了解发病史 了解发病过程，尤其是查询在外观检查时发现的可疑情况，极有助于诊断。

（2）外观检查 观察外部器官，如皮肤有无出血、化脓，眼、鼻、口有无分泌物，眼部有无肿胀，这些器官周围有无炎症、赘生物、鳞片状物、疣状物等，翅、腿和爪有无异常姿势，羽毛有无褪色、易折、脱落，其清洁度如何，肛门附近羽毛有无粪污和粪污颜色，羽毛有无外寄生虫，尸僵是否完全，天然孔有无出血，皮肤有无出血、化脓等。

（3）解剖检查

①将死番鸭放入桶内的消毒液中进行体表消毒，并防止其身上可能被污染的羽毛随风飘动，向外散布病原。未死番鸭采取颈部放血方法致死后再重复上述过程。

②将番鸭从消毒液中取出，放入解剖盆内，采取仰卧姿势，两脚朝向术者，按压死番鸭两后肢，使其髋关节脱臼，以使尸体固定在解剖盆上。

③术者一手捏起腹部皮肤，另一手持外科手术剪由腹向胸部剪开皮肤，用手剥离皮肤，露出胸腹部骨肉；再从腿根部分别沿两侧腿部剪开并剥离皮肤，露出腿部肌肉；观察皮肤是否容易剥离，胸、腹、腿部肌肉有无苍白、充血、瘀血、出血、结节、渗出物、肿胀等异常情况。

④用外科手术剪的尾尖在剑状软骨刺穿腹肌，并以此为原点，呈“Y”形，向后沿腹中线剪开腹腔，向前沿两侧软硬肋骨交接处剪开胸壁，直至肩关节处使其脱节，再向前剪断锁骨，于嗉囊后缘横向剪断，剥离整块胸肌，至此已全部打开胸腹腔。此时，可进行体腔内各脏器的原位观察，看有无异常变化和异味。

⑤如有必要做细菌接种和采集病料，宜在对脏器原位观察后翻出前进行。常用的病料为肝、脾和肾。

⑥原位检查胃肠道和胰腺（在十二指肠中间，十二指肠连接肌胃出口幽门部）。观察胃肠道是否充盈，浆膜面是否有增生物、出血、瘀血或树枝状充血等。胰主要观察是否肿大、有无出血点或斑、坏死灶或坏死点等。同时，观察胸、腹腔是否有积液、炎性渗出等。

⑦原位观察气囊及肺。气囊是否清爽，有无奶油样渗出物，或霉菌结节。用镊子轻轻拨开肝露出肺，将两肺叶翻向内侧，分别观察两侧肺有无气肿、水肿，有无出血点或斑、坏死点或灶及霉菌结节等。

⑧取出生殖器官（睾丸或卵巢及输卵管）并检查。用镊子拨

开肠道，露出成年家禽的卵巢和输卵管。先原位观察卵巢及卵泡发育是否正常、卵巢是否有肿块、卵泡出血液化、输卵管外观是否正常等。然后，取出输卵管，纵向切开，以检查管腔有无寄生虫，黏膜有无炎症、肿胀或增生物。

⑨原位检查泌尿器官（肾及输尿管）。用镊子拨开肠道，露出未成年家禽的肾。原位观察肾及输尿管有无充血、出血、肿大及尿酸盐沉积等。

⑩剪除肝和脾并检查。先原位观察是否肿大或萎缩、质地如何，有无出血点或斑、坏死灶或坏死点等，然后剪除肝和脾，并检查其内部病变。

⑪剪除并检查心脏。先原位观察心包是否有积液、有无纤维素性渗出物，心脏有无变形，心肌是否变薄、松弛，心肌外膜有无出血、坏死和赘生物等。然后，剪除心脏，剖开心房和心室，观察心内膜是否坏死、有无赘生物和出血斑。

⑫取出整个胃肠道并检查。一手持外科镊在心脏后部的食道外捏住，一手持手术剪将食道剪断，并用手术剪随时分离与之相连的脏器及组织，最后把胃肠道往后拉，取出整个胃肠道。纵向剪开腺胃、肌胃、肠管、泄殖腔，检查其黏膜、浆膜有无充血、出血、坏死或炎症等。

⑬分离股骨周围的腿肌，折断股骨检查骨腔内的骨髓，观察其有无颜色变浅及其他病变。

⑭从嘴角剪开口腔，看其有无炎症、伪膜或其他增生物。

⑮沿颈的上部到嗉囊方向，继续剪开颈部皮肤，将皮肤剥离，检查皮下组织有无充血、出血或胶样渗出液。

⑯从食道口沿食道向后剪开食道和嗉囊，观察食道和嗉囊黏膜有无伪膜或其他增生物，嗉囊有无积食、积气、积液或异物。

⑰从喉头处向后剪开喉气管，观察有无出血、痰液等。

⑱在眼前缘与眶下窦之间横向把喙切断，检查鼻腔，并暴露眶下窦。纵向剪开眶下窦外壁，并检查有无病变。

⑲于颈的中部横向剪断颈皮，并向头的方向掀拉，用剪将其与头骨分离至嘴基部，观察颅骨。再用手术剪分别于颅骨后部、眼眶后缘、眼眶上缘及颅骨中线处剪开，剔离颅骨，观察脑、脑膜有无充血、出血、消肿、异常颜色及坏死。

⑳无害化处理番鸭尸体、内脏以及一次性手套等废弃物。

㉑消毒解剖用具。

㉒做好详细解剖记录。

㉓对剖检结果进行分析、综合或作出判断。

三、病料送检

送检病料方法应依据传染病种类和送检目的不同而有所区别。

1. 采集病料

（1）取样部位　眼观有病变的，在病变和正常组织交界处取样；如怀疑为某种传染病时，采取该病常受侵害的部位，即使眼观无病变时也应取样；如提不出怀疑对象时，则采取全身各器官组织，包括脑在内的各种组织都应取样，这样有助于诊断；如临床遇到败血症时，应采取心脏、肝、脾、肺、淋巴结及胃肠等组织；检查血清抗体时，则采取血液进行离心，分离血清后，装入专用容器送检。

（2）取样时间　取样时间越快越好，一般不超过死后 6h，最好在动物濒死前扑杀取材。如当时无固定液，可先取材，用塑料袋包装，放在 4℃冰箱中保鲜，尽快投入到固定液中。如时间长了，组织已腐败，则不能使用。

（3）组织块要求　大小在 1.5cm^2（约盖玻片大小），厚为 2～4mm，不要超过 5mm。取样时用利刀划切，不可用钝刀压切，不可用水冲，也不可用刀刮。取样块数和品种要记录，否则，易混淆不清。

（4）固定液品种及其使用　常用的固定液为10%福尔马林。市售瓶装甲醛浓度为36%～40%，10%福尔马林是用2.5份40%甲醛，加7.5份水配制而成的。没有甲醛可用95%酒精。固定液用量应是组织块量的10～20倍，使样品稀疏的分散在液体中。瓶底放纱布或棉花，不使组织附底。不可在少量固定液中投入多量组织。30%甘油缓冲液的配制：用纯净甘油30mL，氯化钠0.5g，碱性磷酸钠1g，蒸馏水加至100mL，混合后灭菌备用。

2. 病料保存　欲使实验室诊断得出正确结果，除病料采集按上述要求外，还须使病料保持新鲜或接近新鲜的状态。如病料不能立即送检，可用10%福尔马林溶液固定，在24h后换新鲜溶液1次。细菌检验组织块，应保存于30%甘油缓冲液中，窗口加盖密封。

3. 病料送检

（1）病料记录和送检单　病料应在容器上编号，并详细记录，附有送检单。

（2）病料包装　要安全稳妥。一般来说，微生物学检验材料怕热，病理检验材料怕冻。应分别采取措施进行包装。

（3）病料装箱后，应派专人尽快送到检验单位。

4. 注意事项

（1）采取病料时应选择症状和病变典型的病例，最好能同时选择几种不同病程的病料。

（2）取材番鸭应是未经抗菌或杀虫药物治疗的，否则会影响微生物和寄生虫的检出结果。

（3）剖检取材之前，应先对病情、病史加以了解和记录，并详细进行剖检前的检查。

（4）除病理组织学检验材料及胃肠等以外，其他病料均应以无菌操作采取。为减少污染机会，一般先采取微生物学检验材料，然后再结合病理剖检，采取病理检验材料。

四、给药技术

给药途径不同，可影响药物的吸收速度、药效出现时间及维持时间，甚至还可以引起药物作用性质改变。因此，应根据药物的特性和番鸭的生理、病理状况选择不同的给药途径。

1. 饮水给药 饮水给药就是将所用药物剂量准确计算后，溶于水中让番鸭自由饮用。此法适于群养番鸭发生传染病时，大群预防、治疗用药和免疫。应用饮水给药应注意药物溶解度，不溶或微溶于水的药物不能采用此法；在水中一定时间易破坏的药物，应在一定时间内饮完，以保证疗效；配药时应先用少量水将药物调匀，再与预定量的水混合、搅拌，确保药物均匀分布在水中。

2. 混料给药 将药物均匀混拌于饲料中，让番鸭在采食饲料的同时吃进药物。此法适于病情比较轻，病番鸭采食量下降不大和药物难溶于水等情况下采用。药物与饲料的混合必须均匀，尤其是易发生不良影响的药物及用量较少的药物，更要充分均匀混合。在拌料给药时，要根据不同情况采取不同的方法：①对水溶性药物，可将药物溶于少量水中，再将溶液均匀喷洒到饲料上（边喷洒，边搅拌），让药物浸入饲料，让番鸭自由采食；②对不溶于水的药物，可先用少量饲料与药物混合（拌匀），再将上述混药饲料与更多的饲料混合，如此反复2～3次，直到与预定量的饲料均匀混合；③对于颗粒饲料或表面比较光滑的原粮（如玉米、豌豆、小麦等），可加入适量鱼肝油或鸭蛋清，帮助药物黏在饲料上，这样，既增加营养又促进药物均匀分布在饲料上。

3. 气雾给药 气雾给药是指使用气雾发生器，使药物分散成一定直径的微粒，弥散到空间中，通过家禽呼吸道吸入体内的一种给药方法。气雾给药能保证家禽均匀地得到规定剂量，故适合于大群给药。但需要一定的气雾设备，同时用药期间禽舍应能密闭。气雾用药时，要注意以下几个问题：

（1）选择适宜的药物　应选择对呼吸道无刺激性，且能溶解于呼吸道分泌物中的药物。否则，不宜使用。

（2）掌握气雾用药的剂量　一般以每立方米空间多少克或毫克药物来表示。如硫酸新霉素对鸡的气雾用量为每立方米 100 万 U（1g），鸡吸入 1.5h。为准确掌握气雾用药量，应首先计算禽舍的体积，再计算出总用药量。

（3）严格控制雾粒大小　微粒越细，越易吸入呼吸道深部，但又易被呼气气流排出，在肺黏膜的沉积率低；微粒越大，则因重力作用部分停留在上呼吸道黏膜表面，不易到达肺部，则吸收较差。临床可根据用药目的，适当调节雾粒的大小。如果要治疗深部呼吸道感染或发挥吸收作用治疗全身感染，气雾微粒宜控制在 5～10μm，可选用雾粒直径较小的雾化器；若要治疗上呼吸道炎症或使药物主要作用于上呼吸道，雾粒可适当增大，则应选择雾粒较大的雾化器。如治疗鸡传染性鼻炎时，雾粒宜控制在 10～30μm。

4. 填塞给药　打开番鸭嘴，将胶丸或分成小块的药片塞于咽部令其吞下；粉剂型药物与面粉等用水混合做成一个小药团，喂法同上。如果下吞有困难，可滴入适量水，帮助其下咽。此法适于个别发病番鸭和食欲废绝的病番鸭。注意喂药时不可误入气管，否则易发生窒息死亡。

5. 注射给药　分为皮下、肌内、静脉、腹腔、嗉囊注射给药。注射用具必须经煮沸或高压灭菌消毒，或用一次性注射器。

（1）皮下注射　将药液注入颈部皮下，适于刺激性较小的药物。

（2）肌内注射　将药液注入肌肉（胸肌、翼窝肌等）内，多选择肌肉丰满的部位。适于药量少、无刺激性或刺激性小的药物。

（3）静脉注射　静脉注射部位通常在翅下静脉、脚部静脉。

适于药量大、刺激性强的药物。多用于急性、危重病症和严重脱水的病番鸭。特别要注意：静脉注射过程中，注射器内的空气要排净，以防气泡形成栓塞；药物不能漏在血管外，以防局部组织发炎；油剂不能静脉注射。

（4）腹腔注射　注射部位在腹部。适于大剂量药液或静脉注射困难，须补充液体的危重或脱水病番鸭，临床很少应用。

（5）嗉囊注射　将药液注入嗉囊内。如果嗉囊臌气，用注射器将气体抽出、排掉，再经嗉囊注入其他药物。适于嗉囊炎、嗉囊食滞和嗉囊梗阻的病番鸭。

6. 外用药物　此法多用于番鸭的体表，以杀灭体外寄生虫或体外微生物；也可用于消毒番鸭舍、周围环境和用具等。外用给药方式常用涂抹、喷雾、药浴、喷洒、熏蒸等。

第十章　番鸭常见病

一、病毒性疾病

（一）禽流感

【病原】本病是由A型流感病毒引起的一种急性、高致死性的人兽共患传染病。是近年来危害番鸭的主要传染病之一，给广大养殖场（户）造成严重的经济损失。

【临床特征】高热，内脏器官黏膜、浆膜出血，胰有半透明点状或斑状坏死，心肌有白色条纹状坏死。

【流行病学】易感动物包括各种家禽、野禽。其中，以番鸭最易感，易感性依次为番鸭＞鸡＞麻鸭。发病禽和带毒禽是主要传染源，传播途径主要为呼吸道、消化道。飞鸟在远距离传播中起到重要的作用。

【临床症状】潜伏期几小时到几天不等。初期表现为体温升高，精神沉郁，甚至昏睡，食减甚至废绝，呼吸困难，下痢等，很快出现大量死亡。部分病鸭表现角膜混浊（图10－1），失明，摇头，转圈，盲目前冲或后退等神经症状（彩图4、图10－2、图10－3）。

【病理剖检】胸腹部皮下瘀血、出血，有的头部肿大，眼结膜充血、出血。内脏器官肿大、出血，呈败血症变化；肺和实质器官黏膜、浆膜出血，喉头气管出血，从口腔到泄殖腔整个消化道黏膜出血。部分病鸭心肌有条纹状白色坏死灶。胰有褐色点状半透明样变性坏死灶，或有白色点状坏死灶等（图10－4至图10－11）。

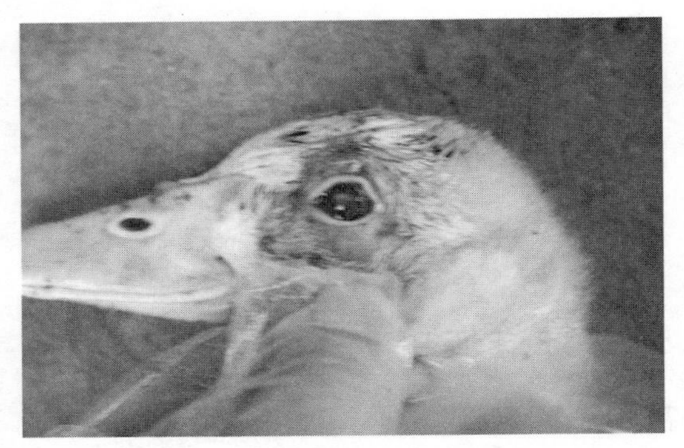

图 10－1　角膜混浊，眼结膜充血、出血

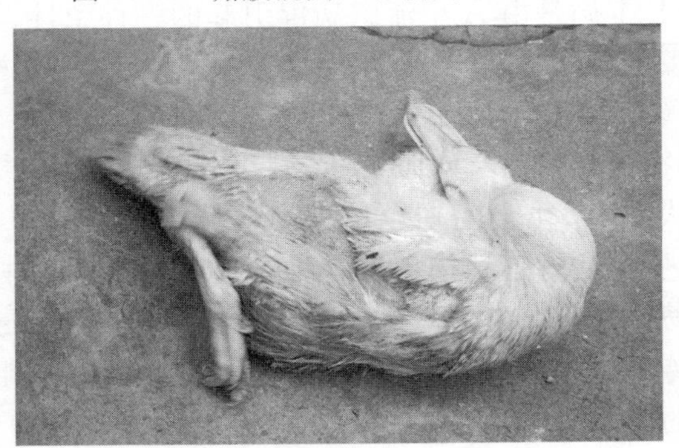

图 10－2　共济失调、角弓反张

图 10－3　病鸭蹼出血

图 10－4　番鸭胰大量半透明凝固性坏死

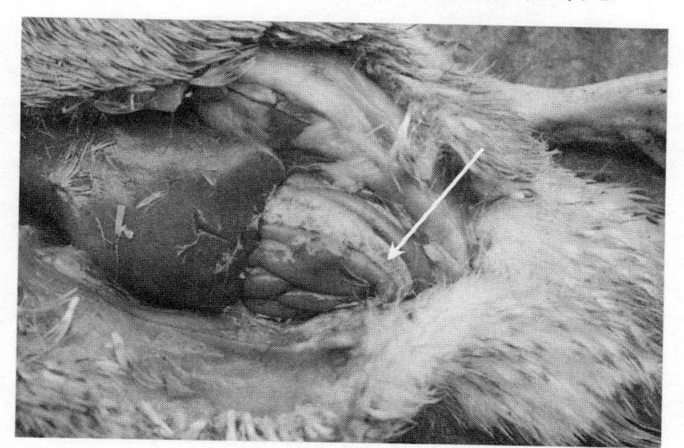

图 10－5　胰出血、半透明凝固性坏死斑，肝肿大、出血

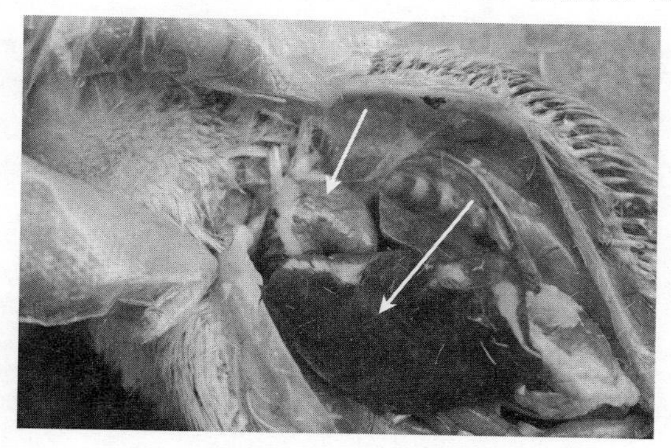

图 10－6　心肌白色条状坏死，肝肿大、出血、有坏死灶

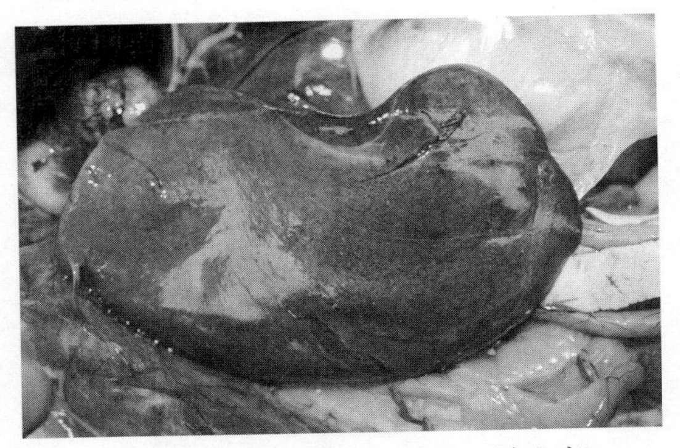

图 10－7　病鸭肝肿大、出血（败血症）

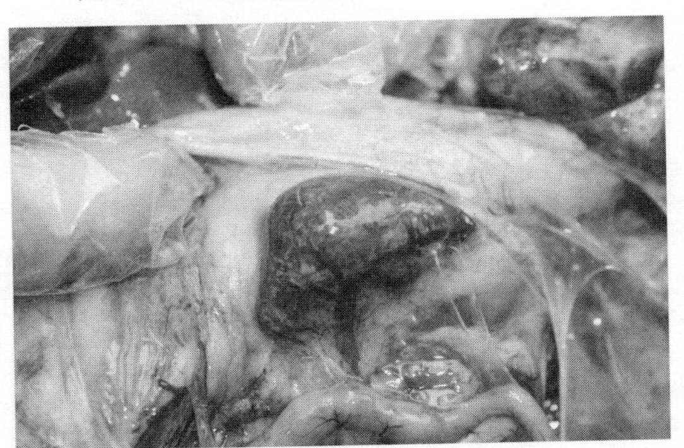

图 10－8　脾肿大、充血、出血

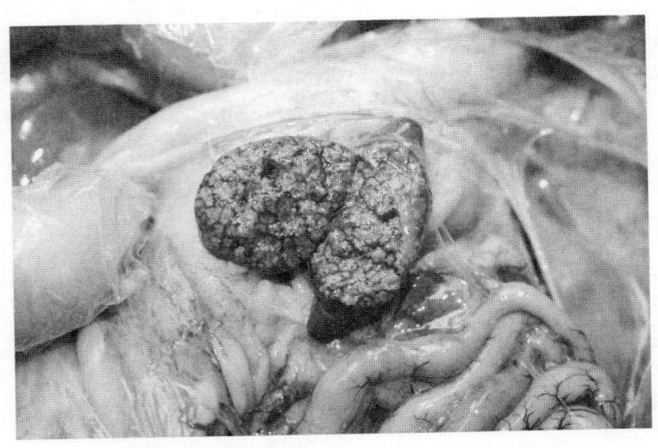

图 10－9　脾肿大、出血、切面外翻

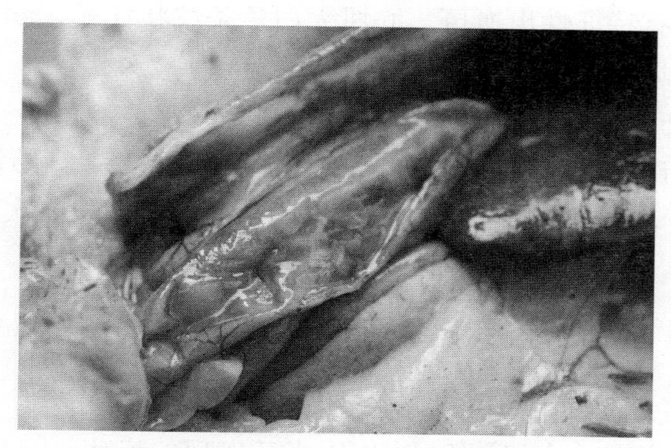

图 10－10　病鸭肠道黏膜充血、出血、黏膜脱落（败血症）

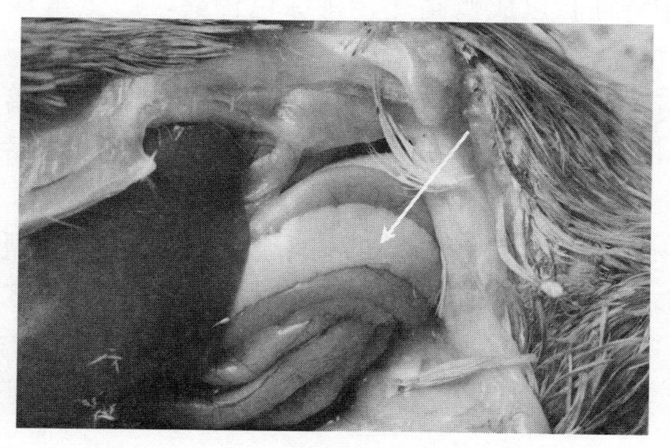

图 10－11　番鸭胰大量白色坏死点

【诊断】根据突然发病，呼吸困难，迅速大批死亡；病鸭全身内脏器官肿大出血，黏膜、浆膜出血；下痢；喉头气管黏膜出血，并有炎性渗出；角膜混浊，失明，摇头，转圈，盲目前冲或后退等神经症状；心肌条纹状白色坏死；胰有褐色点状半透明样变性坏死灶等可作出初步诊断。

应注意与禽霍乱区别：

禽霍乱：两者都有败血症症状。但禽霍乱无角膜混浊、失明、摇头、转圈、盲目前冲或后退等神经症状，剖检心脏冠状沟、纵沟有特征性出血斑，心肌无白色条纹状坏死，胰无白色或半透明状坏死灶，抗生素治疗效果显著。

【预防】建议①肉番鸭：分别在14～20日龄、35～45日龄各注射1次禽流感灭活苗。②种番鸭：120～150日龄注射1次禽流感灭活苗，以后待第一个产蛋期结束，再注射1次禽流感灭活苗。

（二）禽坦布苏病毒病

【病原】本病由坦布苏病毒引起。该病毒在分类学上属黄病毒科黄病毒属，为我国2010年以来新发现的疾病。

【临床特征】以成鸭高热，排绿色稀粪，产蛋量骤减甚至停产和卵泡出血、液化为特征。

【流行病学】本病多发于产蛋期鸭（麻鸭、半番鸭、番鸭），青年鸭也可发生。该病最先发现于麻鸭、随后发现半番鸭、番鸭也能感染，也有报道可感染蛋鸡，但以麻鸭最易感。

【临床症状】成鸭（产蛋期鸭）：突然高热，采食量骤减，排绿色稀粪，有的病鸭双脚麻痹、不能站立。在发病的3～5d从高产蛋率迅速下降至原来的50%甚至以下，产蛋鸭死亡率在10%左右。青年鸭：表现为歪头、仰翻、共济失调等神经症状，死亡率15%左右。

【病理剖检】成鸭，主要表现为卵泡出血、萎缩和卵黄液化，个别病鸭卵泡破裂形成卵黄性腹膜炎，输蛋管黏膜轻度出血。青年鸭，表现为脑轻度充血，肝局灶性出血（图10-12、图10-13、彩图5）。

【诊断】根据突然发病、高热，排绿色稀粪，产蛋大幅下降，但死亡率不高（约10%左右）；部分病鸭脚软、不能站立；卵泡出血、液化，输卵管黏膜轻度出血。可作出初步诊断。

临床上注意与禽流感、禽霍乱区别。

1. 禽流感 虽也有高热、产蛋下降、卵黄性腹膜炎等，但

图 10-12　肝肿大出血

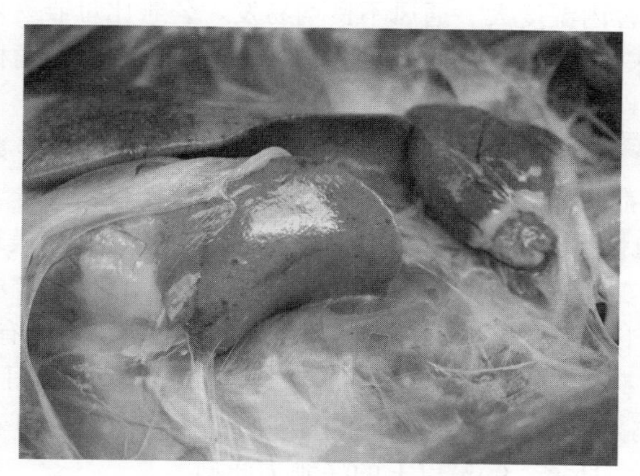

图 10-13　肝色淡、局灶性出血

禽流感死亡率高，部分病鸭有角膜混浊、盲目前冲、转圈等神经症状；而禽坦布苏病毒病死亡率不高，无败血症变化和角膜混浊、转圈等神经症状。此外，禽流感有心肌条纹状坏死、胰半透明坏死灶等特征性病理变化；而禽坦布苏病毒病却无此变化。

2. 禽霍乱　除高热、卵泡出血外，肝有特征性坏死点、心肌有特征性出血斑，鸭群产蛋率一般无变化。

【治疗】本病无特效治疗药物。

【预防】目前尚未研制成功相应的疫苗。

（三）番鸭细小病毒病

【病原】本病是由细小病毒引起的急性、高度接触性传染病。是近年来番鸭新发生并造成流行的主要传染病之一。

【临床特征】多见于 3 周龄以内雏鸭，以脚软、呼吸困难（喘气）、腹泻、迅速脱水死亡为特征。

【流行病学】仅发生于番鸭，未见其他家禽传染发病。发病日龄多在 4～45d，尤以 8～21 日龄为多见，故俗称“三周病”。随着番鸭日龄的增大，发病率、死亡率逐渐降低。本病一般全年可发生，舍内湿度大、通风不良均易发，公雏比母雏易发。

【临床症状】本病的潜伏期一般为 4～16d，根据病程长短可分为最急性、急性和亚急性三型。

1. 最急性型 多发生于 1 周龄以内的雏番鸭，多数病例不表现前驱症状而衰竭，倒地死亡，该型发病率仅占 4%～6%。

2. 急性型 7～21 日龄的病雏一般为此型，病雏表现精神委顿，羽毛蓬松、直立，翅下垂，尾向下弯曲，不愿走动，不合群，对食物啄而不食。排灰白色或淡绿色稀粪，常混有脓状物，粪便常黏附于肛门周围，喙、蹼及脚趾发紫发绀（图 10－14、图 10－15）。后期蹲伏于地，张嘴呼吸。发病后 2～4d 死亡，临死前倒地，抽搐。90%以上的病雏为此型。

3. 亚急性型 本型病例较少，往往是由急性型随日龄增长转化而来。主要表现精神萎靡，腹泻，幸存者多成为僵鸭，即生长受到抑制，长期消瘦、衰弱、下痢，羽毛脱落而失去饲养价值。

【病理剖检】本病特征性病变在肠道，大、小肠有卡他性炎症和肠道浆膜下有坏死点，急性型的还表现全身性败血现象。有的肝、胰轻度肿大，有白色坏死点（图 10－16 至图 10－18、彩图 6）。

图 10-14　雏鸭神差、脚软、喙呈蓝紫色（发绀）

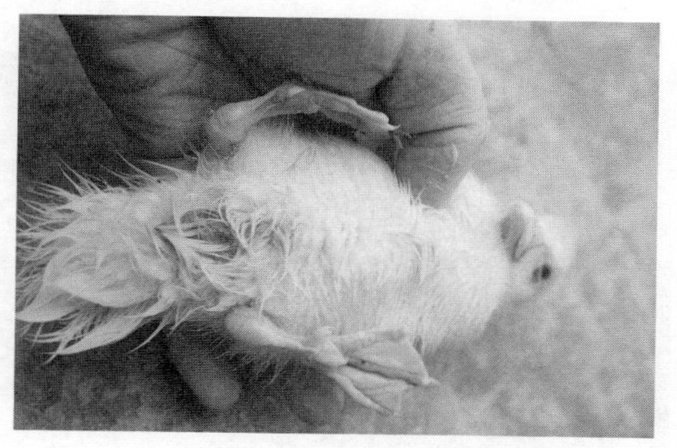

图 10-15　雏鸭腹泻，肛门潮湿、黏有粪污

图 10-16　雏鸭肠道浆膜下有大量白色坏死点

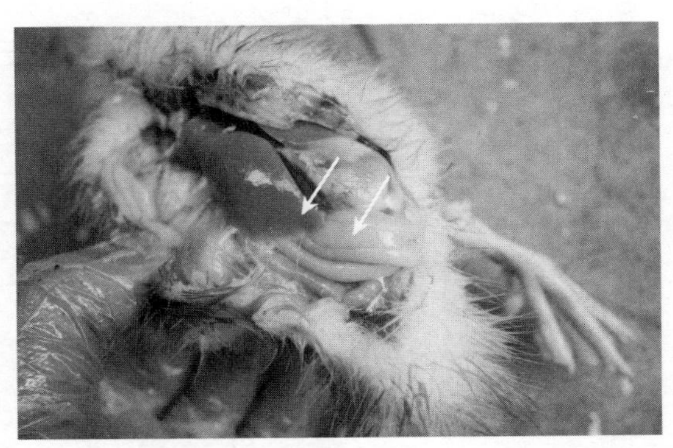

图 10－17　雏鸭肝和胰稍肿大、有白色坏死点，肠内容物稀薄

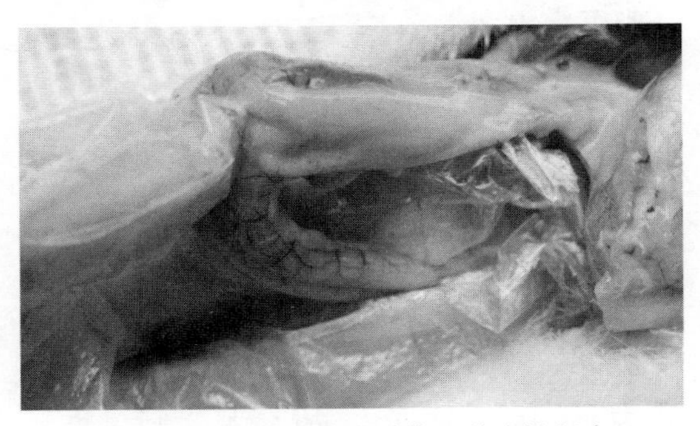

图 10－18　肠道黏膜脱落、黏液性肠炎

【诊断】根据突然发病，张口呼吸，腹泻等症状；发病日龄在3周龄左右；肠道浆膜下有白色坏死点；有的肝、胰轻度肿大，有白色坏死点等病理变化可做出初步诊断。

临床上应注意与雏番鸭小鹅瘟和番鸭花肝病区别：

1. 与雏番鸭小鹅瘟区别　雏番鸭小鹅瘟以纤维素性肠炎为主，在小肠中后段会出现特征性变化，表现为膨大和腊肠样栓子；雏番鸭小鹅瘟病毒既可感染鹅也能感染番鸭。而本病仅感染番鸭不感染鹅，病变以肠道卡他性炎症为主，小肠中后段一般不出现腊肠样栓子；有的肝、胰和肠道浆膜下有白色坏死点。

2. 与番鸭花肝病区别 番鸭花肝病也有腹泻、呼吸困难症状，但呼吸困难更明显。番鸭花肝病表现为肝、脾、肾等肿大、质脆，有白色或黄色坏死点或灶的同时，还有出血点或斑；而雏番鸭细小病毒病肝、脾等肿大不明显，虽有坏死点，但无出血点或斑。

【治疗】本病无特效治疗药物。但采用番鸭细小病毒、小鹅瘟二联蛋黄抗体治疗有一定效果。同时，可适当应用抗生素以防继发细菌感染。对症治疗，可采用口服补液盐饮水，防止脱水，降低死亡率。

【预防】及时进行免疫接种，雏番鸭出壳 48h 内用番鸭细小病毒、雏番鸭小鸭瘟二联苗弱毒疫苗进行颈部皮下注射。

另外，对于种鸭场，最好在种鸭产蛋前 25d 肌内注射番鸭细小病毒、雏番鸭小鸭瘟二联苗（按说明书执行），间隔 15d 后再复免 1 次，10d 后种鸭所产的蛋可留作种用，这种蛋孵出的番鸭雏就有母源抗体，可预防本病的发生。

（四）雏番鸭小鹅瘟

【病原】本病是由鹅细小病毒引起的急性、高致死性传染病。

【临床特征】剧烈腹泻，纤维素性肠炎，小肠中后段形成腊肠样栓子为特征。

【流行病学】仅发生于雏番鸭和雏鹅，多发于冬季和早春。本病多发于 5～25 日龄雏番鸭，20 日龄内发病时死亡率高达 70％～95％，20 日龄以后发病死亡率逐步下降，1 月龄左右发病死亡率较低，成年番鸭不发病。

【临床症状】本病的潜伏期 2～5d。番鸭临床症状随日龄变化而有所不同，20 日龄以内发病者，迅速出现厌食、腹泻、呼吸困难、衰歇，突然倒地、扭颈、抽搐，不久死亡，病程 2～5d。而日龄稍大后，仅表现排大量黄白色或淡黄绿色水样稀粪，死亡率也明显下降，极少出现抽搐等神经症状。

【病理剖检】主要在消化道，肌胃、腺胃黏膜出血、交界处黏膜糜烂溃疡，十二指肠黏膜出血、脱落。本病特征性病变在小肠中后段靠近蛋黄柄和回盲口部的肠段，外观较正常肠段增粗2～3倍、质地坚实似香肠状（彩图7）。剪开病变肠管，肠壁光滑变薄，肠腔中形成淡白色或淡黄色的纤维素性凝固“肠栓”（图10－19至图10－24）。

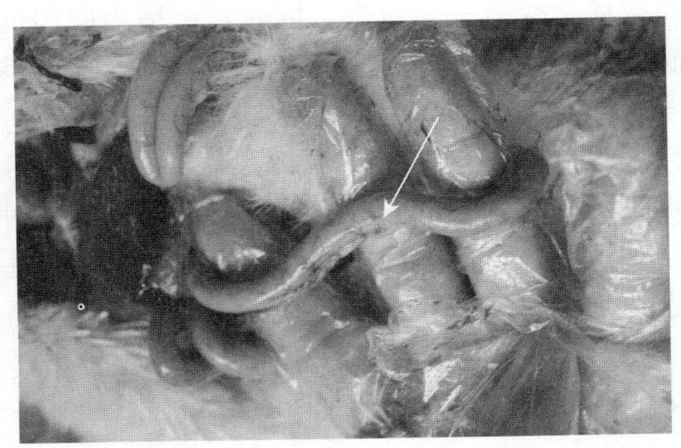

图10－19　病鸭小肠后段肠道内形成栓子

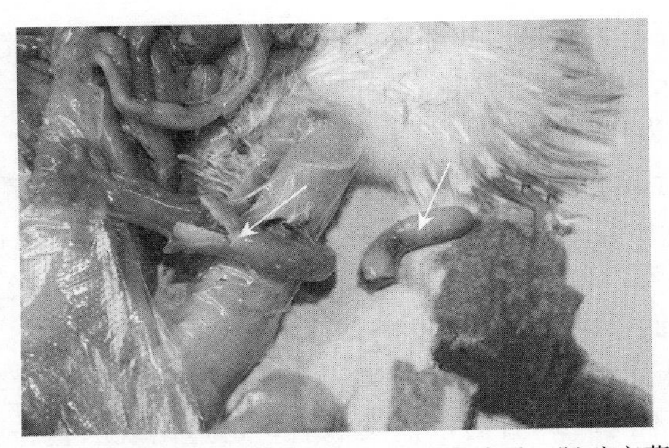

图10－20　病鸭小肠后段肠道内形成栓子，肠壁变薄

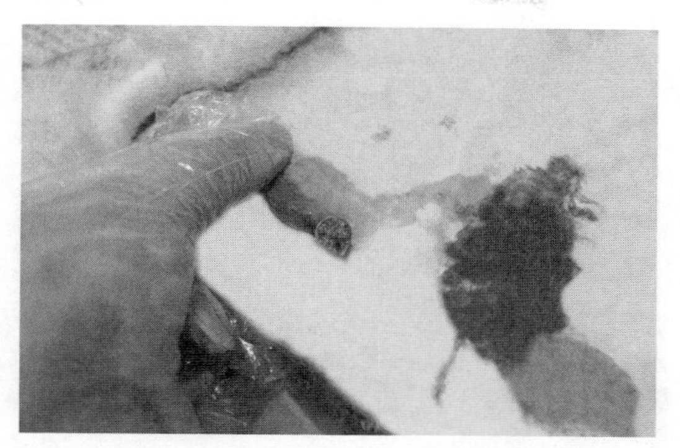

图 10－21　栓塞子横截面

图 10－22　病鸭小肠后段形成栓塞

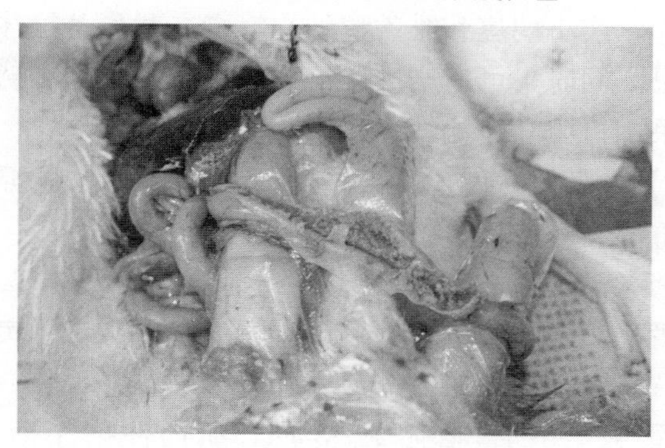

图 10－23　肠道内形成栓塞

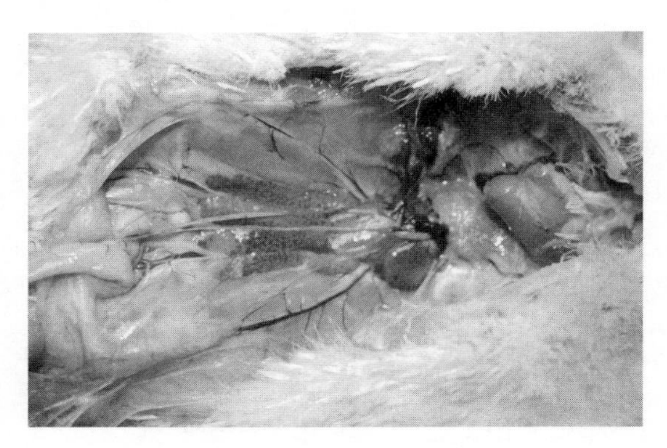

图 10－24　病鸭肾出血

【诊断】根据雏鸭腹泻、呼吸困难、迅速衰歇，突然倒地抽搐死亡；小肠中后段形成腊肠样栓子可作出初步诊断。

临床上注意与雏鸭细小病毒病区别：本病在发病日龄、呼吸困难、腹泻方面与雏鸭细小病毒病相近。但本病小肠中后段形成腊肠样栓子，病死率更高，有抽搐、扭颈等神经症状，腹泻也更严重。准确区别须借助实验室诊断。

此外，也应注意本病与雏番鸭细小病毒病混合感染的可能。

【治疗】本病没有特效治疗药物。但可采用小鹅瘟病毒血清或蛋黄抗体，或小鹅瘟和雏番鸭细小病毒二联蛋黄抗体治疗，均有一定效果。同时，可适当应用抗生素以防继发细菌感染。对症治疗，可采用口服补液盐饮水，防止脱水死亡。

【预防】本病流行发生主要通过孵坊传播，加强孵坊和种蛋消毒特别重要。免疫接种：

1. 雏番鸭　在1～2日龄注射小鹅瘟弱毒疫苗0.2mL。此外，在雏番鸭1～7日龄内注射小鹅瘟和雏番鸭细小病毒二联蛋黄抗体也有一定预防效果。

2. 种番鸭　在产蛋前2～3周，肌内注射小鹅瘟弱毒苗1mL，1个月后所产的种蛋孵化出的雏番鸭，其8～10日龄雏鸭含有该抗体。

（五）番鸭呼肠孤病毒病

【病原】本病是由呼肠孤病毒引起的急性、高致死性传染病，俗称番鸭花肝病、白点病、出血性坏死性肝炎。它是流行严重的、给番鸭饲养业造成重大损失的烈性传染病之一。

【临床特征】雏鸭鸣叫，脚软，腹泻；肝、脾、肾等脏器肿大、出血，有黄白色坏死灶。

【流行病学】仅发生于雏番鸭和半番鸭，未见其他家禽发病。本病可见于7～51日龄番鸭，但以10～40日龄番鸭和半番鸭为多见。20日龄以内发病死亡率比较高，随着日龄增加，死亡率逐渐下降。本病一年四季均可发生，但以夏季、天气炎热、潮湿、雏鸭密度大时更易发生。

【临床症状】本病的潜伏期3～11d。表现为精神沉郁，拥挤成堆，嘶鸣，少食或不食，少饮，羽毛蓬松，全身乏力，脚软，排白色或绿色稀粪，头颈无力下垂，死前以头部触地（图10－25）。

图10－25　雏鸭腹泻、脚软、头颈无力（垂地）

【病理剖检】可见肝、脾、心肌、肾、法氏囊、腺胃、肠黏膜下层组织局灶性黄白色坏死点或灶，其中以肝、脾、肾最为显著。肝肿大、出血、质脆、呈淡褐色（色泽变淡）（彩图 8），表面和实质有大量黄白色坏死点或坏死灶；脾肿大、出血、呈暗红色，表面和实质有许多黄白色坏死点或坏死灶；各坏死点常连成一片，形成花斑状，故名花肝病。肾肿大、出血，色泽变淡，表面有红色出血点或斑。胰表面密布黄白色坏死点。部分病例心肌色淡，有出血斑。肠道出血，有不同程度的炎症（图 10－26 至图 10－35）。

图 10－26　病鸭喉头有黏液（呼吸困难）

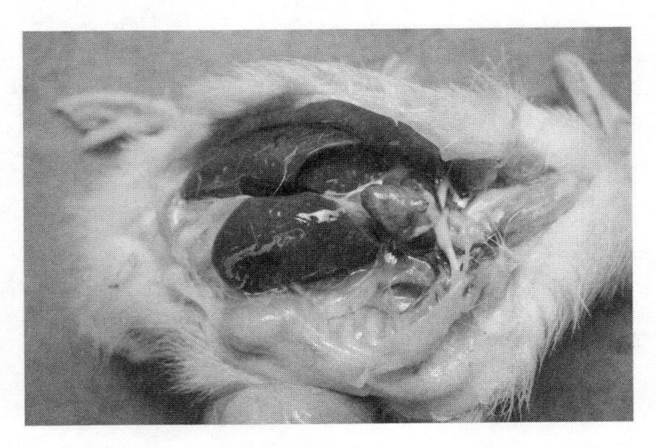

图 10－27　肝肿大充血、布满白色坏死灶，心肌色淡、密布出血斑

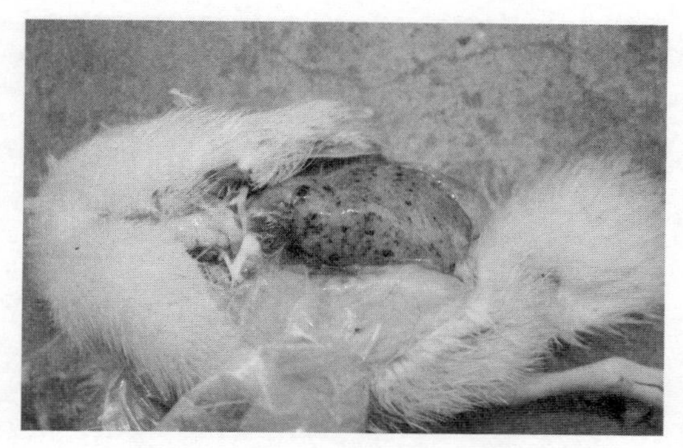

图 10－28　雏鸭肝肿大、出血

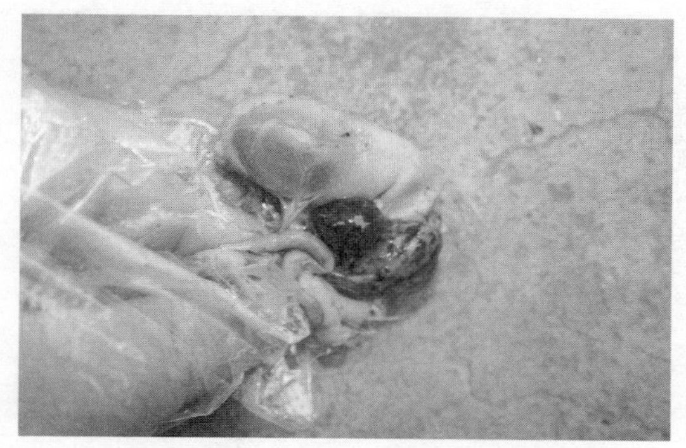

图 10－29　脾肿大、出血，肝色淡、有大量出血斑

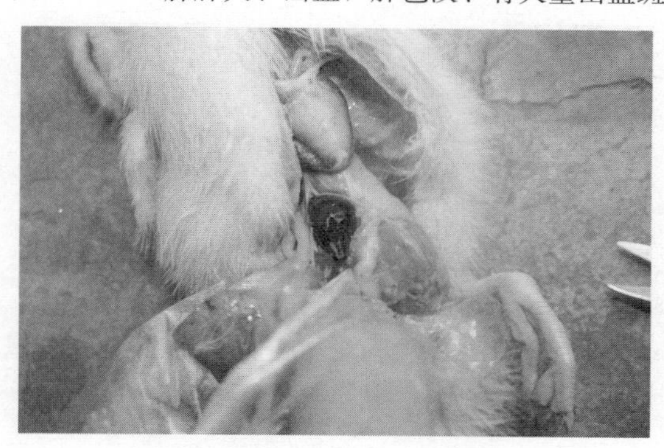

图 10－30　脾肿大、充血、出血

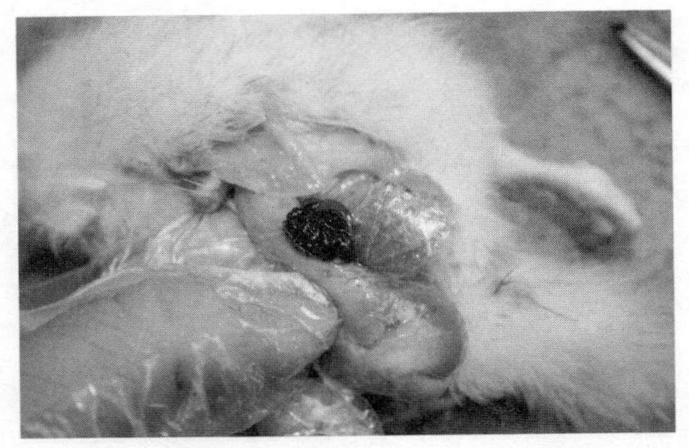

图 10-31　脾肿大、出血，切面外翻

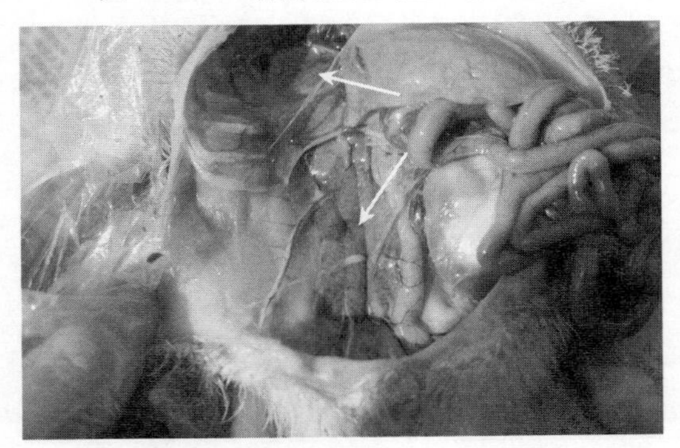

图 10-32　肾肿胀出血、肺出血

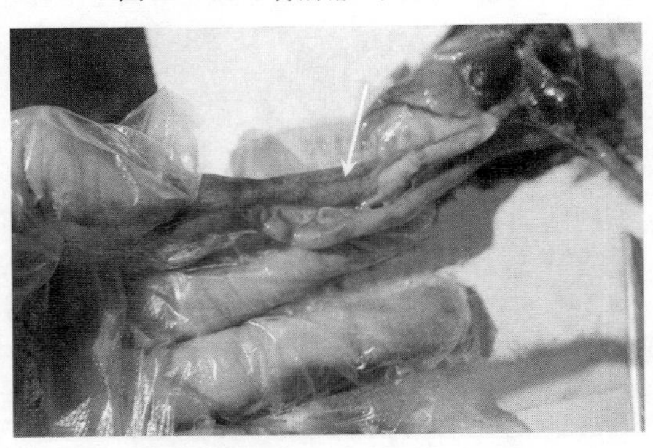

图 10-33　十二指肠充血出血

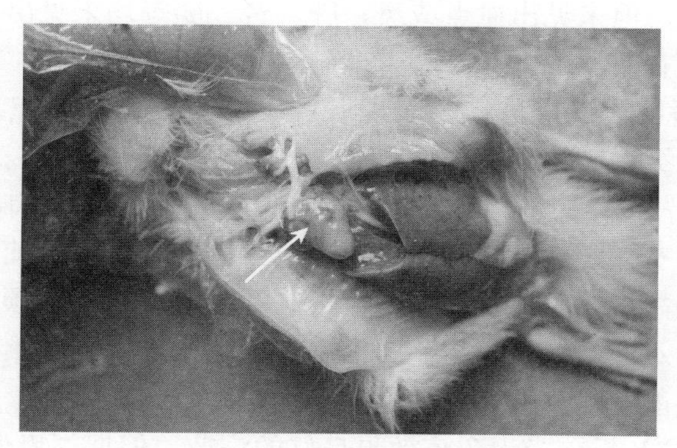

图 10-34　心肌色淡、有出血斑

图 10-35　心肌内膜出血斑

【诊断】根据 20 日龄内雏番鸭发病急、死亡快；雏鸭腹泻、鸣叫，剖检肝、脾、肾颜色变淡、肿大、出血，表面和实质有大量黄白色坏死点或斑等可作出初步诊断。

临床上注意与雏鸭细小病毒病、番鸭副伤寒和霍乱区别：

1. 雏鸭细小病毒病　主要表现为腹泻、脚软；肝、脾、肾、胰稍肿大，且未见明显出血斑；除肠道浆膜下层和肌层、肝、脾、胰可见白色坏死点外，其他器官未见明显坏死点或灶。

2. 番鸭副伤寒　肝肿大，呈铜绿色，表面有黄白色坏死点或坏死灶，但未见出血点或斑；脾、肾、胰等均未见出血斑。抗生素治疗有效。

3. 番鸭霍乱 虽然也表现肝肿大、有白色坏死点。但其心冠脂肪和纵沟有特征性出血点和斑，抗生素治疗有效。

【治疗】本病无特效治疗药物。但采用番鸭花肝病高免蛋黄抗体治疗有一定效果。临床上可采取：内服肝泰乐（葡萄糖醛酸内酯）提高机体解毒能力和抵抗力；适当应用抗生素预防继发细菌感染；对症治疗，可采用口服补液盐饮水，防止脱水。通过上述措施，能明显降低病鸭死亡率。

【预防】目前尚无免疫效果良好的疫苗。但据刘思伽等报道，采用灭活疫苗 5 日龄肌内或皮下注射（0.5mL），保护率达 90％以上。胡奇林等研制的番鸭呼肠孤病毒弱毒苗接种 1 日龄雏番鸭，保护率可达 90％以上。

兽医临床上，采用番鸭花肝病高免蛋黄抗体，或番鸭细小病毒和花肝病二联蛋黄抗体对 1 周龄雏鸭进行预防注射，有一定效果。

（六）鸭病毒性肝炎

【病原】本病是由鸭肝炎病毒引起的，急性高致死性传染病。已报道的鸭肝炎病毒有 1、2、3 血清型，但国内报道的大多为 1 型肝炎病毒，另外还可能存在 1 型肝炎的变异毒株。

【临床特征】多发于 10 日龄左右雏鸭，突然发病，迅速死亡。临床表现为角弓反张，肝肿大、淡黄色、质脆、有多量出血斑。

【流行病学】10 日龄左右雏鸭为高发阶段，一旦发病则可在鸭群中迅速传播。本病一年四季可发，冬春季节多发，主要危害 4 周龄以内的雏番鸭，一些病鸭在康复后 1～2 个月还会排毒，大鸭感染后虽无临床症状，但它可带毒、排毒。加之，此病毒对外界环境和消毒药物有很强的抵抗力，所以很难净化。

【临床症状】本病的潜伏期一般为1～4d，发病突然，进展迅速，病初食欲废绝，尚有饮欲，精神沉郁，嗜睡，呆立不动，缩颈，拱背，垂翅，离群或聚集成一堆，有的腹泻。经过几小时后出现特征性症状，即身体倒向一侧，抽搐，两脚呈阵发性痉挛，似划水状，头向后仰，呈角弓反张姿势（彩图9）。呼吸困难，喙呈黑紫色，出现深呼吸不久后，很快腿伸直，死亡。

【病理剖检】主要病变在肝，肝肿大，质脆易碎，也有的质地柔软，呈土黄色或淡红色，表面有斑驳状、条状或点状出血，有的有坏死灶。胆囊肿大，胆汁稀薄。脾、肾有肿大、充血、出血。

【诊断】根据发病日龄，死前典型的神经症状，死后肝特征性病理变化等可作出初步诊断。确诊须结合实验室血清学诊断。

临床上注意与番鸭花肝病、雏鸭一氧化碳中毒相区别：

1. 番鸭花肝病　角弓反张等神经症状不明显；在肝出血点和出血斑的同时，有大量黄白色坏死灶。而病毒性肝炎很少有黄白色坏死灶。

2. 雏鸭一氧化碳中毒　多发生于鸭舍取暖通风措施不良，而且多发生于晚间。主要表现为雏鸭大批量死亡，离取暖炉越近死亡越多，剖检死亡鸭可见血液凝固不良。

【治疗】本病没特效治疗药物。但采用病毒性肝炎高免蛋黄抗体治疗效果较好。同时，可适当应用抗生素以防继发细菌感染。此外，还应做好消毒隔离工作。

【预防】对无母源抗体的1～3日龄雏鸭，用病毒性肝炎弱毒疫苗对雏鸭进行免疫接种，接种后4～12d可产生足够的免疫力。也可用高免蛋黄抗体，对雏鸭进行预防性注射，每只0.5～1.0mL，也可达防治本病的目的。

种鸭在开产前间隔15d左右进行两次鸭肝炎疫苗免疫注射，之后隔3～4个月加强免疫1次，可保证雏鸭具有较高的母源抗体，获得免疫保护。

（七）鸭瘟

【病原】本病是由鸭瘟病毒（疱疹病毒科）引起的鸭、鹅、天鹅等雁形目禽类的一种急性、热性、高致死性传染病。

【临床特征】腹泻、排黄绿色稀粪；部分病鸭头部肿大、皮下胶冻样水肿；食道、泄殖腔黏膜可见灰黄色条纹状伪膜，剥离伪膜可见出血、溃疡，有的未见伪膜但有条状出血斑。因其表现为头部肿大、腹泻症状，故又称鸭病毒性肠炎、大头瘟等。

【流行病学】不同品种、年龄、性别的鸭和番鸭均有较高的易感性。本病一年四季可发，春夏两季多发，且呈地方流行性。自然感染主要见于成年鸭，1 月龄以下的雏鸭发病较少，但近年来 3 周龄左右的雏鸭也有较高的发病率和死亡率，应引起重视。

【临床症状】本病的潜伏期一般为 3～4d，成年番鸭感染后，体温突然升高到 42～44℃，采食减少或绝食；病鸭腹泻，粪便为绿色或灰白色稀粪，带腥臭味，常黏附于肛门周围。病鸭口渴，饮水增多，精神萎靡，翅下垂，腿发软而卧地不起。眼睑充血肿胀甚至出血，眼内分泌物增多（流眼泪）；随着病程发展，分泌物由稀变稠，使眼睑粘连睁不开眼。鼻腔分泌物增多而导致呼吸困难。部分病鸭头、颈肿大（彩图 10），触摸皮下有波动感（图 10－36）。病的后期，体温降至常温以下，迅速死亡。急性病程仅 2～5d，慢性延至 1 周以上。少数不死者转为慢性，预后不良，消瘦，生长受阻。

【病理剖检】病变的主要特点是，消化系统的舌、喉、食道、胃、肠、肝及泄殖腔的黏膜均有充血、出血点、溃疡等病灶。口腔、咽喉、食道、泄殖腔黏膜可见纵行排列的灰黄色伪膜覆盖，或条状出血斑；腺胃与食道膨大部交界处有一条灰黄色坏死带或出血带，肠道可见环状出血带；有的肝有灰黄色坏死点，坏死点周围有环状出血带。头部肿大病例，皮下有淡黄色胶冻样浸润（图 10－37 至图 10－40）。

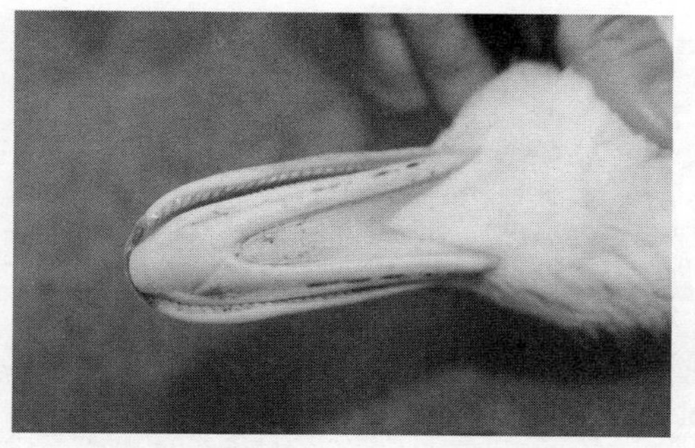

图 10－36　病鸭头部肿大，触摸皮下有波动感

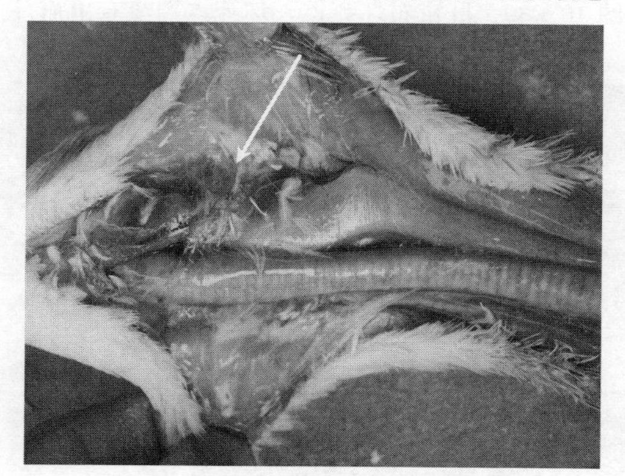

图 10－37　头颈部皮下胶冻样渗出

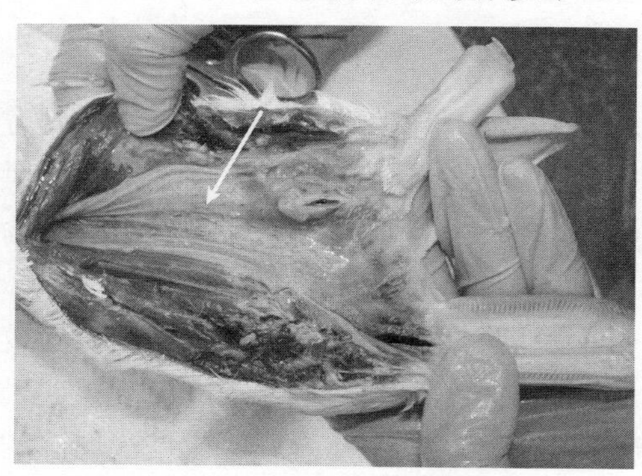

图 10－38　食道黏膜条状伪膜和出血点

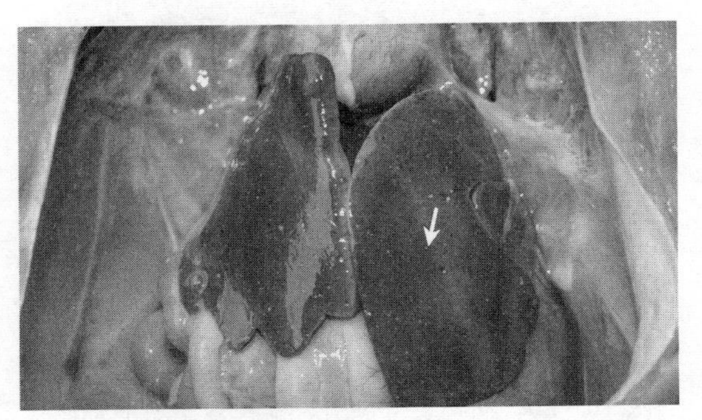

图 10－39　肝密布坏死点，坏死点周缘有出血环

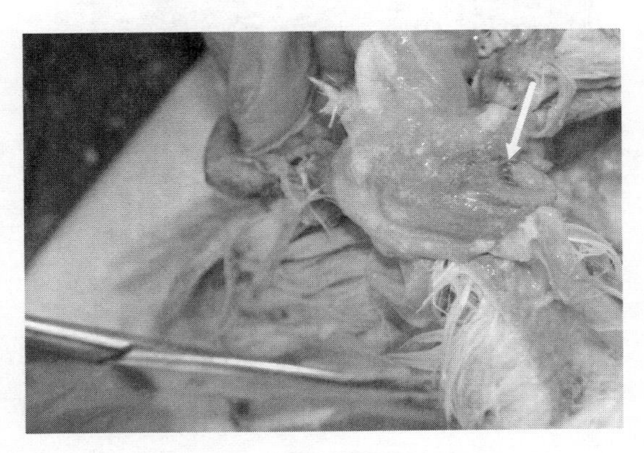

图 10－40　泄殖腔黏膜出血

【诊断】根据病鸭突然发病，高热，流泪，腹泻，脚软；部分病鸭头部肿大，触摸皮下有波动感；剖检食道、泄殖腔可见条纹状伪膜、出血、溃疡等特征性病变，可作出初步诊断。

【治疗】本病无特效治疗药物。发病时可用鸭瘟弱毒疫苗紧急免疫接种，在发病早期有较好疗效，晚期则效果较差。

【预防】加强饲养管理，平时严格执行卫生消毒防疫制度。坚持自繁自养，要从非疫区引种。疫区或疫区周围的鸭群，要定期注射鸭瘟弱毒疫苗，通常 70～80 日龄注射 1 次，产前种鸭再注射1次。已发生鸭瘟的要严格执行封锁、隔离、消毒和紧急接种疫苗等综合措施。对被病鸭污染的鸭舍、运动场、用具等应彻底进行消毒，并闲置1～2个月后方可再使用。

二、细菌性疾病

（一）鸭传染性浆膜炎

【病原】本病是由鸭疫里默氏菌引起的番鸭常见传染病。该菌为革兰氏阴性短杆菌，目前报道有21个血清型，各血清型之间无交叉保护性。

【临床特征】腹泻、歪头、跛行，轻度呼吸困难。肝、心脏、气囊、关节浆膜炎症，形成一层纤维素性炎性渗出膜。

【流行病学】最易感的是肉番鸭，易感性依次为番鸭＞肉鸭＞蛋鸭＞鹅。2～6周龄雏鸭和青年鸭多发，1周龄以下和8周龄以上鸭很少发生。一年四季均可发生，但以冬春寒冷季节多发，环境卫生条件差、饲养密度高、通风不良、饲料中缺乏营养物质等应激条件下均可促发本病。本病主要通过呼吸道感染。

【临床症状】本病的潜伏期一般为1～3d，多见于2～3周龄。表现为突然发病，病鸭表现为精神沉郁，蹲伏，缩头垂翅，厌食，离群；腹泻、粪便稀薄、呈绿色或黄绿色；眼鼻分泌物增多，出现摇头甩鼻和呼吸困难症状；趾、跗关节肿胀发红等。随着病情发展，出现头颈歪斜，共济失调，濒死前出现角弓反张，抽搐，并迅速死亡（图10－41至图10－43）。

4周龄以上番鸭一般呈慢性经过，病鸭表现为精神沉郁，蹲伏，呼吸困难，腹泻、粪便稀薄、呈绿色或黄绿色。耐过者，往往生长发育不良。

【病理剖检】最明显的病变是全身浆膜出现广泛的纤维素性渗出物，以心包炎、肝周炎、气囊炎和脑膜炎最为常见（俗称包心包肝病）。肝表面渗出物易剥离，病程长者心包炎渗出物易造成心包粘连，气囊渗出物呈淡黄色干酪样（彩图 11、图 10－44 至图 10－49）。

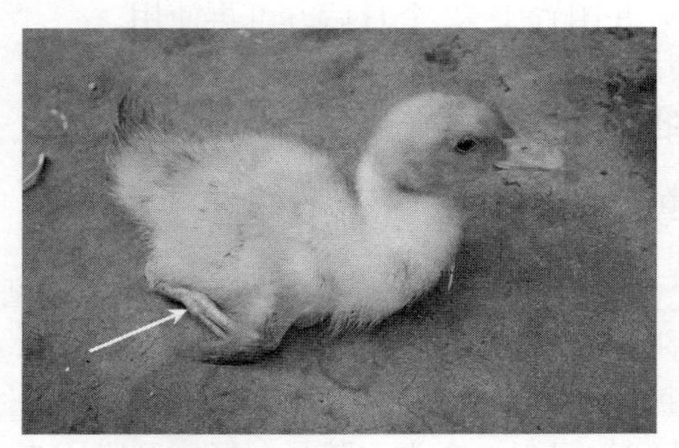

图 10－41　病鸭趾关节肿大、跛行、呼吸困难

图 10－42　雏鸭腹泻、脚软、呼吸困难

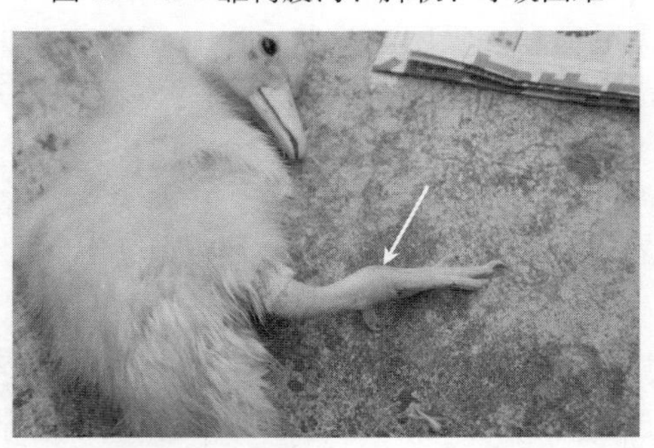

图 10－43　病鸭歪头、跛行（趾关节红肿）

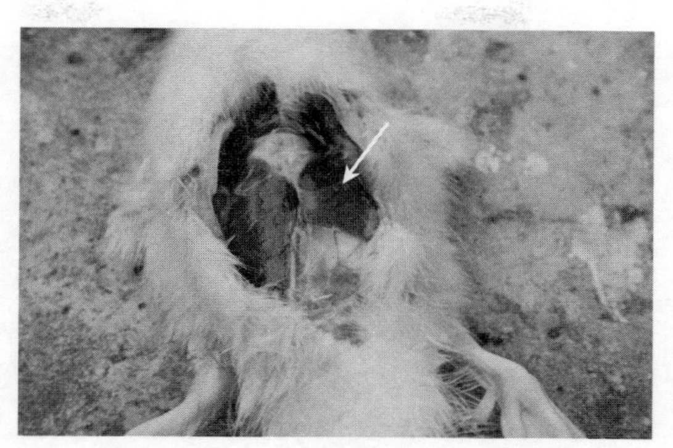

图 10 - 44　雏鸭心包炎性渗出、粘连，肝有一层薄的白色纤维素性渗出物

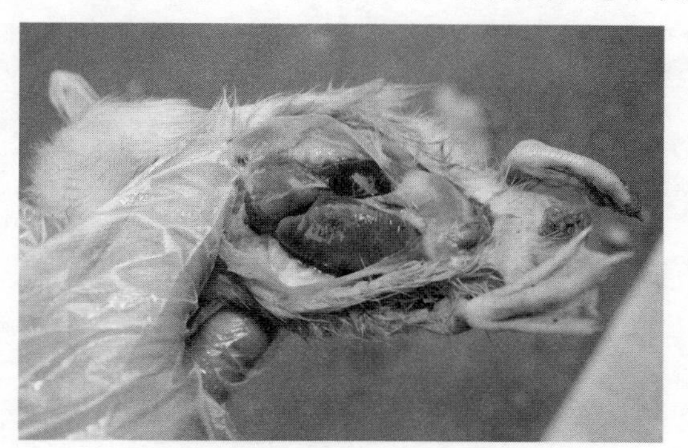

图 10 - 45　肝包裹一层纤维素性渗出膜（一侧已剥离、一侧保留原状）

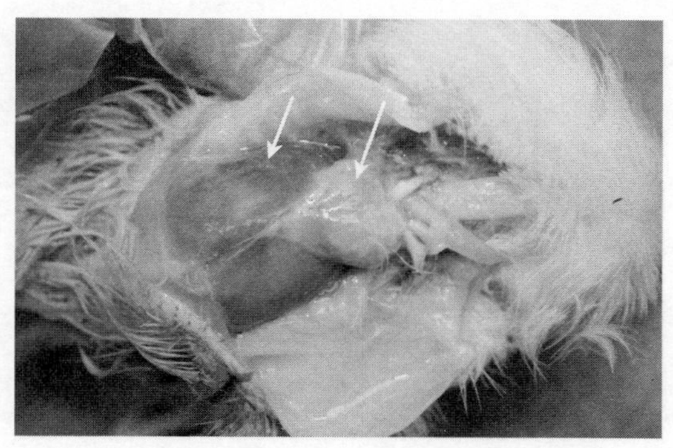

图 10 - 46　肝及心包包裹一层白色胶冻样炎性渗出膜

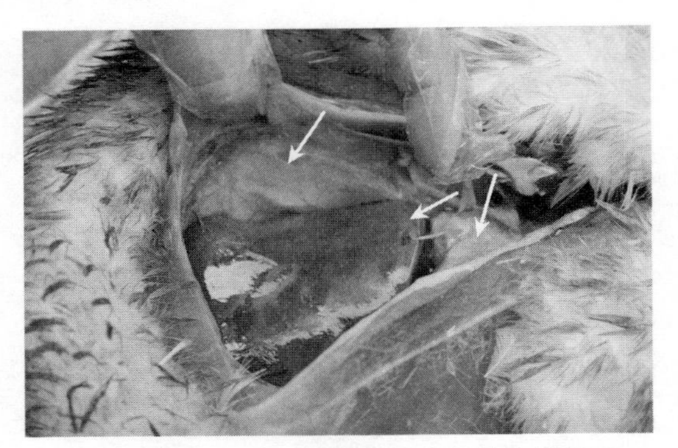

图 10－47　心包、肝及腹气囊纤维素性渗出

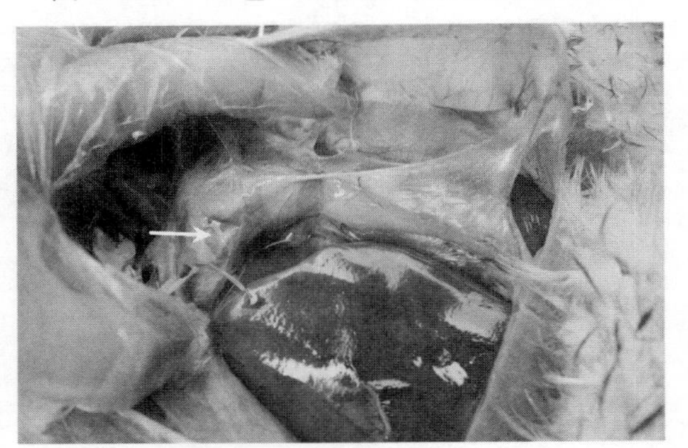

图 10－48　病鸭肝肿大，心包炎性渗出、粘连

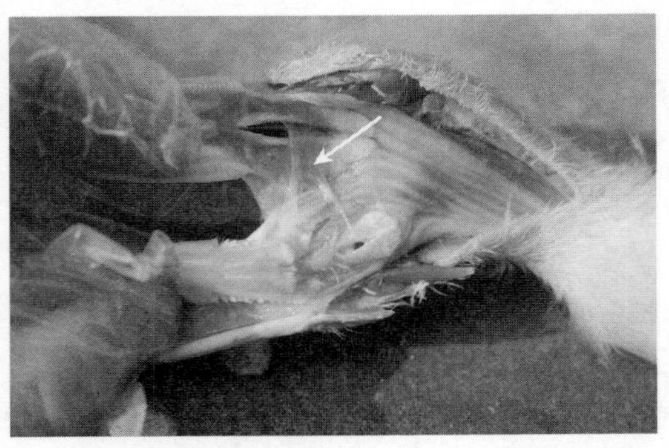

图 10－49　喉头有浆液性或黏液性炎性渗出

【诊断】根据易发于2～3周龄，表现为腹泻、歪头、跛行，轻度呼吸困难等临床症状，以及肝周炎、心包炎、气囊炎等病理变化可作出初步诊断。

临床上注意与鸭大肠杆菌病和支原体病相区别：

1. 鸭大肠杆菌病 两者均表现为心包炎、肝周炎、气囊炎，临床上不易区别。但可根据能否在麦康凯琼脂培养基上生长作为鉴别（大肠杆菌在麦康凯和血琼脂平板培养基上能形成红色菌落和β溶血；鸭疫里默氏菌不能在麦康凯培养基上不能生长）。临床上两种细菌常混合感染，两者治疗方法相近，做明确区别临床意义不大。

2. 番鸭支原体病 主要表现为呼吸系统症状（气囊炎），无肝周炎和生殖系统炎症。

【治疗】大部分抗生素对本病均有疗效，但本菌易对抗生素产生耐药性。临床上可根据药敏试验结果，选用敏感药物治疗。当前，临床上可采用喹诺酮类、氟苯尼可、强力霉素、头孢噻呋、头孢曲松等。

【预防】加强饲养管理，改善鸭场卫生条件，保持栏舍干燥、注意通风，做到“全进全出”。及时消毒，每周带禽消毒1次；每批番鸭出栏后，做好空栏消毒工作。雏鸭4～7日龄接种灭活苗或弱毒苗，可有效预防本病发生。但必须选择本地流行的血清型菌株制成疫苗才能取得较好效果，故影响了疫苗的推广应用。

（二）大肠杆菌病

【病原】本病是由致病性大肠杆菌引起的番鸭常见传染病。该菌为革兰氏阴性短杆菌，各血清型之间无交叉保护性。常见的致病性血清型有O_1、O_2、O_6、O_7、O_8、O_{19}、O_{45}、O_{73}、O_{78}等。

【临床特征】病变呈多型性，即以大肠杆菌性败血症、肠炎、气囊炎、肝周炎、心包炎、腹膜炎、脐炎、纤维素性渗出和肉芽肿等多种病变中的一种或数种症状混合发生。

【流行病学】大肠杆菌属条件性致病菌，饲养管理不当、栏舍潮湿、环境卫生差等应激因素均可促使本病发生。一年四季均可发生，无明显季节性。各种年龄均可感染，一般2～6周龄雏鸭和育成鸭死亡率较高，成鸭常呈慢性感染（表现为生殖系统感染）。病鸭和带菌鸭是主要传染源，传染途径主要为呼吸道、消化道、种蛋、损伤的皮肤或生殖器等。

【临床症状】雏鸭和育成鸭呈急性经过，常表现为腹泻、败血症，呈急性死亡。成年鸭多呈慢性经过，表现为顽固性腹泻、产蛋性能下降。

1. 雏鸭大肠杆菌性败血症 雏鸭表现为生长停滞、精神差、下痢，粪便呈白色或黄绿色，迅速死亡。

2. 雏鸭大肠杆菌性脐炎 种鸭发生大肠杆菌病，或种蛋被大肠杆菌污染后孵化出来的雏鸭，表现为精神不振，行动迟缓，腹泻，泄殖腔周围沾染粪便（图10-50）；雏鸭腹部增大、腹部皮肤无毛或少毛，脐部红肿等。

3. 大肠杆菌性眼球炎 眼眶红肿，呈脓性眼球炎（多为单侧性），结膜红肿、角膜混浊，伴有肠炎症状。

4. 成鸭大肠杆菌性腹膜炎和生殖道炎 成鸭表现为顽固性下痢，严重者直肠脱垂；产蛋下降，种蛋受精率、孵化率低，雏鸭脐炎、成活率低。

【病理剖检】雏鸭和育成鸭表现为肠炎、心包炎、气囊炎、肝周炎、脐炎等症状中一种或数种；成年鸭表现为腹膜炎、生殖系统炎症、内脏器官肉芽肿等的一种或数种。

1. 肠炎 肠管变粗、变大，小肠黏膜增厚、有的黏膜上皮脱落，特别是大肠、直肠内容物稀薄或呈水样，有特殊的粪臭味。

2. 心包炎 心包积大量淡黄色渗出液，心包膜增厚、混浊；有的心包炎性渗出物干燥呈豆渣样与心肌粘连。

3. 气囊炎 胸气囊、腹气囊单独或全部混浊、增厚，气囊内渗出物呈黄白色干酪样。

4. 肝周炎 肝肿大，表面包裹有白色或黄白色胶冻样炎性渗出物。有的肝有出血或坏死点。后期肝硬化、萎缩。

5. 腹膜炎 腹腔黏膜、肠道浆膜、肠系膜混浊、增厚，肠道粘连，污浊不清，有特殊粪臭味。

6. 生殖系统炎 卵巢发炎，卵泡表面不光滑甚至破裂。生殖道（输卵管、子宫）黏膜充血、水肿，有大量炎性渗出液。有的子宫内有大量腐蛋或干酪样恶臭渗出物（彩图 12）。

7. 内脏器官肉芽肿 病程较长者（主要是育成鸭或成年鸭），在心脏、肝、肠道浆膜面有白色、周边不规则、突出于表面的结节性肉芽肿（与马立克肿瘤区别：肉芽肿颜色较白，边缘不规则，质地较软）。

8. 脐炎 雏鸭蛋黄吸收不全，腹部胀满，脐孔呈蓝紫色（图 10－51 至图 10－64）。

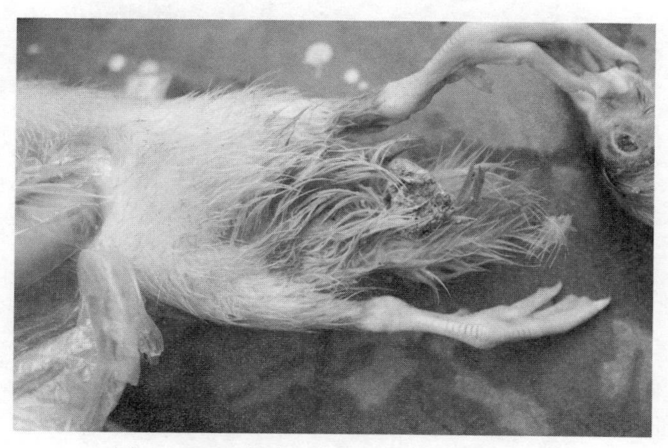

图 10－50 病鸭下痢、肛门周围沾有粪污

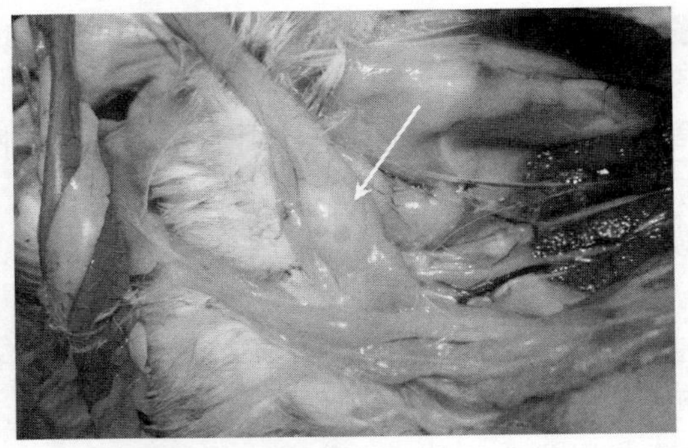

图 10－51　腹泻、直肠内含液状粪便（有气泡）

图 10－52　病鸭心脏和肝包裹一层胶冻样炎性渗出物

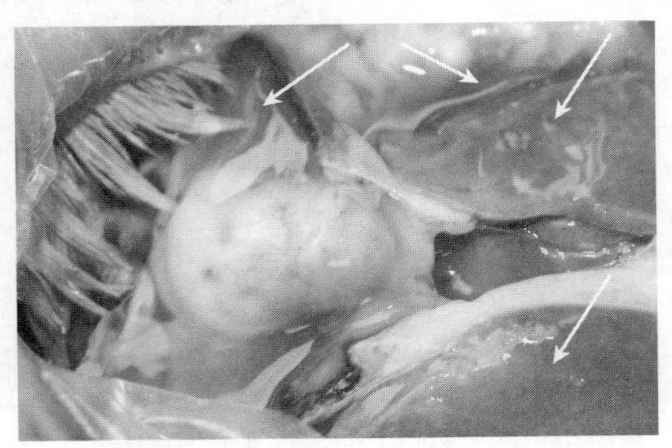

图 10－53　病鸭心包和腹腔积液，肝周炎，
心脏衰竭、心壁变薄、呈圆柱状

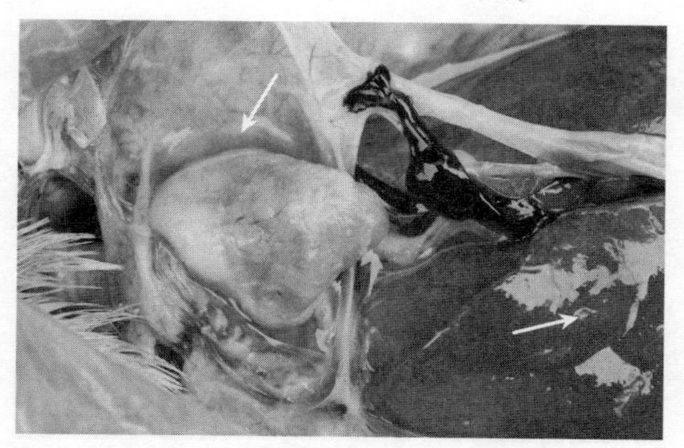

图 10－54　心包积液、心外膜炎性渗出，肝肿大、有白色肉芽肿

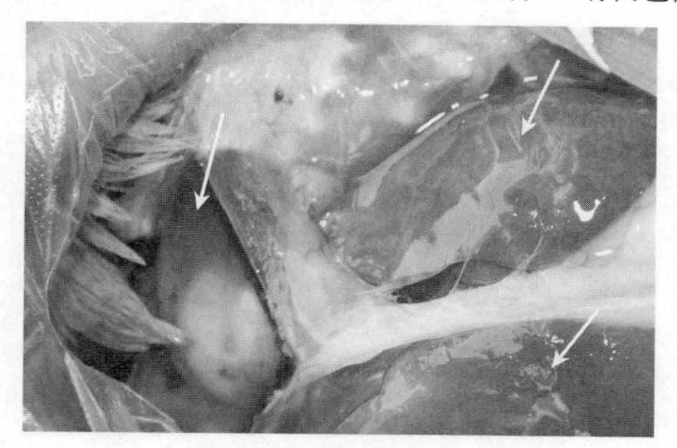

图 10－55　病鸭心包积液、肝周炎

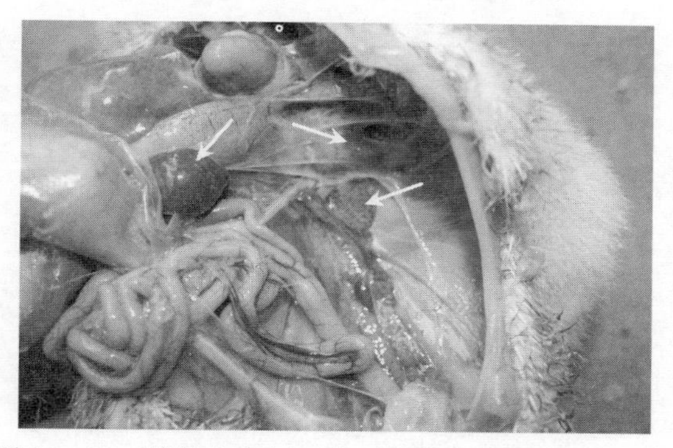

图 10－56　脾肿大有坏死点，肺出血，肾肿大、出血

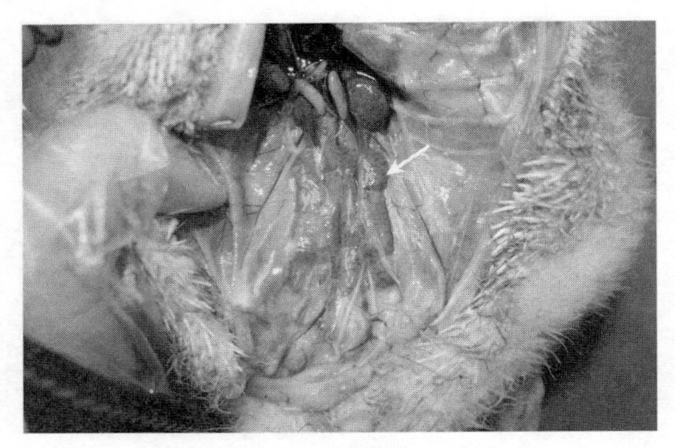

图 10－57　肾肿大、出血

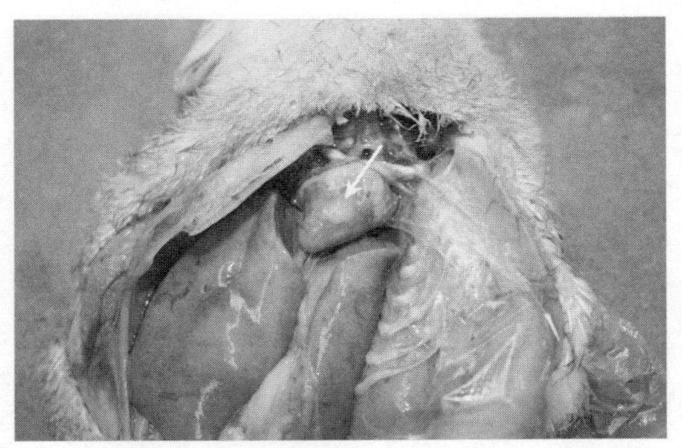

图 10－58　肝肿大、出血，心脏有白色突出于表面的肉芽肿

图 10－59　胸气囊混浊，心肌有白色肉芽肿

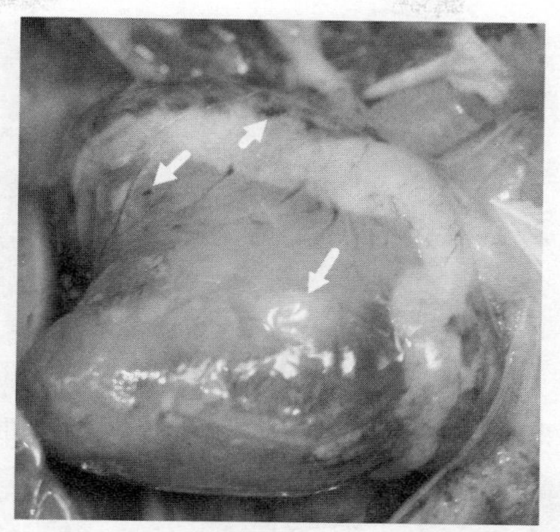

图 10-60　心肌大肠杆菌肉芽肿、心肌有出血点和斑

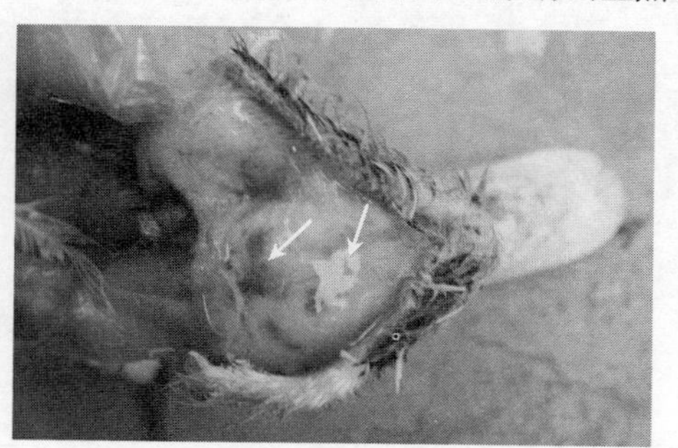

图 10-61　头部皮下出血、胶冻样浸润

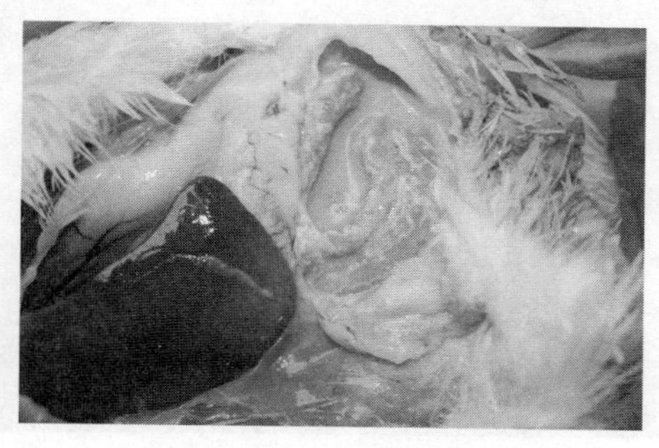

图 10-62　腹膜炎（肠管粘连、腹腔积液）

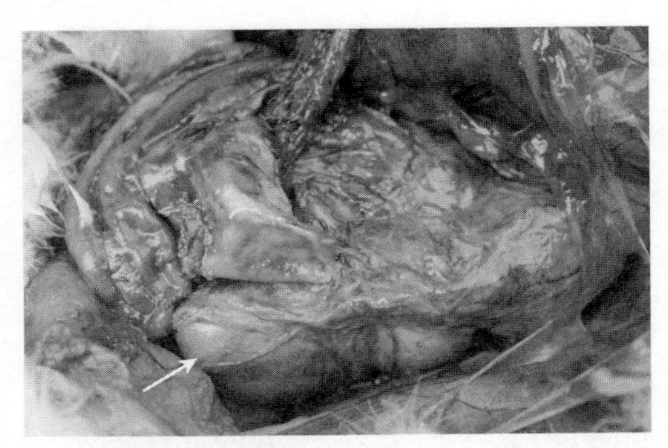

图 10－63　成鸭腹膜炎，肠道粘连，腹腔积蛋

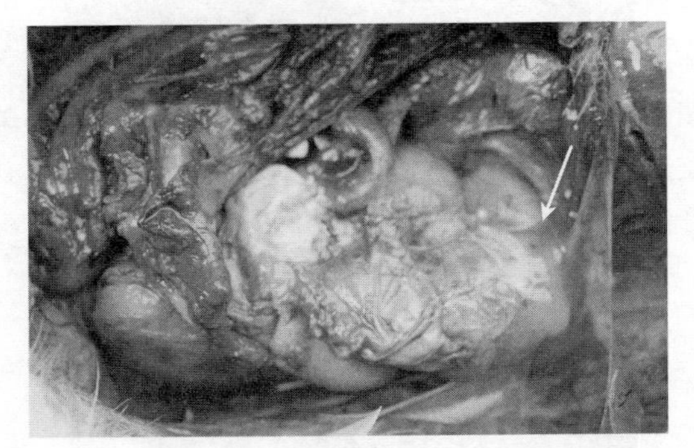

图 10－64　输卵管发炎、堵塞，卵泡液化，肠管粘连

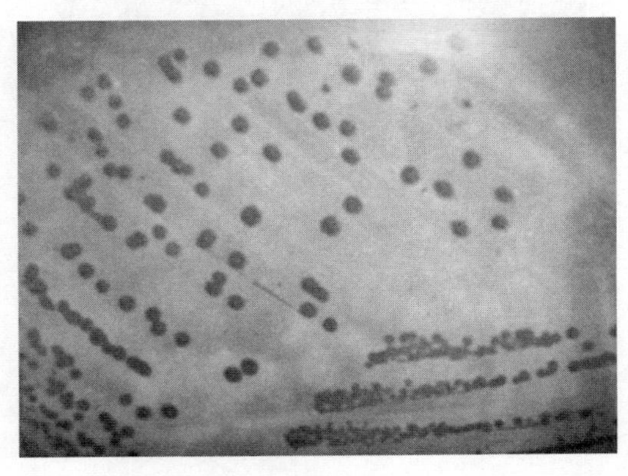

图 10－65　大肠杆菌在麦康凯琼脂培养基上呈玫瑰红色菌落（陈建红）

【诊断】根据番鸭腹泻，肝肿大，气囊、肝表面有白色或黄白色胶冻样渗出物，成鸭表现为腹膜炎、生殖道炎症，以及症状和病变的多型性等可作出初步诊断。确诊须要细菌学培养鉴定。

临床上须注意与鸭传染性浆膜炎（鸭疫里默氏菌病）区别：鸭疫里默氏菌不能在麦康凯培养基上生长，而大肠杆菌在麦康凯琼脂培养基上形成红色菌落（图 10－65）。

临床上须注意与沙门氏菌区别：沙门氏菌在麦康凯琼脂培养基上生长成无色透明、圆形的小菌落，而大肠杆菌在麦康凯琼脂培养基上形成红色菌落。

临床上大肠杆菌、鸭疫里默氏菌、沙门氏菌常混合感染；在治疗方法上，三者治疗方法相近，做明确区别临床意义不大。

【治疗】大部分抗生素对本病均有疗效，但本菌易对抗生素产生耐药性。临床上可根据药敏试验结果，选用敏感药物治疗。当前，临床上可采用喹诺酮类、氟苯尼可、强力霉素、头孢噻呋等。

【预防】加强饲养管理，改善鸭场卫生条件，保持栏舍干燥、注意通风，做到“全进全出”。及时消毒，每周带禽消毒 1 次；每批番鸭出栏后，做好空栏消毒工作。雏鸭 4～7 日龄接种灭活苗或弱毒苗，可有效预防本病发生。但必须选择本地流行的血清型菌株制成疫苗才能取得较好效果，故影响了疫苗的推广应用。

（三）沙门氏菌病

【病原】本病是由沙门氏菌属引起的一类细菌性传染病，包括白痢、副伤寒、伤寒等。属革兰氏阴性菌，对消毒药抵抗力较弱。

【临床特征】雏鸭多呈急性经过，表现为腹泻、肝肿大坏死，急性败血症迅速死亡。成鸭多为慢性经过，死亡率较低；表现为腹泻、产蛋量下降、种蛋孵化率、雏鸭育成率下降。

【流行病学】多发于雏鸭，呈急性或败血症经过。成鸭多为隐性感染，是主要传染源，呈水平和垂直传播。

【临床症状】主要分为白痢、副伤寒、伤寒。

1. 白痢 常发于1～3周龄雏鸭，潜伏期4～5d，表现为精神差、食减，羽毛逆立，缩颈垂翅，闭目昏睡，呼吸困难，雏鸭怕冷、挤在一起，不断鸣叫。腹泻、粪便呈糨糊状，肛门周围羽毛被粪便沾染、干结后影响排粪。病程1～4d，未及时治疗者，死亡率可达20%～50%。成鸭都呈隐性感染，无明显临床症状，仅表现为产蛋量减少、受精率、孵化率下降（图10－66、图10－67）。

2. 副伤寒 多发于2～4周龄，症状与白痢类似。雏鸭表现为闭目呆立，羽毛松乱，颤抖、喘息，怕冷、挤堆、鸣叫。腹泻呈水样，肛门周围羽毛被粪便沾染，病程1～4d，未及时治疗者，死亡率可达20%～50%。成鸭都呈隐性感染，无明显临床症状，仅表现为产蛋量减少，受精率、孵化率下降。

3. 伤寒 多发于1～6月龄育成鸭，表现为食减、精神差，排黄绿色稀粪，若不及时治疗，可造成一定死亡。成鸭都呈隐性感染，无明显临床症状，仅表现为产蛋量减少，受精率、孵化率下降。

【病理剖检】

1. 白痢 雏鸭表现为，肝肿大、充血，或有条纹状出血，有的表面有点状出血或坏死点。胆囊肿大；肾充血或贫血，部分输尿管有尿酸盐沉积，呈细线样。有的肺有灰黄色结节和灰色肝变；肠道黏膜充血、出血；有的卵黄吸收不良。

2. 副伤寒 雏鸭表现为肝肿大，呈铜绿色，表面有大量灰白色坏死灶；胆囊充盈；脾充血、出血，有坏死灶；肾充血或出血；肠道黏膜充血、出血。成鸭病变与白痢基本相同，表现为卵子变形、变色呈囊状，有的出现腹膜炎、输卵管炎等。

3. 伤寒 肝、脾、肾充血肿大，肝呈青铜色，有灰白色坏死点。有的心肌有粟粒状坏死灶、心脏变形。肠道卡他性炎症，黏膜充血、出血。成鸭病变与副伤寒基本相同（图 10－68 至图 10－74）。

图 10－66　雏鸭精神差、毛垂、腹泻

图 10－67　雏鸭腹部增大，肚脐吸收不良

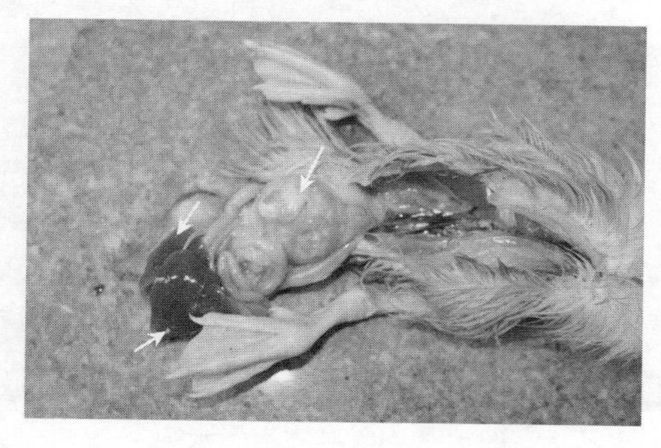

图 10－68　雏鸭肝有白色坏死灶，卵黄囊吸收不良

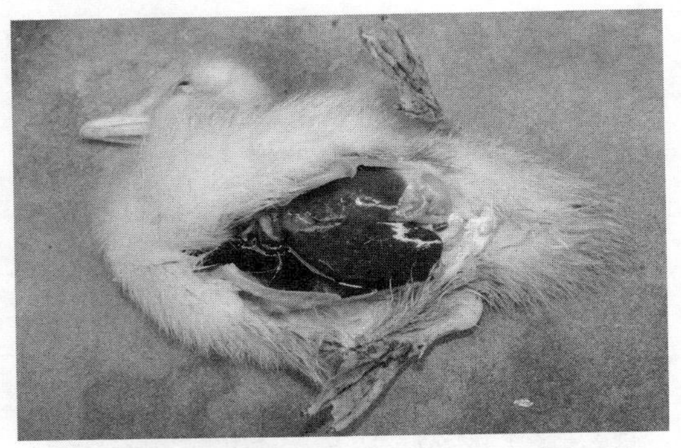

图 10－69　病鸭肝肿大、充血，有白色坏死灶

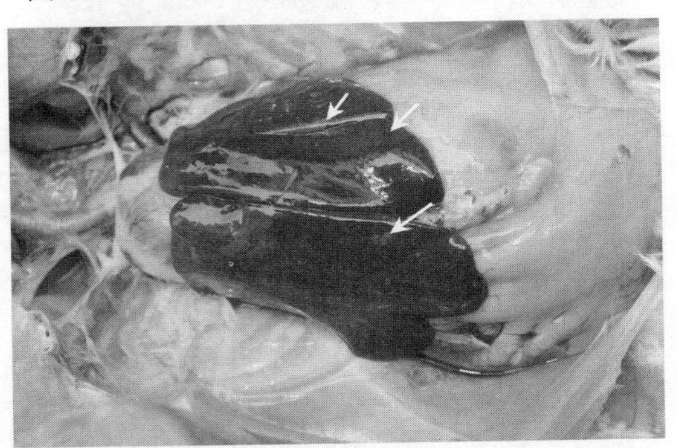

图 10－70　肝肿大、充血、出血，有白色坏死斑

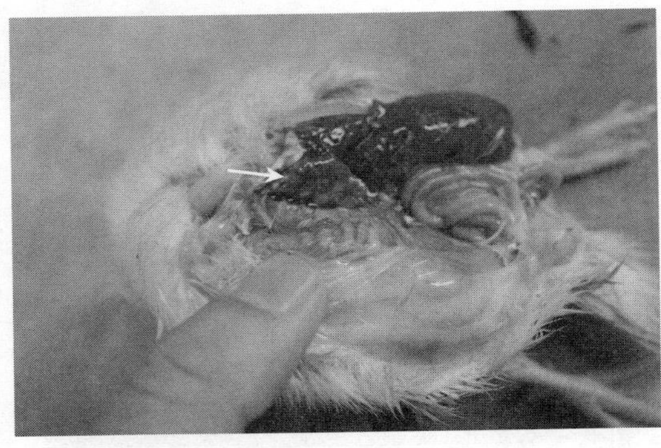

图 10－71　肺充血、水肿

图 10－72　肾肿大、充血

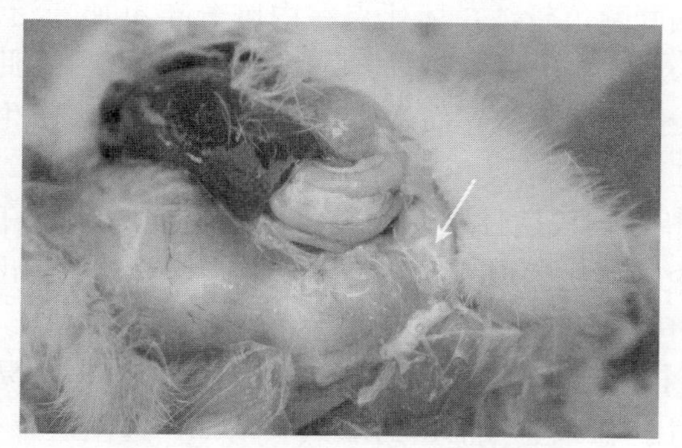

图 10－73　腹泻、肠道内容物稀薄

图 10－74　肠管粘连，腹腔积有黄色豆腐渣样渗出物

【诊断】幼鸭，根据病鸭腹泻，肠道卡他性、出血性炎症；肝肿大，呈铜绿色，表面有灰白色坏死灶；胆囊充盈。部分病鸭，肾肿大、出血，输尿管有少量尿酸盐沉积；肺有灰黄色结节等可作出初步诊断。成鸭，不表现临床症状，可根据成鸭零星死亡、剖检出现腹膜炎、生殖道炎症可作出初步诊断。本病确诊须要细菌学培养鉴定。

临床上应注意与下列疾病区别：

1. 番鸭花肝病（出血性肝炎）**区别**　沙门氏菌病，肝呈铜绿色，坏死灶主要集中在肝、脾，且肝出血没有白点病明显。而番鸭花肝病肝颜色较淡，坏死点在内脏分布更加广泛，可见肝、脾、肾、心肌、法氏囊、腺胃、肠黏膜下层组织等。此外，沙门氏菌病抗生素治疗有效；而番鸭花肝病为病毒性，抗生素治疗基本无效。

2. 成鸭沙门氏菌性腹膜炎及生殖道炎症与大肠杆菌腹膜炎及生殖道炎症区别：取病料在麦康凯琼脂培养基上长出红色菌落者为大肠杆菌，长出无色透明菌落者为沙门氏菌。

【治疗】大部分抗生素对本病均有疗效，但本菌易对抗生素产生耐药性。临床上可根据药敏试验结果，选用敏感药物治疗。当前，临床上可采用喹诺酮类、氟苯尼可、强力霉素、头孢噻呋等。

【预防】治好后的病鸭可成为长期带菌者，故发生过此病的幼鸭今后不能留作种用。加强饲养管理，改善鸭场卫生条件，保持栏舍干燥、注意通风，做到“全进全出”。及时消毒，每周带禽消毒1次；每批番鸭出栏后，做好空栏消毒工作。

（四）禽巴氏杆菌病（禽霍乱）

【病原】本病由巴氏杆菌引起，为革兰氏阴性球杆菌，取病料进行瑞氏染色或亚甲蓝染色，显微镜下观察呈“二极”着色。

【临床特征】多呈急性经过，突然发病、迅速死亡。剖检心胞积清亮液体、心肌冠状沟、纵沟，或心包膜有点状或刷状出血；肝表面散布有许多灰白色针尖大的坏死点；肠道黏膜充血、出血、大量上皮黏膜脱落呈“鼻涕”样。

【流行病学】各种年龄均易感，但多发于肥壮的育成鸭和成鸭，特别是高产蛋鸭；一年四季均可发生，但易发于闷热潮湿的夏季。病鸭和带菌鸭是主要传染源，可通过消化道、呼吸道传播。

【临床症状】潜伏期很短，按其临床症状主要有：

1. 最急性型　常见于流行初期，以鸭群中肥壮、高产者先发，生前看不到任何症状，晚间一切正常，吃得很饱，第二天死在笼内。有的精神沉郁，突然倒地挣扎，迅速死亡，病程由几分钟至数小时不等。

2. 急性型　腹泻，排出黄色、灰白色或绿色稀粪，迅速死亡，病程0.5～3d。

【病理剖检】

1. 最急性型　突然死亡，病番鸭无特殊病变，有的只能看见心外膜、心肌纵沟或心包膜有少许出血点或斑。

2. 急性型　表现为心包内积有多量半透明、黄色液体，心外膜、心冠脂肪、心肌冠状沟、纵沟点状或刷状出血点或斑（彩图13）。肝表面散布有许多灰白色、针尖大的坏死点。十二指肠呈卡他性和出血性炎症（图10－75至图10－83）。

图10－75　病鸭心外膜广泛出血斑

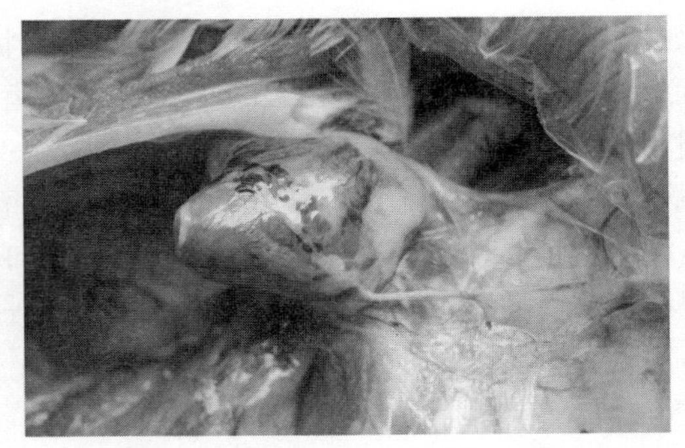

图 10－76　心脏冠状沟、纵沟出血流血

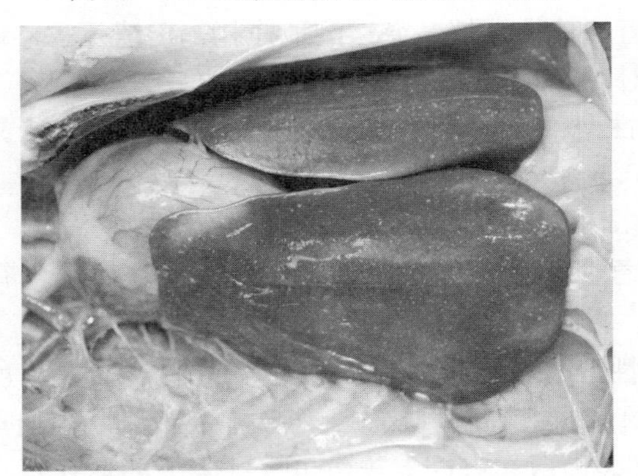

图 10－77　病鸭肝肿大、有大量针尖样白色坏死点

图 10－78　胰出血

图 10－79　卵泡发育良好，充血、出血

图 10－80　肠管增粗、充盈，肠浆膜充血、出血

图 10－81　肠道充盈、黏膜大量脱落呈鼻涕样

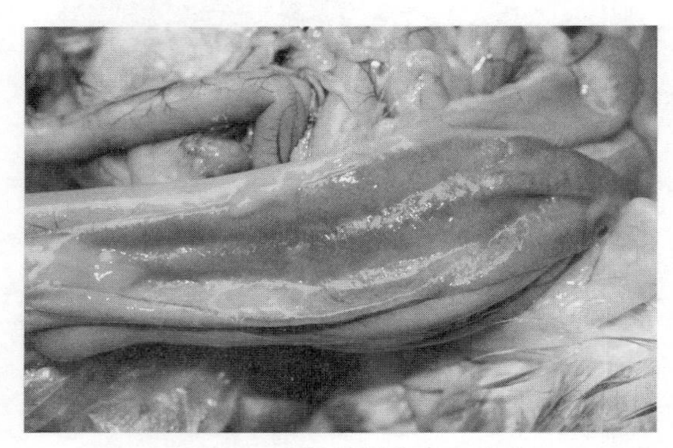

图 10-82　肠黏膜充血、出血

图 10-83　肠黏膜出血，肠内容物呈红色鼻涕样

【诊断】根据其传染快，病程短，死亡率高，结合心脏纵沟出血，肝小点坏死等特征性病变、肝触片瑞氏或亚甲蓝染色可见两端浓染的圆杆菌等可作出初步诊断。

临床上，要注意与番鸭沙门氏菌和番鸭花肝病、禽流感区别。

1. 与沙门氏菌病区别　沙门氏菌病虽然肝、脾也有坏死灶，但其坏死灶普遍比巴氏杆菌病大，大多呈斑状；肠道外观松扁，肠内容物呈液状；心肌无点状或刷状出血。而禽霍乱肝、脾坏死点相对较小，大多呈点状，肠道外观充盈，浆膜面有大量出血斑，整条黏膜肠道表现为卡他性和出血性炎症。

2. 与番鸭花肝病区别 番鸭花肝病肝、脾除坏死斑或灶外，还有出血点或斑；抗生素治疗无效。而巴氏杆菌病肝、脾坏死呈针尖样点状，抗生素治疗效果良好。此外，在流行病学上：番鸭花肝病多发于3周龄内雏鸭；而禽巴氏杆菌病多发于青年鸭或成鸭。

3. 与禽流感区别 败血症症状相似，但禽巴氏杆菌病未见神经症状（转圈、共济失调）、失明（角膜混浊）及胰有白色点状坏死和半透明的特征性坏死灶。禽巴氏杆菌病抗生素治疗有效。

【治疗】青霉素类、氨基苷类、土霉素类、喹诺酮类、磺胺类均有疗效。暴发时以青霉素5万～10万U/（只·次），饮水内服（或第一天采取肌内注射），1～2次/d，连用4d。

治疗关键：首次用药药量要足，并确保用1个疗程（3～4d）以上。

【预防】可用禽出败蜂胶灭活苗肌内注射，一次注射免疫期可达半年以上。

（五）鸭变形杆菌病

【病原】本病是由肠杆菌科变形杆菌属的大肠杆菌奇异变形杆菌引起雏鸭的一种细菌性疾病，为条件性致病菌。

【临床特征】病鸭有严重的呼吸道症状，表现张口伸颈、呼吸困难，剖检以气管黏膜充血出血、有黄色炎症渗出物形成的栓塞，最后引起窒息死亡。

【流行病学】本病仅发生于鸭，冬春寒冷季节和春夏之交湿热季节，多见于3～30日龄雏鸭，日龄越小发病率和死亡率越高。本病以往基本没有见到，但近年来有逐渐增多趋势。

【临床症状】病鸭突然发病，晚间可听到咳嗽、打喷嚏声；

雏鸭表现为呼吸困难、张口伸颈呼吸，并伴有精神差、食减等症状，有的出现腹泻（图 10－84），一般发病 3～4d 后可出现多量死亡。

【病理剖检】病死雏鸭主要见气管黏膜有多量浆液性或纤维素性分泌物，或黄色干酪样纤维素性渗出物形成的栓塞；有的肺充血、出血、水肿等症状（彩图 14、图 10－85 至图 10－90）。

图 10－84　病鸭张口呼吸、腹泻

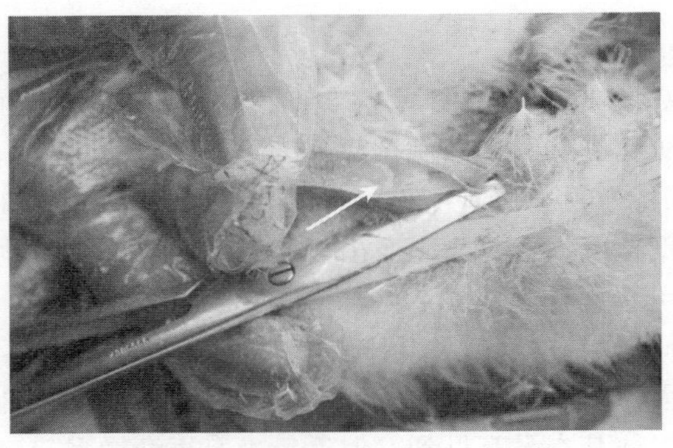

图 10－85　气管有大量炎性分泌物

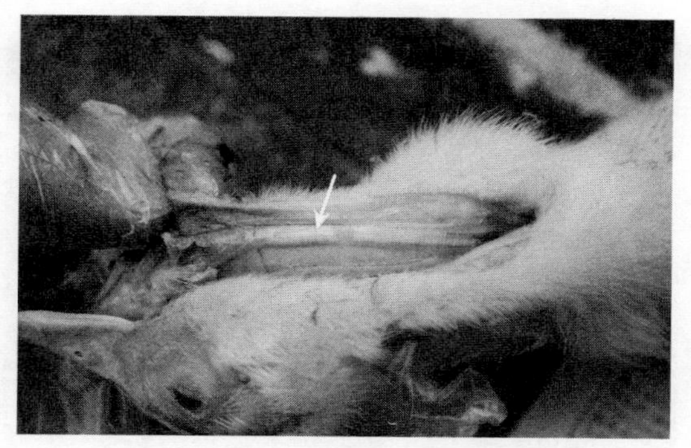

图 10 - 86　气管有炎性渗出物堵塞

图 10 - 87　气管黄色干酪样物堵塞

图 10 - 88　喉头气管有干酪样炎性渗出物

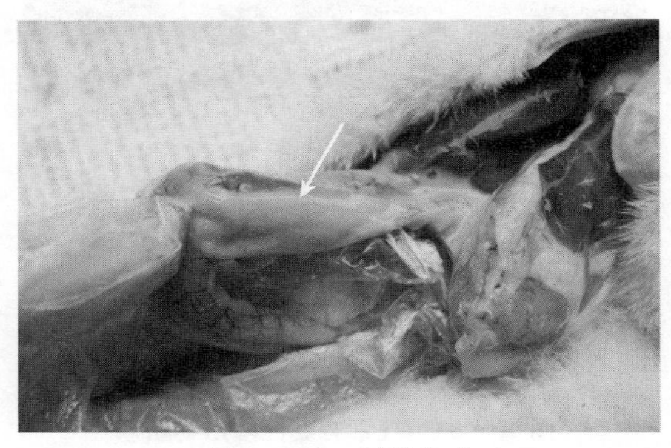

图 10－89　肠道发炎

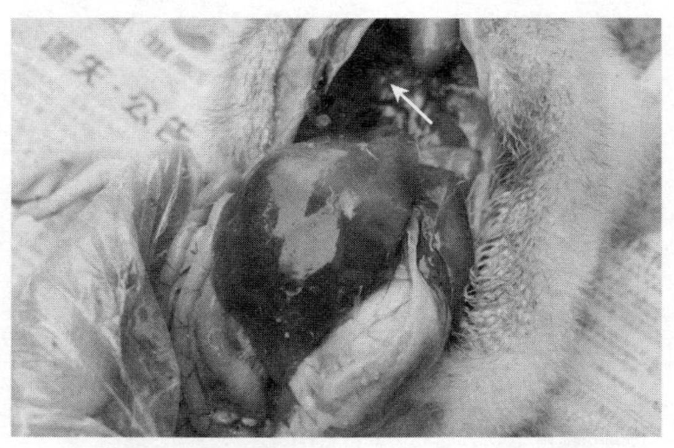

图 10－90　肺局部充血

【诊断】根据突然发病、呼吸急促、张口伸颈，剖检气管有炎症渗出物堵塞等可作出初步诊断。

【治疗】同大肠杆菌等细菌性疾病。

（六）支原体病

【病原】本病由致病性支原体引起。

【临床特征】病鸭有严重的呼吸道症状，表现为咳嗽，打喷嚏；种鸭产蛋下降，零星死亡。

【流行病学】本病一年四季均可发生，但在冬季、早春和梅雨季节较为严重。各种年龄鸭均可感染，尤以大群、高密度饲养、鸭舍密闭通风不良的雏鸭发病较多。饲养管理条件差、舍内环境卫生状况不好等均可促使该病发生。临床上常与大肠杆菌混合发生。

本病可由鸭之间直接接触而传播，也可通过病鸭粪便、飞沫和被污染的用具、饲料、水源而传播，也能通过胚胎传给雏鸭。在新发病的易感鸭中，鸭蛋带菌率很高，传播也极快。

【临床症状】病鸭多呈慢性经过，病程较长，一般潜伏期1～2周。单纯感染本病一般仅有轻微症状，但常与其他疾病（如大肠杆菌等）并发，使病情加重或复杂化。病初鼻流清涕，继而流黏脓性分泌物，咽喉发炎；因分泌物堵塞鼻孔而出现甩头、张口呼吸，发出“咯咯”的喘鸣音，呼出气体有恶臭味。

【病理剖检】病死鸭主要见呼吸系统包括鼻腔、气管、气囊有黏性分泌物，气囊增厚、混浊，有黄色干酪样附着（彩图15）。有的鸭肺部有炎症、瘀血。当病鸭继发大肠杆菌感染时，可见纤维素性心包炎或肝周炎（图10－91至图10－93）。

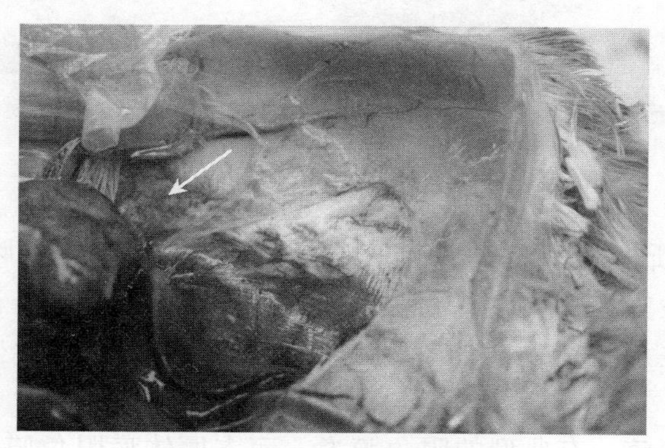

图10－91　病鸭气囊混浊

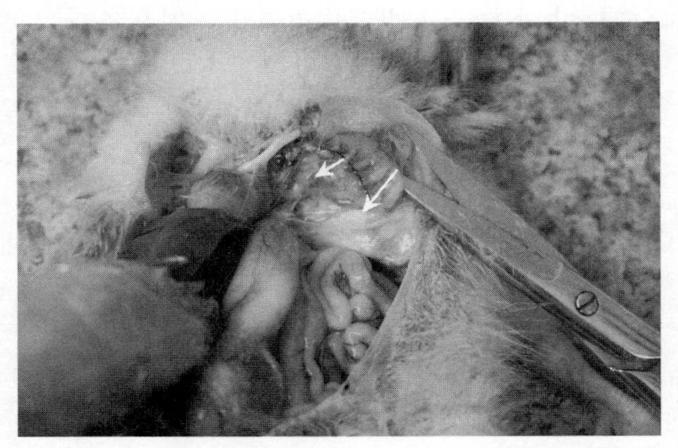

图 10－92　雏鸭肺充血水肿、气囊内有白色奶酪样渗出物

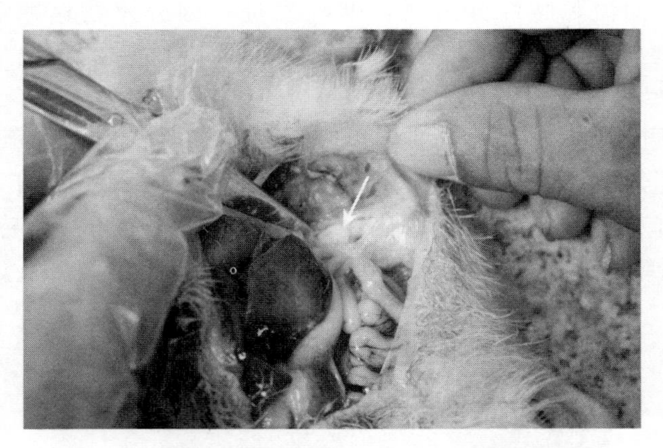

图 10－93　病鸭气囊黄白色奶酪样渗出物

【诊断】根据咳嗽、打喷嚏，鼻流浆液性、黏脓性分泌物，剖检气囊有黄色干酪样渗出物等，可作出初步诊断。临床上应注意与鸟疫、曲霉菌病、念珠菌病、传染性浆膜炎等区别。

1. 鸟疫　有典型的眼角膜炎，而支原体病眼角膜极少受到损害。

2. 曲霉菌病 病鸭虽有呼吸困难、摇头、甩鼻、打喷嚏等症状，但剖检肺部常可见霉菌结节。

3. 念珠菌病 虽有呼吸困难症状，但其嗉囊增大、囊壁有豆腐渣状伪膜，镜检可发现菌丝体。

4. 传染性浆膜炎 虽然气囊也有黄色干酪样渗出物，但常伴有肝周炎和心包炎。而支原体病病变仅限于气囊。

本病临床上常与传染性浆膜炎、大肠杆菌等混合发生。

【治疗】可选用大环内酯类、四环素类抗生素内服。但应注意该细菌对药物易产生抗药性。同时，要加强饲养管理，保持环境通风、干燥，供给充足的维生素等。

【预防】做到自繁自养；引进种鸭要先隔离，确认无病后方可并群。本病一经传入，很难根除。

三、真菌和寄生虫病

（一）曲霉菌病

【病原】曲霉菌。

【临床特征】呼吸困难（图 10－94），肺和气囊发生炎症，有小结节。

【流行病学】雏鸭易感，常群发或呈急性经过。成鸭仅散发。病菌主要通过呼吸道和消化道传播，霉菌污染的垫料、发霉的饲料是引发本病的主要传染源。

【临床症状】急性者可见精神差、食减、羽毛松乱，对外界反应淡漠。病程稍长可见伸颈、张口呼吸、下痢，最后衰竭而死。

【病理剖检】肺部充血肿胀，有粟粒大至绿豆大的黄白色或灰白色结节，切开呈同心圆状结构，中心为干酪样坏死组织，外周为肉芽组织。有时气囊混浊有黄色结节（彩图 16、图 10－95 至图 10－99）。

图 10－94　病鸭呼吸困难（喙部发绀）

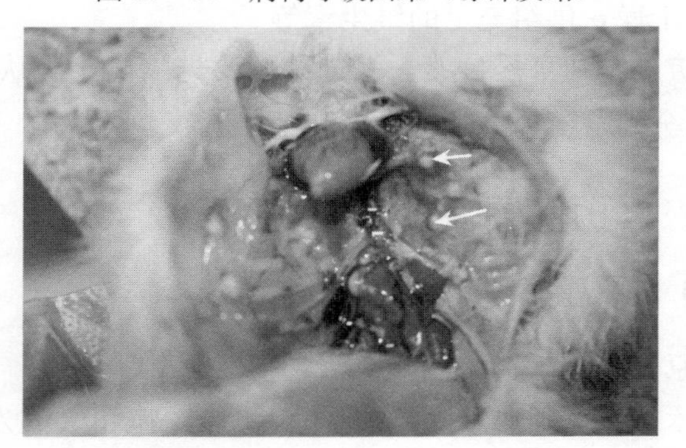

图 10－95　肺有黄白色霉菌结节

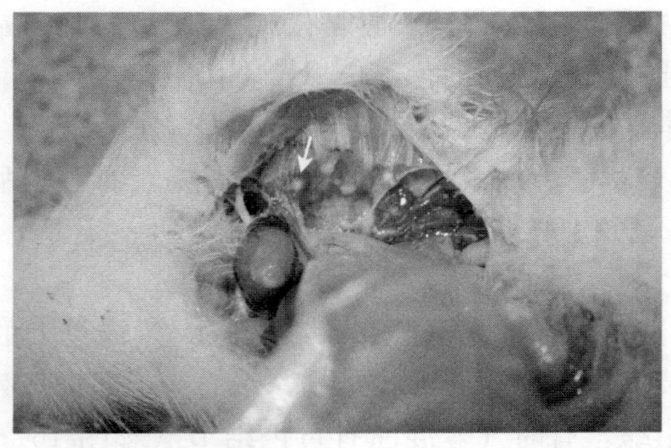

图 10－96　肺有霉菌结节，结节周边有局灶性充血

图 10－97　肺水肿、充血

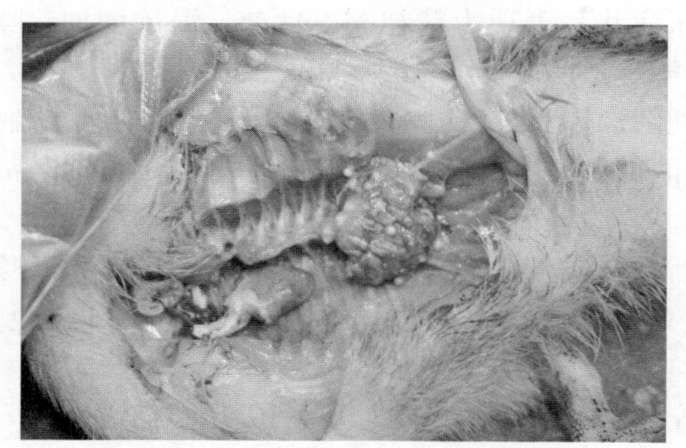

图 10－98　肺有米粒至绿豆大霉菌结节

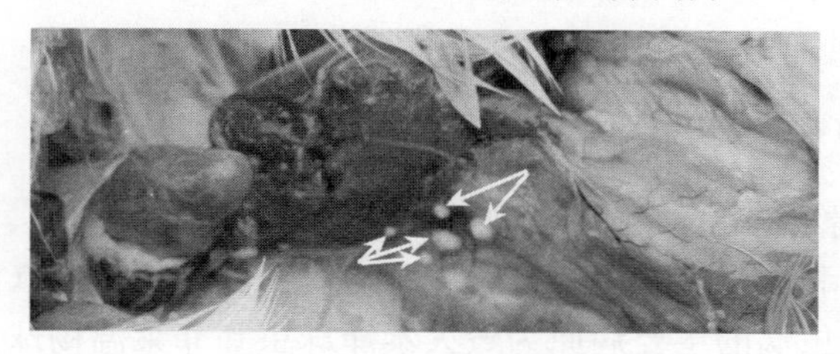

图 10－99　腹气囊有霉菌结节

【诊断】根据流行病学、症状、病理剖检等可作出初步诊断。

【治疗】制霉菌素 0.5g/片，每 5～10 羽成鸭 1 片，拌料内服，连用3d。

【预防】不用发霉的稻草、木屑等垫料和发霉的饲料。种鸭产蛋箱的垫料要经常翻晒，防止发霉。

（二）念珠菌病

【病原】白色念珠菌（真菌）。

【临床特征】食道、嗉囊形成一层鳞片状伪膜，嗉囊增大、内容物酸臭。

【流行病学】各种年龄均可发生，好发于温暖潮湿、多雨季节。吃了发霉变质的饲料后容易发生。

【临床症状】表现为精神差、食减、渴欲增加，嗉囊膨大、下垂，下痢，张口呼吸，有酸臭味。

【病理剖检】上消化道，尤其嗉囊内有黄白色、疏松、鳞片状易脱落的黄白色伪膜（彩图17）；刮去伪膜，露出黏膜呈潮红充血状态。

【诊断】根据有吃发霉饲料史，临床表现下痢、嗉囊膨大，上消化道有伪膜，切开嗉囊呈酸臭味；取伪膜G染色镜检呈红色树枝状真菌，即可作出诊断。

【治疗】制霉菌素：成鸭5万～10万U/羽，1次/d，拌料，连用5d。克霉唑：成鸭20～40mg/羽，1次/d，拌料，连用5～7d。

（三）鸭球虫病

【病原】球虫。鸭球虫种类很多，分属于艾美耳属、泰泽属、等孢子属和温杨属，多数寄生于肠道，少数寄生于肾（温杨属）。我国鸭球虫病的主要病原为毁灭泰泽球虫和菲莱温杨球虫，临床上常混合发生。

【临床特征】成鸭为带虫者，一般不表现症状；幼鸭常突然发病、迅速大批死亡。临床症状表现为肠炎、下痢，甚至血便，最后脱水死亡。

【生活史】球虫卵囊随粪便排出体外，在适当的温度和湿度条件下发育成孢子化卵囊。孢子化卵囊具有侵袭力，当它被鸭食入体内后，子孢子从卵囊内逸出，侵入小肠壁细胞而发育成裂殖体，并进行裂殖生殖（裂殖体-引起细胞破裂-释放出裂殖子-又进入肠黏膜细胞形成裂殖体），先后进行 3 个世代裂殖生殖，最后形成大、小配子体，进而发育成为大、小配子。大、小配子相互结合形成合子，合子外周形成囊壁，最终发育成卵囊。卵囊随着细胞脱落，并排出体外，又形成一个新的循环。球虫生活周期为 7d。

【流行病学】好发于幼鸭，以 2～6 周龄的幼鸭发病率和死亡率最高。

【临床症状】初期表现为精神差、消瘦、生长速度慢等。中后期表现为消化机能紊乱，腹泻、水样便甚至血便，消瘦、麻痹、精神差、肛门有粪污、食欲下降或废绝，甚至突然死亡（图 10－100、图 10－101）。

【病理剖检】肠壁增厚、黏膜表面粗糙，肠黏膜发炎、充血、出血等，肠内容物稀薄，几乎很少食糜（彩图 18、图 10－102 至图 10－105）。

图 10－100　雏鸭被毛粗乱、贫血，喙、眼结膜苍白

图 10－101　腹泻，肛门有粪污

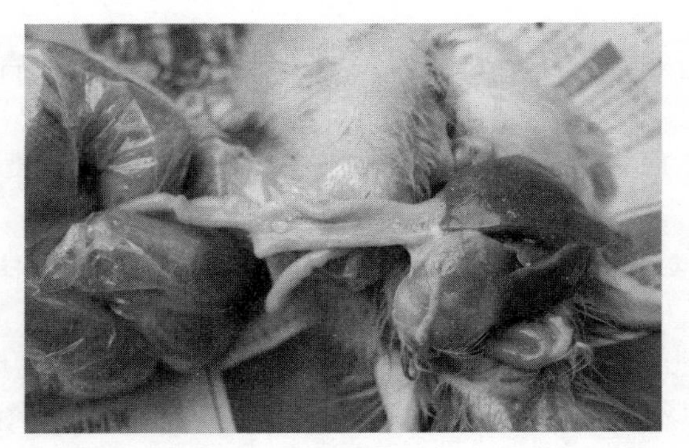

图 10－102　十二指肠肠壁增厚、黏膜粗糙

图 10－103　肠黏膜粗糙、切面外翻

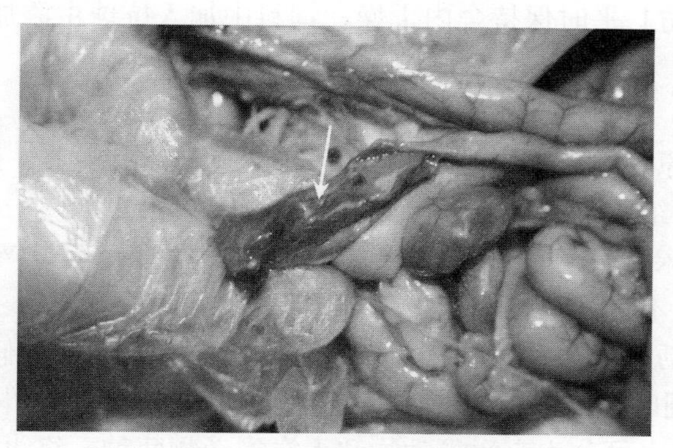

图 10－104　盲肠增粗，内容物出血

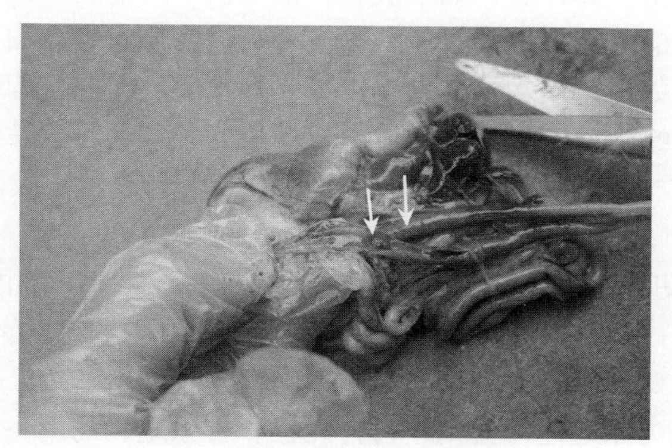

图 10－105　盲肠增粗、黏膜出血

【诊断】根据生长速度慢，营养不良，下痢，肠道黏膜充血、出血，黏膜脱落。取急性死亡病鸭肠黏膜上少量黏液镜检，发现大量球虫卵囊等，即可确诊。

【治疗】球速灭（地曲珠利），按使用说明饮水或拌料内服。该药安全性很大，一般 10 倍治疗量也未见中毒症状。也可用克球粉、氨丙啉、磺胺类、盐霉素等药物按使用说明拌料内服等。

此外，如果采用维生素 K、抗菌消炎药对症治疗，可提高疗效，降低死亡率。

【预防】平时保持舍内干燥，饲料中加入抗球虫添加剂。

(四) 绦虫病

【病原】绦虫。绦虫成虫寄生于肠道上，由头节、颈节、体节3部分组成。体节部分最长，其中含有大量虫卵。

【临床特征】病鸭消瘦，贫血，生长发育受阻，产蛋率低，羽毛生长不良，消化机能障碍，严重者可导致死亡。

【生活史】与兽医临床比较密切的绦虫有圆叶目和假叶目。

1. 圆叶目绦虫　在其发育过程中一般需要1个中间宿主，该中间宿主可分为有脊椎动物和无脊椎动物两种。绦虫体节内的虫卵排出宿主体外后，如果被有脊椎动物中间宿主（如番鸭）吞食，卵内的六钩蚴发育成囊尾蚴或多头蚴或棘球蚴；如果被无脊椎动物（如螺、剑水蚤、镖水蚤等）吞食后，卵内六钩蚴发育成为似囊尾蚴。以上中间宿主体内发育成的各种幼虫，被终末宿主（如番鸭）吞食后，中间宿主体内的似囊尾蚴逸出，吸附在终末宿主（番鸭）的肠道黏膜上，最后发育成成虫。

2. 假叶目绦虫　在其发育过程中一般需要2个中间宿主。绦虫体节内的虫卵排出宿主体外后，变成钩球蚴，并营短期自由生活。钩球蚴在短时间内被第一中间宿主（如水蚤等）吞食，在其体内变为原尾蚴；否则，自行死亡。带原尾蚴的第一中间宿主被第二中间宿主（如螺、甲壳虫等）吞食后在其体内发育成裂头蚴或称双槽蚴；第二中间宿主被终末宿主（番鸭）吞食消化后，裂头蚴逸出，进入终末宿主（番鸭）肠道黏膜，发育成成虫。从虫卵到成虫一般需4周左右。

【流行病学】该病主要发生于青年鸭。成鸭带虫，但症状不明显；青年鸭有一定的死亡率；本病主要是影响番鸭生长速度、产蛋率和饲料转化率。

【临床症状】轻度感染的鸭不表现症状。严重感染的青年鸭表现为，精神差，食欲不振，营养不良，贫血，消瘦，生长缓慢，有异嗜癖，羽毛生长不良，便秘下痢交替，粪中有时带血或黏液。有时粪便排出后，肛门有灰白色丝状物挂着（应为绦虫体节）。成鸭临床症状不明显、死亡率很低，仅表现为产蛋率下降（低）。

【病理剖检】肠道黏膜损伤，肠腔内有大量绦虫成虫（彩图19、图10－106、图10－107）。

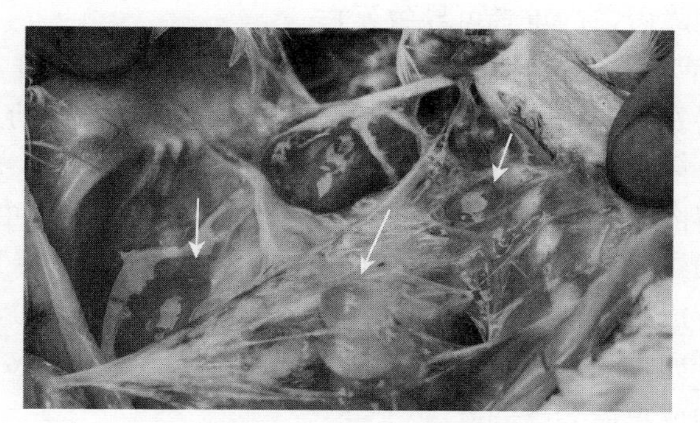

图10－106　肺囊尾蚴

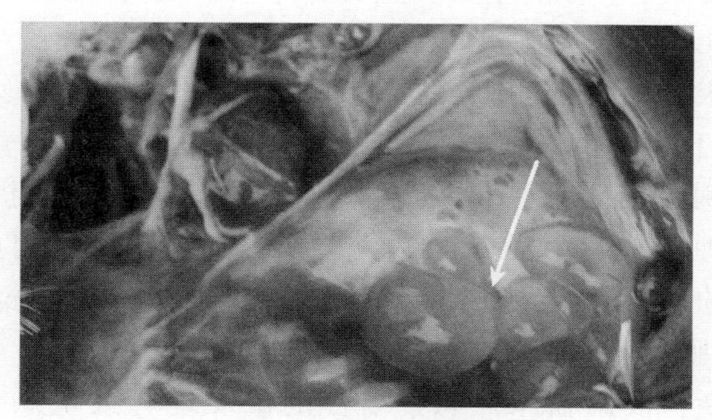

图10－107　肝囊尾蚴

【诊断】根据青年鸭生长速度慢、营养不良，下痢、肠道黏膜充血、出血，病鸭肠腔内发现大量绦虫成虫，或病鸭内脏发现囊尾蚴（绦虫幼虫）等即可确诊。

【治疗】用丙硫咪唑每千克体重20mg，内服。或吡喹酮每千克体重 10mg，内服。均有良好效果。

【预防】对种鸭（产蛋鸭）每年进行 3～4 次预防性驱虫。

（五）蛔虫病

【病原】蛔虫。

【临床特征】病番鸭消瘦，生长发育受阻，羽毛生长不良，消化机能障碍，严重者可导致死亡。

【生活史】蛔虫的生活史属直接发育型。虫卵被排出后，直接在外界发育，在温度适宜的情况下，发育成第一期幼虫和第二期幼虫，第二期幼虫虫卵已有感染力，若被番鸭吞食，幼虫便在番鸭腺胃内逸出，下行到十二指肠，发育成第三期幼虫。此后，钻入小肠黏膜，发育成第四期幼虫。然后，从肠黏膜又回到肠腔，发育成第五期幼虫，最后发育为成虫（雌雄异体），雌虫在小肠内产卵，又形成第二个生活周期。从感染虫卵进入番鸭体内到发育为成虫需 35～50d。

【流行病学】该病主要发生在青年鸭。成鸭带虫，但症状不明显。

【临床症状】轻度感染的番鸭不表现症状。严重感染的番鸭表现为便秘下痢交替，粪中有时带血或黏液，精神不振，营养不良，贫血，消瘦，有异嗜癖，羽毛生长不良，食欲不振，皮肤有痒感。

【病理剖检】小肠上段黏膜损伤，肠腔有大量蛔虫（彩图 20）。有的蛔虫可穿透肠壁移行到体内其他器官部位寄生，并由此导致腹膜炎，有时肝可见线状或点状坏死灶。

【诊断】根据临床症状，结合剖检发现有大量蛔虫，即可确诊。

【治疗】左咪唑 20mg/kg，一次内服，隔日再服 1 次，连用 2 次。或用伊维菌素按使用说明。

【预防】青年鸭 40 日龄首次预防性驱虫 1 次，种番鸭群每年预防性驱虫 3～4 次，驱虫前应处于空腹或半空腹状态。建议在晚上加料时拌料内服。

（六）疥螨病

【病原】螨虫。

【临床特征】番鸭螨病是由螨虫寄生于番鸭体表或皮内，以吸血、组织液，咬食组织或羽毛为生，从而引起以剧痒、脱毛、湿疹性皮炎、局部皮肤肥厚而失去弹性而形成皱褶。番鸭不安、采食减少，还表现为贫血、消瘦等特征（彩图 21）。

【临床症状】番鸭是螨的常驻宿主。由于螨的种类不同，其寄生部位和所引起的临床症状也有差别（图 10－108 至图 10－114）。

1. 红螨（血螨）　是一种吸血螨，夜间宿在鸭体，白天逃离，主要侵害雏番鸭和幼番鸭，引起其夜间烦躁不安，造成贫血和生长受阻，使番鸭黏膜呈黄色（正常番鸭黏膜为鲜红色）。

2. 羽管螨　主要寄生于翼羽和尾羽的羽管部。主要侵害换羽时的新生羽芽，影响羽毛生长。

3. 羽螨　寄生于番鸭的翼下和主尾羽，咬食羽毛囊的汁液，使番鸭翼羽和主尾羽变得易碎和脱落，使羽毛显得稀疏。

4. 体螨　寄生于番鸭的腹部、背部、腿和尾部皮肤内，皮肤出现痂皮样皮疹。病鸭有明显痒感，羽毛脱落，身体衰弱。

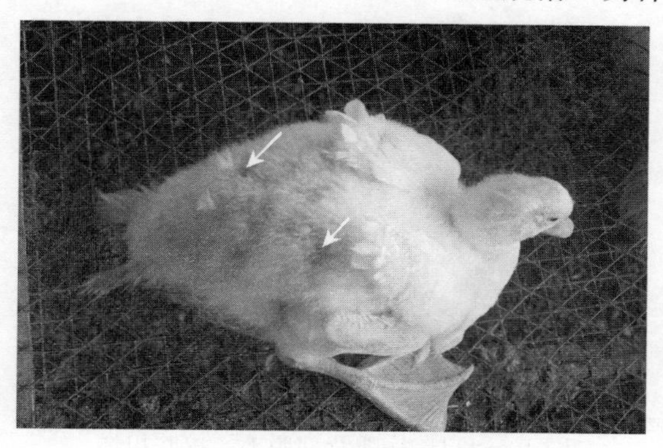

图 10－108　病鸭背部穴状脱毛

图 10－109　脱毛部位皮肤潮红、触诊发热

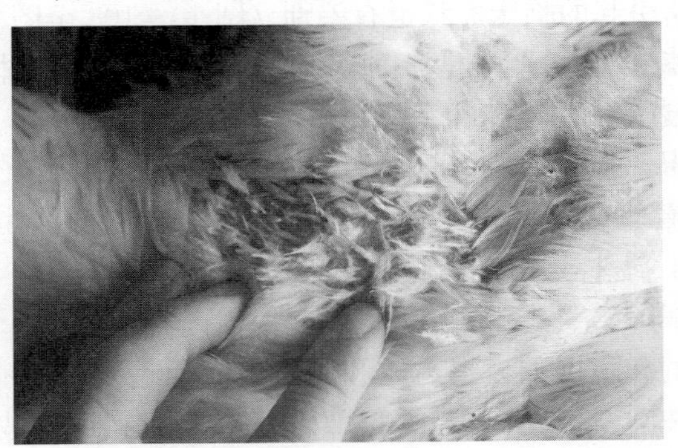

图 10－110　病鸭背部穴状脱毛、皮肤粗糙

图 10－111　病鸭背部脱毛、皮肤粗糙

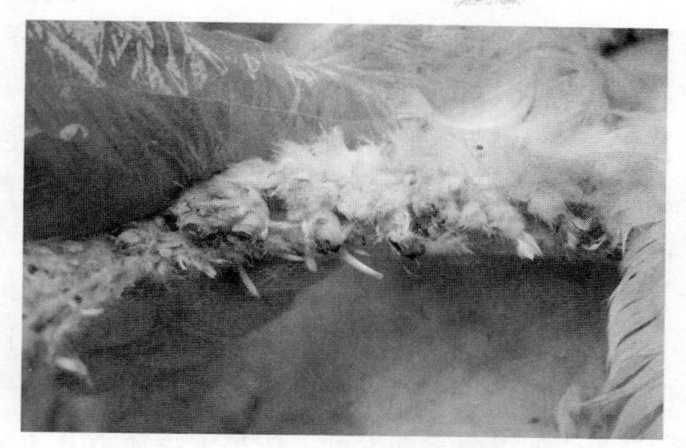

图 10 - 112　病鸭主翼羽脱落

图 10 - 113　病鸭皮肤粗糙，羽毛脱落

图 10 - 114　脱落羽毛根部干枯

【诊断】根据临床症状，结合收集的羽毛或组织样本，显微镜观察，有螨虫存在，即可确诊。

【预防】经常保持鸭舍干燥和清洁，定期消毒，在地面上撒布石灰防潮消毒。平时，每个月用0.3%～0.5%敌百虫溶液，或二嗪农等杀虫药按使用说明对鸭舍喷洒1次。

【治疗】用菊酯类农药（5%溴氰菊酯配成100～200倍稀释水溶液）对番鸭体、番鸭舍内外环境进行喷洒，每天1次，连用4d。以杀死外界环境中的螨类。

用伊维菌素或阿维菌素预混剂，按每千克体重0.3mg（有效成分），内服，隔5d再服1次，以驱除体内外螨类。临床上发现若按上述剂量的1/4，每天1次拌料内服，连用7～8d，效果更好。

局部用20%硫黄软膏每天涂抹患处。或用自配硫黄粉（硫黄粉10g、滑石粉90g）均匀撒布于患处。

四、代谢性和中毒性疾病

（一）维生素E和微量元素硒缺乏症

【病因】长期饲喂缺硒的饲料，饲料特别是饲料预混剂储存时间过久或受日光照射等导致维生素E大量被破坏，或平时不注意补充微量元素（硒）和多种维生素E。其发病机理为：维生素E又名生育酚，能促进垂体分泌性腺激素，有调整家禽性腺发育，维持产蛋的作用；缺乏维生素E成鸭会出现产蛋率和孵化率下降等症状。此外，维生素E还是一种强氧化剂，它与硒共同参与机体生物氧化过程，与机体代谢产生的自由基结合，维持细胞生物膜完整性；如果缺乏维生素E、硒、含硫氨基酸时，其抗氧化过程受阻，细胞生物膜完整性受到破坏，就出现组织出血、溶血、渗出、变性、坏死、软化等一系列病理过程，从而出现脑软化、渗出性素质、肌营养不良等病症。

【临床特征】种鸭产蛋率、受精率、孵化率下降；雏鸭、青年鸭生长速度下降，胸肌、心肌条纹状坏死；有的腹部、腿部皮下胶冻样水肿。

【流行病学】本病多发饲料单一、营养水平较低，但生长速度较快的雏鸭、青年鸭，或产蛋高峰期种鸭。

【临床症状】种鸭首先表现为受精率、孵化率下降，产蛋量减少。雏鸭、青年鸭表现为脑软化症和渗出性素质，如腹水、有的表现为腹部、腿部皮下水肿。

【病理剖检】胸肌、心肌出现条纹状白色坏死灶。有的腹部、腿部皮下有黄色胶冻样渗出（图 10－115、图 10－116）。

图 10－115　心肌白色条状坏死

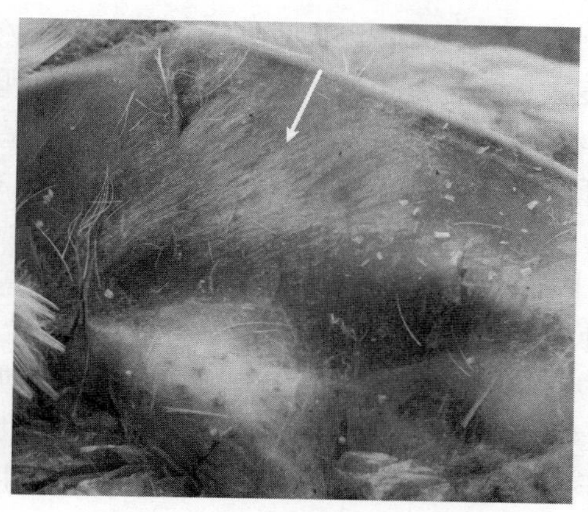

图 10－116　胸肌白色条纹状坏死

【诊断】根据种鸭产蛋率、受精率、孵化率下降（低）。剖检：肝肿大、腹水，胸肌、腿肌、心肌条纹状坏死，有的腹部、腿部皮下有黄色胶冻样渗出等，可作出初步诊断。

【治疗】补充维生素 E 和硒，剂量为日常添加量的 2 倍，连用 5～7d。并确保长期在饲料中添加适量的维生素 E 和硒。

（二）番鸭腹水症

【病因】番鸭长期处于缺氧状态。其主要原因为，番鸭生长过速、鸭舍密闭通风不良等，导致机体长期处于缺氧状态。此外，大肠杆菌、饲料霉菌、饲料维生素 E 不足等应激因素影响，产生大量自由基消耗了大量的维生素 E 和硒，增加了机体对维生素 E 和硒的需要量。其发病机理大体为：机体缺氧→右心搏动频率代偿性加快→右心室肥大、扩张，最后衰竭→肝静脉压升高→心、肺、肝、肾循环障碍，血管扩张，血管组织间隙增宽，血液成分外渗→组织液渗透压增高→心包及胸、腹腔积液。

【临床特征】胸、腹腔积大量黄色纤维素性渗出液；肝肿大，或硬化、萎缩；肺充血、水肿；心包积液、心脏肥大，心肌松弛。

【流行病学】本病多发生于长速度相对较快，冬季温度低、番鸭饲养密度大、鸭舍密闭通风不良的雏鸭和青年鸭。

【临床症状】病鸭呼吸困难，喜卧，强迫运动呈企鹅状，腹部膨胀、下垂，触之有波动感，最后衰竭死亡（图 10－117、图 10－118）。

【病理剖检】心包、胸腔、腹腔积大量黄色清亮渗出液（彩图 23）。肝肿大、质地变硬，有的包裹一层纤维性胶冻样渗出物；病的后期，肝坚实、萎缩，肺充血、水肿。初期，右心室肥大、心肌增厚；后期，心肌松张、右心室壁变薄。肠系膜瘀血、水肿，肠道浆膜血管增粗、充盈，肠道黏膜广泛性充血、出血（图 10－119 至图 10－128）。

图 10－117　病鸭腹泻，排水样稀粪

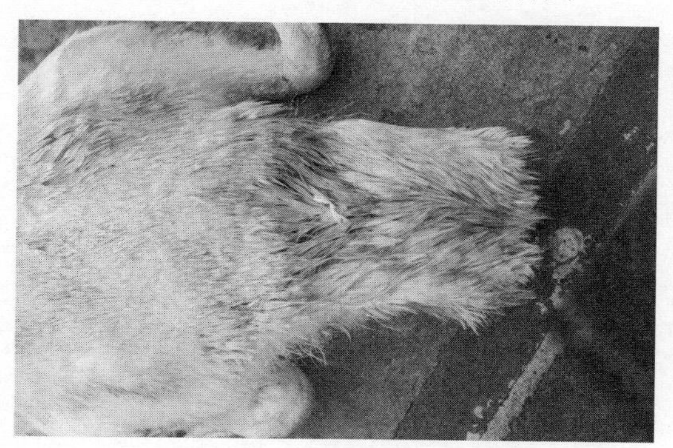

图 10－118　肛门羽毛潮湿、黏满粪污

图 10－119　病鸭胸腹腔积液，肝萎缩、变硬

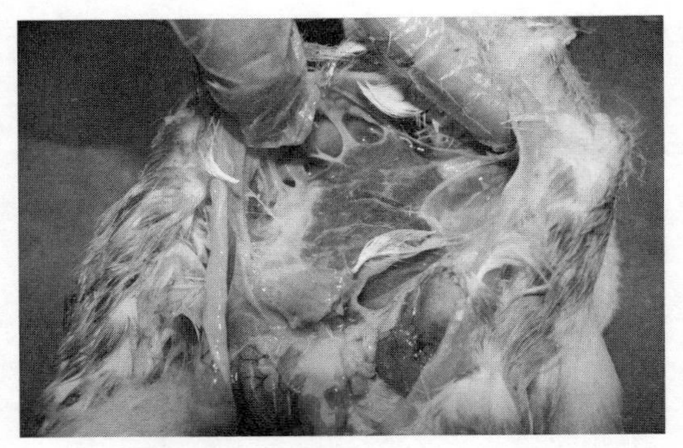

图 10－120　肝萎缩，表面有纤维素性渗出物与腹壁粘连

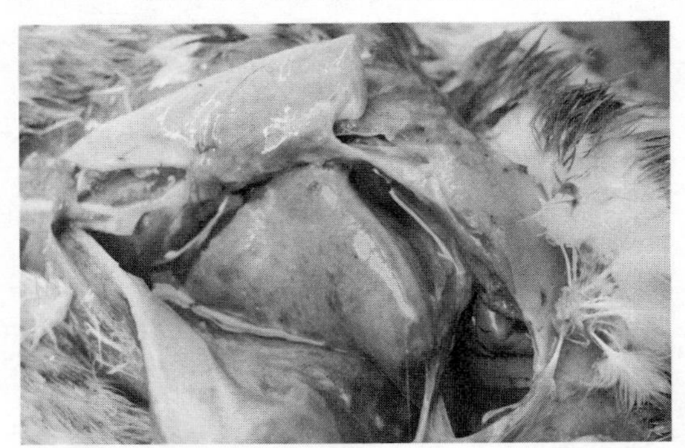

图 10－121　肝肿大、边缘纯圆，外覆纤维素性渗出物

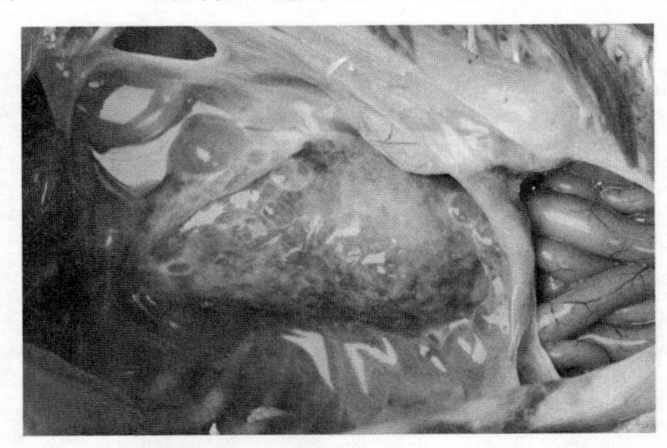

图 10－122　腹腔积液，肝硬化、出血，包裹纤维素性渗出物

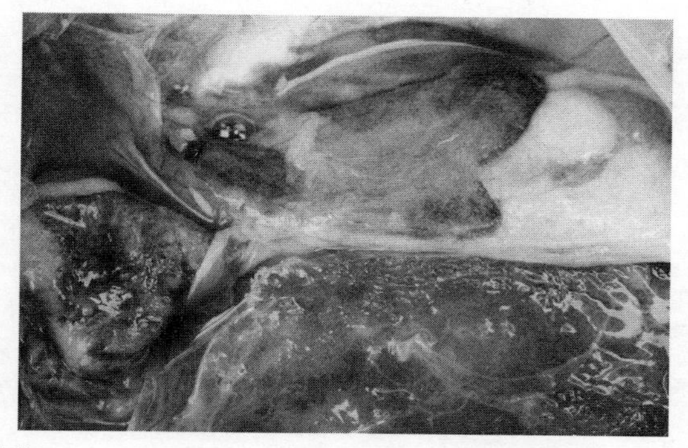

图 10－123　心肌松弛、肝包裹一层纤维素性渗出物

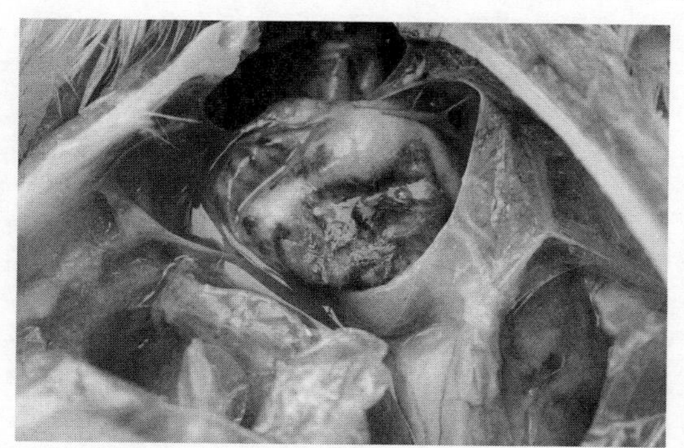

图 10－124　心脏肥大、心室壁变薄，心肌出血、松弛、有纤维素性渗出物

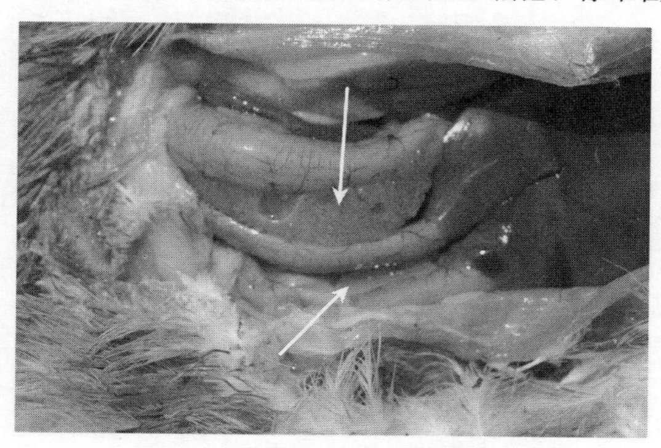

图 10－125　腹腔积液、胰硬化

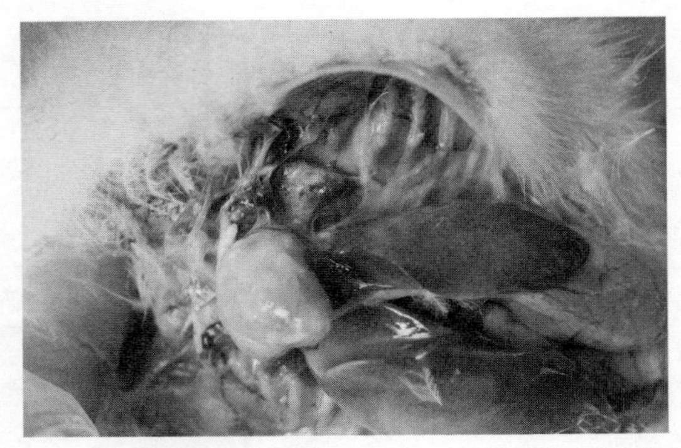

图 10-126　肺充血、水肿，心脏、肝有纤维素性渗出物

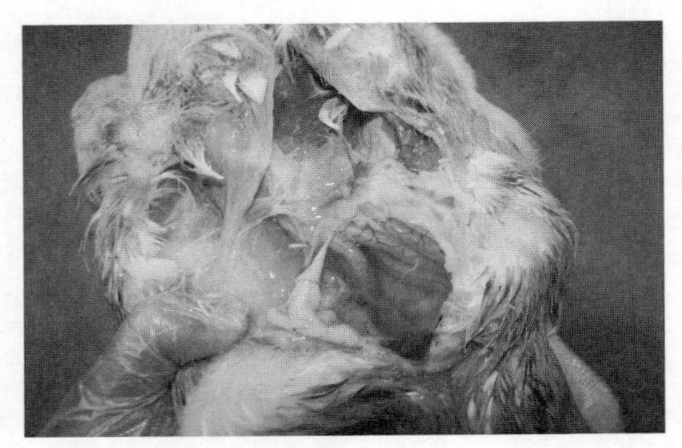

图 10-127　腹腔积液，肠管浆膜面血管增粗

图 10-128　肠道黏膜充血、出血

【诊断】根据胸腹腔、心包积液，心脏扩张、心肌松弛、右心室壁变薄，其他脏器瘀血、水肿等可作出诊断。

【治疗】重症、后期者治疗效果较差。对鸭群中其他较轻症状的鸭可采取以下措施：改善栏舍通风状况，尤其是冬季栏舍密闭保温情况下，要注意通风换气，提高空气质量。适当控制雏鸭、青年鸭生长速度，如避免高能高蛋白质饲料，降低饲料营养标准，控制光照。不饲喂发霉变质饲料。在饲料中添加维生素C、维生素E、微量元素硒等提高机体抗氧化能力。适量内服氟苯尼可、强力霉素、喹诺酮类等广谱抗生素防治细菌感染。适当给予利尿剂或燥湿利尿中药。

通过上述措施促进症状较轻的病鸭康复。

（三）痛风

【病因】痛风是一种尿酸血症。因家禽肝不含精氨酸酶，其蛋白质代谢的产物是尿酸。尿酸须通过肾的肾小管上皮分泌排出。引起痛风的原因主要有长期饲料中蛋白质和钙含量过高、采食富含草酸盐植物（如酢浆草、马齿苋、甜菜等）、慢性铅中毒和磺胺类药物中毒、肾机能障碍（如肾炎）等，也可继发于某些传染病和寄生虫病（如白痢、肾型传染性支气管炎、法氏囊、盲肠肝炎、球虫病等）。此外，维生素A缺乏也可导致肾小管上皮功能受损，影响肾小管上皮尿酸分泌和排出，导致发生痛风。

【临床特征】在番鸭的心脏、肝、肾、脾、肠系膜和关节腔出现白色的尿酸盐沉淀（彩图24）。

【流行病学】多见于青年鸭，产蛋期成鸭少见。

【临床症状】一般临床症状不明显，仅表现为精神差，食减，腹泻、排白色石灰样稀粪，突然死亡。

【病理剖检】分内脏型和关节型，临床上内脏型多见、关节型较少见。有时内脏型与关节型混合发生。

1. 内脏型　表现为肾肿大，呈花斑状，肾小管和输尿管充满白色的尿酸盐，心脏、肝、脾、肠系膜等处覆盖一层白色尿酸盐（图 10－129 至图 10－133）。同时，血液中尿酸及钾、钙、磷的浓度升高，钠的浓度降低。此型为最常见。

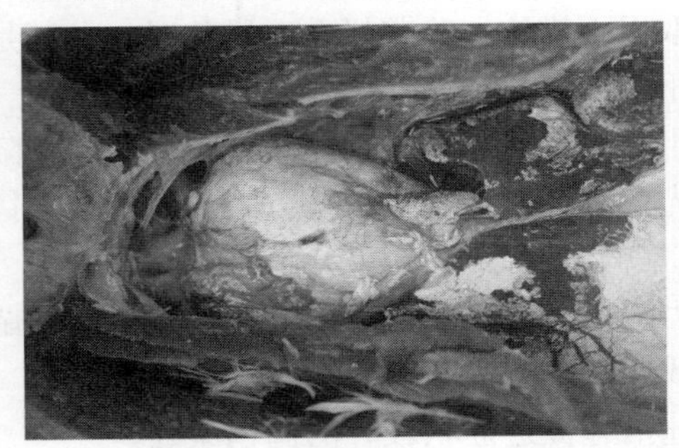

图 10－129　病鸭肝和心包膜上有一层白色尿酸盐沉淀

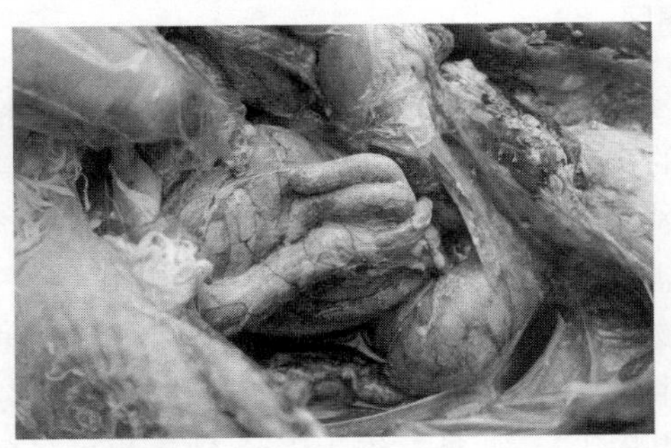

图 10－130　病鸭肠管表面和肠系膜有一层白色尿酸盐沉淀

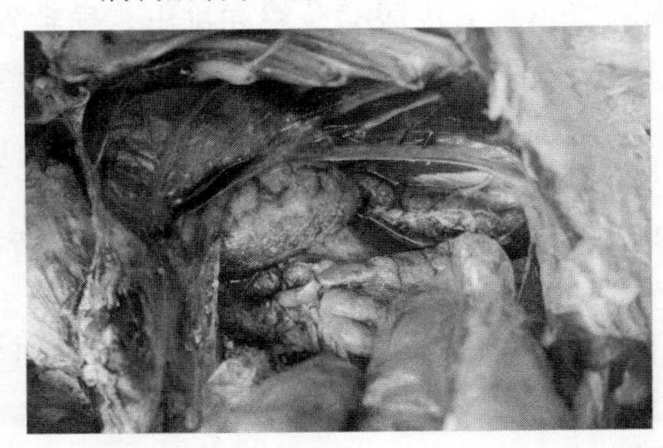

图 10－131　病鸭肾肿大，睾丸和肾表面有一层薄的尿酸盐沉淀

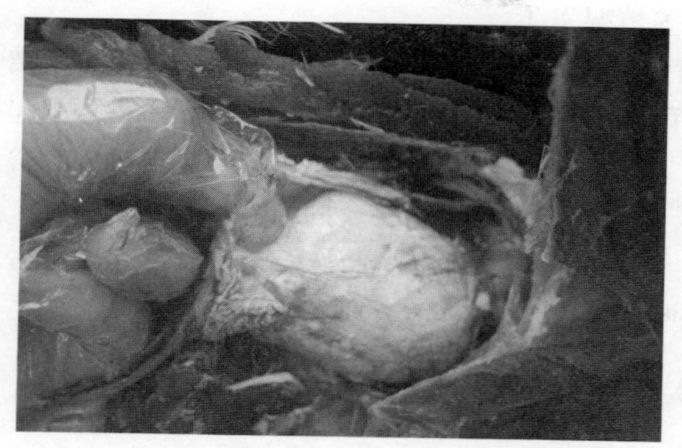

图 10－132　病鸭心包膜和心包腔内有一层白色尿酸盐沉淀

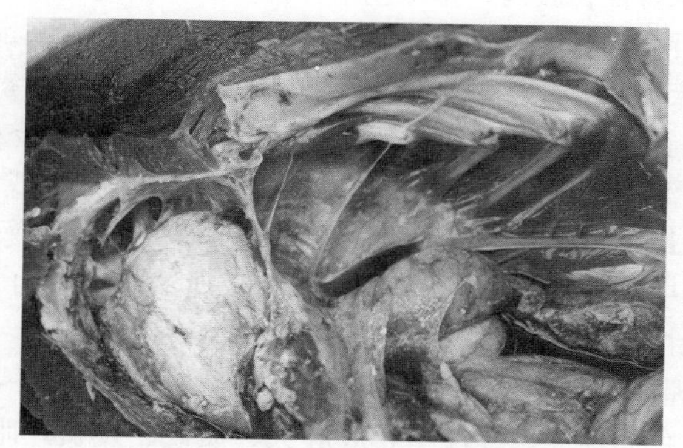

图 10－133　病鸭心包膜、睾丸、肠系膜、肾表面有白色尿酸盐沉淀，肾肿大、内部有白色尿酸盐结晶颗粒

2. 关节型　尿酸盐沉积在番鸭的腿和翅膀关节内，使关节肿胀疼痛，活动困难，剖检关节内充满白色黏稠的液体。

【诊断】根据内脏和关节有白色尿酸盐沉淀，可作出初步诊断。

【治疗】要在查清病因的基础上，采取对因和对症治疗。

1. 对因治疗　如停喂高蛋白质、高钙饲料和高草酸盐植物，补充维生素 A 等多种维生素，及时治疗原发性传染病，防止尿酸盐沉积等情况发生。

2. 对症治疗 可采用0.5%～1%的碳酸氢钠、结合口服补液盐饮水内服3～5d，以补充体液，防止因腹泻引起脱水。同时，碳酸氢钠能在水中离解出碳酸氢根离子（HCO_3^-），可与尿液和输尿管中的不溶性尿酸钙形成可溶性的碳酸氢钙［$Ca(HCO_3)_2$］，从而促进尿酸钙排出。也可试用别嘌呤醇口服（可抑制黄嘌呤的氧化，减少尿酸形成）。

（四）霉饲料中毒

【病因】霉菌毒素。

【临床特征】腹泻，排绿色水样稀粪，并出现死亡。

【流行病学】好发于高温潮湿的季节，有采食发霉饲料病史。

【临床症状】急性型多见于雏鸭、幼鸭。鸭食入发霉饲料后，表现为精神差、食减，饮欲增加，鸣叫，面部、眼睑和喙部苍白，两眼流泪、周围潮湿脱毛，皮毛逆立，排黄白色或黄绿色水样稀粪，最后脱水、衰竭而死。死前或有角弓反张。慢性型多见于成鸭，中毒症状相对不明显，病鸭表现消瘦、贫血，生长速度、产蛋性能下降，全身恶病质。

【病理剖检】急性型，表现为脱水症状，肝肿大、瘀血，脂肪变性，色泽加深。慢性型，肝肿大、质硬、发黄，脂肪变性，有的肝表面有黄白色结节性坏死灶。肾潮红、肿大。肠黏膜潮红、增厚（彩图25）。

【诊断】根据食入发霉饲料史。突然腹泻，排黄白或黄绿色稀粪。肝肿大，脂肪变性。肠黏膜潮红、增厚。即可作出初步诊断。

【治疗】本病目前尚无特效疗法，可采取立即停喂发霉饲料；内服制霉菌素（每10羽成鸭1片）；对症治疗。如腹泻严重，则进行补液；内服水溶性多维，进行解毒；内服广谱抗生素，防止继发感染。

【预防】严禁用发霉的饲料喂鸭。平时加强饲料保管，保持干燥，防止饲料发霉变质。对可疑饲料，可有意识地添加霉菌毒素脱毒剂。

五、普通病

（一）啄癖

【病因】多见于番鸭日粮中蛋白质、微量元素、多种维生素、粗纤维不足或不平衡；也见于虱、蚧螨等番鸭体外寄生虫。此外，番鸭群养过程中密度过大，卫生差，室内空气不流通，氨气、硫化氢等气体浓度过高等也是引起啄癖的诱因。

【临床特征】番鸭啄自己或其他番鸭的羽毛、皮肤等。

【临床症状】番鸭消瘦，生长速度缓慢，羽毛、皮肤不整，有的皮肤有外伤、出血，甚至引起感染。鸭舍地面积聚多量羽毛，鸭群表现不安（打斗），常（因被啄毛）发出尖叫。

若伴有种番鸭较瘦、产蛋量少，雏番鸭生长速度缓慢，多为蛋白质、微量元素、多维素不足或不平衡引起。

【病理剖检】尸体消瘦，皮肤有外伤、局部感染等症状，内脏未见特征性病变。

【诊断】若发现番鸭羽毛脱落异常增多，番鸭群不安，皮肤有外伤甚至感染等即可初步诊断。

此时，应检查饲料是否采用单一原料、蛋白质是否低于14%，饲料中是否添加禽用微量元素和多维素等。若存在上述某一情况，即应怀疑为饲料营养不足或不平衡。

若发现番鸭不安，啄自己羽毛、皮肤等，应怀疑为番鸭虱、螨等外寄生虫引起。取病番鸭尸体，用浸了热水的黑布覆盖在番鸭体上，稍等片刻，打开黑布，可见灰白色或黑色的羽毛虱伏在黑布上，十分明显。取番鸭机体掉落的皮屑，置显微镜下观察，可发现活动的螨类，即可确诊。

【治疗】采取对因治疗方法。

若为饲料营养不足或不平衡，应及时添加蛋白质、微量元素和多种维生素，或提高饲料中粗纤维含量。

若为虱、螨等番鸭体外寄生虫引起，可用伊维菌素按使用说明，拌料内服。同时，虱、螨属节肢类昆虫，可用菊酯类农药对番鸭舍及活动场地进行喷洒，以杀死虱、螨等外寄生虫。

【预防】可对10～20日龄雏鸭进行断喙处理，以预防番鸭发生啄癖。种番鸭不能断喙，否则会影响其交配。

（二）眼结膜角膜炎

【病因】各种原因打架后细菌感染，或受有刺激性气体侵害，或缺乏维生素A或维生素E等。

【临床特征】番鸭的一侧或两侧眼睛发生肿胀、畏光、流泪。

【临床症状】病初表现为眼圈湿润（眼周围羽毛潮湿），眼睑肿胀，眼结膜充血、潮红，或有伤痕。流眼泪，后变成黏脓性分泌物，眼结膜粘连，翻开可见黄色块状分泌物；时间长久后，出现角膜混浊、缺损或白斑；最后，导致眼球萎缩。番鸭用脚趾抓眼或在眼部羽毛上摩擦。

【治疗】根据引起结膜角膜炎原因，采取相应措施。如加强管理，降低鸭群密度，防止番鸭打架；保持番鸭舍通风，防止不良气体侵害；及时补充维生素A和维生素E等多种脂溶性维生素。

对病番鸭可用生理盐水洗眼，然后涂抹红霉素、四环素、氯霉素眼膏或眼药水。若配合地塞米松软膏，则效果更好。

（三）硬嗉病

【病因】误食异物，或暴食变质、不易消化的饲料等。

【临床特征】番鸭嗉囊肿大，触之坚硬。

【临床症状】病番鸭表现食欲减少，甚至不食料；嗉囊肿大，触之坚硬；饮水增加，腹泻或便秘。

【治疗】倒提病番鸭，手指轻轻按摩嗉囊，促进食物排出。

对食入异物者，可用刀切开嗉囊取出异物，然后用丝线进行缝合，并注意对创口进行消毒。

（四）软嗉病

【病因】常因食入变质、易发酵饲料等引起发病。此外，患鹅口疮（念珠菌）病等也可继发本病。

【临床特征】嗉囊肿大下垂，触之嗉囊柔软、含有大量气体和液体。

【临床症状】病番鸭表现食欲减少，甚至不食饲料，嗉囊肿大下垂，内充满大量气体或液体；病番鸭常出现呕吐、腹泻等。

【治疗】对原发性疾病，倒提病番鸭排出嗉囊内食物，然后用清水洗胃。最后内服抗菌、制酵、助消化药物。消炎药，如土霉素片、庆大霉素药水，以及新鲜大蒜泥等；助消化药，如食母生、多酶片等。

对患鹅口疮（念珠菌病）者，应采取相应的药物治疗。具体药物，见相应疾病的治疗方法介绍。

（五）胃肠炎

【病因】吃了腐败变质的，发霉的，被污染的饲料或饮水。饲养管理不当、天气突变等使番鸭抵抗力下降，引起胃肠道中条件性致病微生物大量繁殖等，均可导致胃肠炎发生。

【临床特征】病鸭食欲下降，嗉囊空虚，腹泻，排白色或绿色稀粪。

【临床症状】病鸭表现精神差，食减甚至废绝，黏膜苍白。触摸嗉囊无食物或有波动感。腹泻，消化不良，粪便水样或白色或绿色下痢。

【病理剖检】剖检死番鸭可见腺胃黏液增多，黏膜有出血点或溃疡；肌胃角质膜容易剥离，黏膜有充血或出血点；肠道膨大，内含糊状或水样、恶臭内容物，肠黏膜上皮脱落、黏液增多，出现充血或出血、溃疡等（彩图 26、图 10－134 至图 10－137）。

图 10－134　肠道黏膜增厚、粗糙，有黏膜脱落

图 10－135　十二指肠黏膜出血

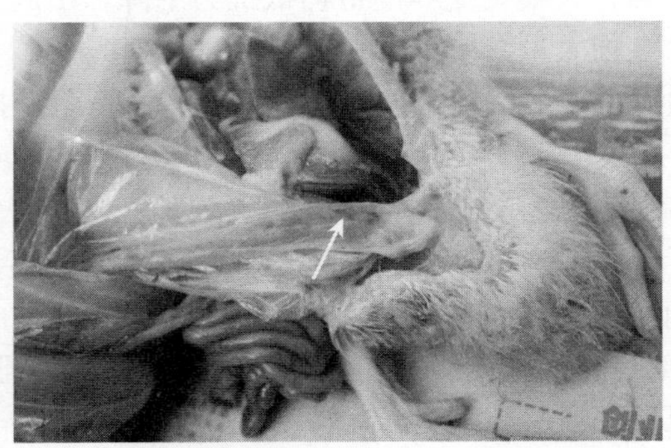

图 10－136　直肠黏膜出血

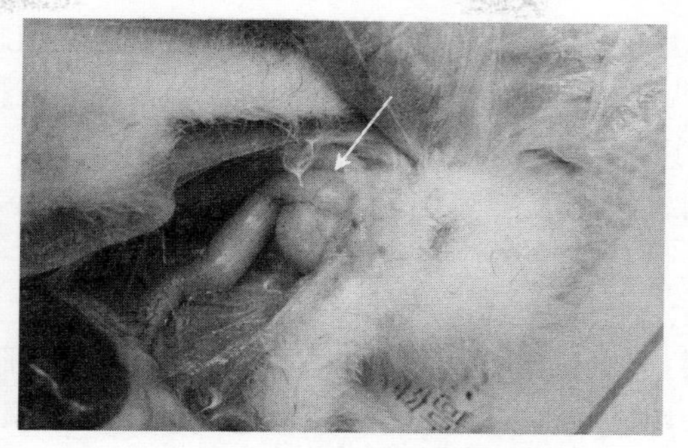

图 10-137　直肠内容物黄色水样、混有气泡

【治疗】诺氟沙星、甲砜霉素、氟苯尼可等抗菌消炎药，拌料或饮水内服。

对腹泻引起严重脱水者，在每 100kg 饮水中，加入 0.5kg 葡萄糖粉、100g 食盐、适量维生素 C 等，自由饮水，以补充体液。也可用口服补液盐兑水自由饮用。

对严重消化不良者，可配合食母生、维生素 B_1、多酶片等助消化药。

（六）皮下气肿

【病因】由于打斗等造成局部皮肤创伤，引起产气细菌感染而引起。此外，剧烈的飞翔、突受惊吓等原因，引起气囊破裂，使气体外逸、扩散至皮下而致病。

【临床特征】在病鸭躯体某部出现局部气性肿胀。

【临床症状】病番鸭躯体某部出现局部气性肿胀，手压有弹性感和扩散感。如有细菌感染，局部有红肿、发热现象。

【治疗】用消毒过针头，穿刺气肿部位进行放气，然后，顺着针头注入抗生素，以防继发感染。

（七）鼻炎

【病因】天气突变，忽冷忽热，鸭舍通风不良、累积大量有刺激性气体，加上饲养管理不良，体质下降，鼻腔细菌繁殖感染而引起。

【临床特征】病鸭呼吸困难，打喷嚏，流浆液性或黏脓性鼻液。

【临床症状】本病多见于雏番鸭，秋冬季多发。表现为鼻部肿胀，一侧或两侧鼻腔流出浆液或黏脓性鼻涕，重者可波及眼睛，引起结膜炎和脸部肿大。病鸭常甩头、打喷嚏；鼻涕干结时堵塞鼻孔而发生吹鸣音。

【治疗】去除鼻孔周边干结分泌物，然后用四环素眼药水滴鼻。

同时，用诺氟沙星、环丙沙星、恩诺沙星、甲砜霉素、氟苯尼可、强力霉素等抗菌消炎药，拌料或饮水内服。

（八）气管炎及肺炎

【病因】天气突变，忽冷忽热，番鸭舍通风不良、累积大量有刺激性气体，加上饲养管理不良，番鸭体质下降，气管及肺支气管黏膜细菌繁殖感染而引起。也可继发于鼻炎等上呼吸道感染。

【临床特征】咳嗽、呼吸困难。

【临床症状】病鸭精神差、食减甚至废绝，咳嗽、呼吸困难甚至张口呼吸；常张口、伸颈、甩头，试图排出气管内痰液。

【病理剖检】剖检，气管、支气管、肺部充血、出血，或水肿；切开肺可见支气管有泡沫样渗出物流出（彩图27、图10－138至图10－140）。

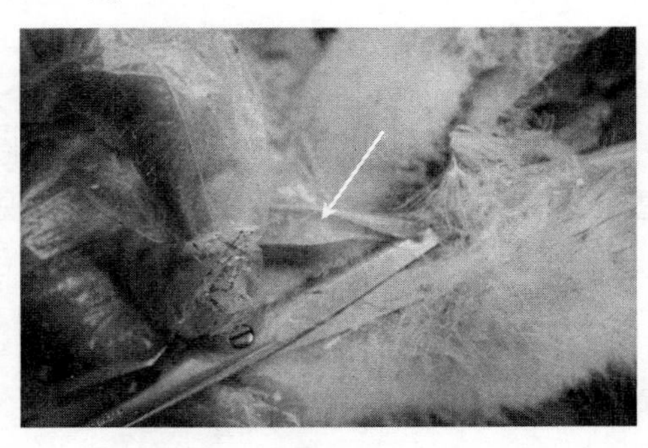

图10－138　气管黏液性炎性渗出

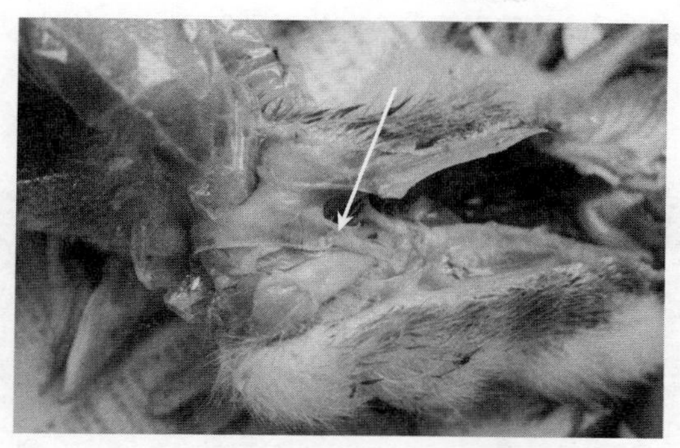

图 10-139　气管纤维素性炎性渗出物堵塞

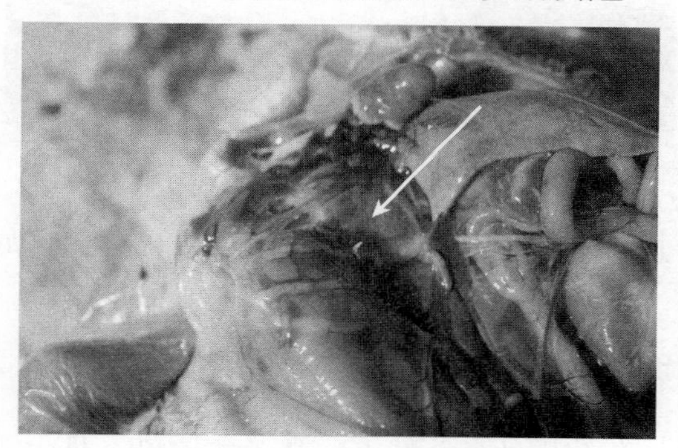

图 10-140　肺充血出血

【治疗】庆大霉素、诺氟沙星、氨苄青霉、先锋霉素等肌内注射。

同时，用诺氟沙星、环丙沙星、恩诺沙星、甲砜霉素、氟苯尼可、强力霉素等抗菌消炎药，拌料或饮水内服。

配合中成药，如荆防败毒散、麻杏石甘汤等拌料内服，效果更佳。

（九）细菌性关节炎

【病因】脚部皮肤破损后，感染细菌。

【临床特征】关节肿胀，触诊有波动感，局部炎症（红肿热痛）。

【临床症状】病鸭跛行，关节肿胀，触诊有波动感（彩图28、图 10－141），局部有红、肿、热、痛等症状。

【病理剖检】切开肿胀关节，流出浆液性或脓性渗出液。

图 10－141　关节肿胀、有渗出液

【防治】内服或注射庆大霉素、阿莫西林、氟苯尼可等广谱抗生素。

（十）热射病

【病因】在炎热夏季条件下，番鸭舍通风不良，鸭群密度过大，长途运输、供水不足等原因引起。

【临床特征】发于炎热夏季，病鸭表现发热、呼吸困难，迅速出现昏迷，并死亡。

【临床症状】病鸭双翅耷拉，呼吸急促，张口伸颈呼吸，渴欲增加，结膜发绀，呆立，意识不清，并逐渐陷入半昏迷状态，严重的可导致死亡。

【病理剖检】可见皮下、脑、内脏及全身各部充血、出血。

【防治】加强鸭舍通风，供给清凉饮水，做好防暑降温工作。及时将病鸭移至阴凉处，用凉水泼洒病鸭头部，并在脚、翅静脉处放血。

第十一章　兽药基本知识

药物是用于预防、诊断和治疗畜禽疾病并可提高畜禽生产性能的物质。本章主要介绍常用的抗生素药、抗寄生虫药、消毒防腐药、作用于内脏系统药、解热镇痛药、抗痛风药、维生素及其他药。

一、抗生素

抗生素是微生物在生长繁殖过程中所产生的能杀灭或抑制其他病原微生物的物质。它除从微生物培养液中提取外，有些能人工合成或半合成。

（一）细菌的基本结构

在介绍抗生素抗菌机理前，先了解一下细菌的基本结构。我们知道，细菌是一类具有细胞壁的单细胞微生物；无典型的细胞核，只有核质，无核膜和核仁；无细胞器，不进行有丝分裂（以二分裂方式繁殖）；属原核生物界。其基本结构由外向内可分为细胞壁、细胞膜、细胞浆及其内含物、核质等。其结构示意图见图 11－1。

1. 细胞壁　是包在细菌细胞最外面坚韧而有弹性的膜状结构。其主要功能是保护细胞及维持菌体固有的外形。其上有许多微细小孔，具有相对的通透性，与细胞膜共同完成菌体内外物质交换。动物细胞没有细胞壁。

2. 细胞膜　位于细胞壁内侧，紧密地包围在细胞浆的外面，

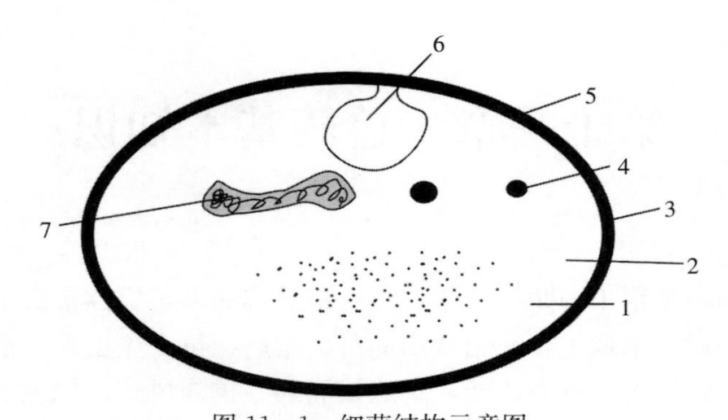

图 11-1　细菌结构示意图

1. 核蛋白体　2. 细胞浆　3. 细胞膜　4. 胞浆粒

5. 细胞壁　6. 中介体　7. 核质

细胞膜上有许多小孔，具有选择性通透作用，能控制营养物质及代谢产物进出细胞，调节菌体内与外界环境间的平衡。细胞膜上还存在丰富的酶类，参与细菌的呼吸和菌体成分的合成。

3. 细胞浆　呈胶溶状态，其外包以细胞膜。内含有核糖体、胞浆颗粒、中介体等生长代谢器官。

（1）核糖体（也称核蛋白体）　位于细胞浆中，其沉降系数为70S，由50S与30S的两个亚基构成。核糖体化学成分70%为RNA，30%为蛋白质。细菌中的RNA约有90%存在于核糖体内。它是细菌蛋白质合成的主要场所。

（2）胞浆颗粒　是在细胞浆中常见的各种颗粒。它是储藏的营养物质或代谢产物的载体，这些颗粒由糖类、脂类、含氮化合物及无机物构成。

（3）中介体　是细菌的细胞膜向内陷入胞浆中折叠而成的层状、管状或囊状结构。它与细菌分裂、细胞壁合成、核质分裂、细菌呼吸等有关。

4. 核质　位于细胞浆中，由双股DNA反复回旋盘绕而成的环状染色体，呈棒状、球状或哑铃状。它具有细胞核的功能，是遗传的物质基础，是细菌新陈代谢、生长繁殖的必需物质。

有的细菌除了核质外还有质粒。质粒存在于细菌细胞浆中，是染色体以外的遗传物质。它们都是细菌遗传物质基础。

5. 部分细菌还含有一些特殊结构 包括荚膜、鞭毛、菌毛、芽孢等。

（二）抗生素的抗菌机理

1. 影响细菌细胞壁的结构或抑制其合成 由于细胞壁有维持细菌的形状，保护细菌不受周围环境渗透压的影响和机械损伤的作用，若细胞壁合成受阻碍时，就能影响其生长。如β-内酰胺类的青霉素、氨苄青霉素、头孢类先锋霉素等抗生素都具有此种作用。动物细胞不具有细胞壁，故该类药物对动物没有毒性作用。

2. 改变细胞膜的通透性 细胞膜是渗透压的屏障，受到损伤后，使细菌体内的重要成分如核酸、K^+、Na^+等漏出，因而导致细菌死亡。如多肽类的多黏菌素，多烯类的制霉菌素等都具有此种作用。

3. 影响细菌细胞的蛋白质合成 药物与核糖体中的50S亚基（如大环内酯类、林可胺类）或30S亚基（如四环素类、氨基苷类）结合，抑制肽链延长，进而抑制细菌蛋白质合成，从而影响细菌正常繁殖，达到抑菌目的。如四环霉素类、氨基苷类、大环内酯类等都具有此种作用。但这些药物在使用过程中，对产蛋率有一定的影响；用药结束后，其降低产蛋率的副作用也随之消失。

4. 改变细菌的核酸代谢 该类药主要作用于细菌旋转酶A亚基，从而阻断细菌DNA的复制而呈快速杀菌作用，如喹诺酮类的氟哌酸、环丙沙星、恩诺沙星等药物均有此类作用。哺乳动物细胞的DNA旋转酶在结构和功能上与细菌不同，故该类药对哺乳动物没有毒性。

5. 阻止细菌的叶酸代谢 通过阻止细菌的叶酸代谢从而抑制细菌生长繁殖。对磺胺类药敏感的细菌不能直接利用周围环境中的叶酸，必须吸收细菌体外的对氨基苯甲酸（PABA），在菌体内二氢叶酸合成酶参与下，与二氢喋啶一起合成二氢叶酸，再经二氢叶酸还原酶的作用，合成四氢叶酸，进一步与其他物质一起合成菌体蛋白。磺胺类药有与对氨基苯甲酸（PABA）有相似的化学结构，能与 PABA 竞争二氢叶酸合成酶，从而阻碍敏感菌蛋白质合成，从而发挥抑菌作用（高等动植物能直接利用外源性叶酸，故其代谢不受磺胺类药干扰）。磺胺增效剂能抑制二氢叶酸还原酶，阻止二氢叶酸合成四氢叶酸，从而阻碍菌体蛋白质合成。其抑菌机理见图 11－2。

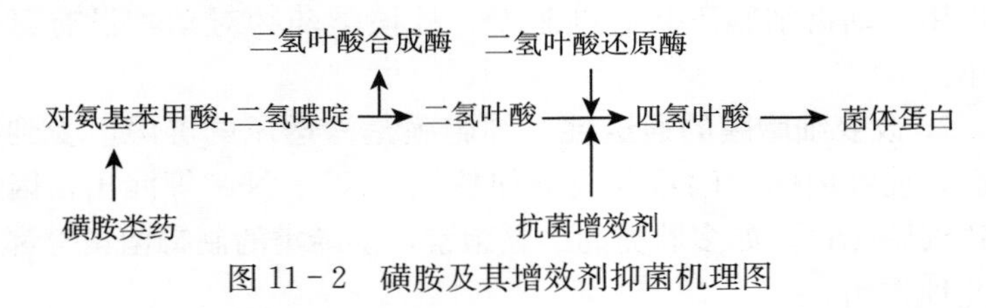

图 11－2　磺胺及其增效剂抑菌机理图

（三）抗生素分类

抗生素是对抗致病微生物的有力武器。按其化学结构可分类为以下几类。

1. β－内酰胺类 包括青霉素类（包括天然青霉素和半合成青霉素，天然青霉素如青霉素钠、青霉素钾等，半合成青霉素如氨苄青霉、阿莫西林等）；头孢菌素类（包括头孢噻吩钠、头孢氨苄、头孢拉啶、头孢噻呋、头孢噻肟、头孢曲松、头孢吡肟等）。其抗菌机理主要通过干扰细胞壁合成，改变细菌形态，最终导致细菌死亡。属繁殖期杀菌剂。

β－内酰胺类酶抑制剂（包括克拉维酸、舒巴坦）。主要抑制细菌 β－内酰胺类酶对该类药物的分解，进而提高该类药的药效。

2. 氨基苷类 包括链霉素、卡那霉素、庆大霉素、小诺霉素、硫酸新霉素、盐酸大观霉素、硫酸安普霉素等。主要作用于细菌的核糖体30S亚基，抑制蛋白质的正常合成。此外，还能作用细胞膜，使其通透性增强，导致细胞内K^+、Na^+及其内容物外漏引起细菌死亡。此类抗生素对静止期细菌的杀灭作用较强，属静止期杀菌剂。

3. 大环内酯类 包括红霉素、泰乐菌素、替米考星、阿奇霉素等。主要作用于细菌核糖体的50S亚基，影响蛋白质合成。仅作用于分裂活跃期的细菌，属生长期抑菌制。该类药物之间有交叉耐药性。

4. 林可胺类 包括林可霉素、氯林可霉素等。抗菌机理同红霉素。具有神经肌肉阻断作用，与氨基苷类药物毒性相同，故不得同时使用。

5. 四环素类 包括金霉素、土霉素、四环素、强力霉素（75%非肾排泄）等。其抗菌机理与氨基苷类相似，作用于核糖体30S亚基，抑制蛋白质合成；也可改变细胞膜通透性，导致细胞内K^+及其内容物外漏，迅速抑制DNA的复制。属广谱快效抑菌剂。

6. 酰胺醇类（也称氯霉素类） 包括甲砜素、氟苯尼可等。抗菌机理与大环内酯类、林可胺类相似，主要作用于细菌核糖体的50S亚基，影响蛋白质合成。属广谱速效抑菌剂。

7. 喹诺酮类 包括氟哌酸、环丙沙星、恩诺沙星、二氟沙星等。主要作用于细菌DNA旋转酶A亚基，从而阻断细菌DNA复制，而呈快速杀菌功效。属快效杀菌剂。

8. 磺胺及其增效剂类 包括磺胺嘧啶（SD）、磺胺甲基异噁唑（SMZ）、磺胺对甲氧嘧啶（SMD）、磺胺间甲氧嘧啶（SMM）、磺胺氯哒嗪钠（SCP）等。其机理是，竞争性地与二氢叶酸合成酶结合，抑制菌体蛋白合成，属慢效抑菌剂。

磺胺增效剂（包括三甲氧苄啶TMP、二甲氧苄啶DVD）。

主要抑制二氢叶酸还原酶，使二氢叶酸不能还原为四氢叶酸，进而抑制菌体蛋白合成。与磺胺类药合用，可使细菌的叶酸代谢起到双重抑制作用。

磺胺增效剂除对磺胺药有增效作用外，对四环素、青霉素、红霉素、泰乐菌素、庆大霉素、多黏菌素等均有增效作用。

9. 多烯类 包括两性霉素 B、制霉菌素等。其抗菌机理为，改变细胞膜通透性，使细胞内 K^+ 及其内容物外漏而产生抑菌作用。属慢效抑菌剂。

10. 多肽类 包括杆菌肽、多黏菌素等。抑制细胞壁合成，也能损伤细胞膜，使细胞内重要物质外流。属慢效抑菌剂。

11. 喹恶啉类 包括痢菌净、喹乙醇、喹烯酮等。抑制菌体 DNA 合成，对多数细菌有较强的抑制作用。

12. 硝基咪唑类 包括甲硝唑、地美硝唑等。本类药物对厌氧菌有较强的抑菌作用，对毛滴虫、鞭毛虫、组织滴虫等原虫有很强的毒杀作用，但该药存在潜在的致突变和致癌效应。其抗虫机理是该类药物的“硝基”与厌氧原虫的氢体结合，阻断纤毛虫体内丙酮酸转化成乙酰辅酶 A。同时，与“硝基”结合形成的有毒还原产物又与 DNA 和蛋白质结合，从而产生对厌氧原虫的选择性作用。

13. 呋喃类 如痢特灵、呋喃西林（外用药）等。本类药物动物已禁止使用，其抗菌机理是干扰细菌氧化酶，阻断细菌正常代谢。细菌对该类药物不易产生耐药性，其抗菌效力不受血液、脓汁、组织分解产物影响。

(四) 使用抗生素应注意事项

1. 严格掌握适应性 根据抗生素的抗菌范围，选择病原菌敏感的药。如葡萄球菌感染的炎症以及败血症可选用青霉素、氟哌酸等。

2. 采用合理的剂量与疗程 开始治疗量要足，疗程应根据病情而定。

3. 防止耐药性的产生 长期滥用抗生素易产生耐药性。发生病毒性疾病的时，应适当使用抗生素以防继发感染，但不宜长期、盲目应用抗生素。

4. 正确联合用药 临床一般应用一种抗生素治疗，为了增强疗效，降低毒性，减少耐药性的产生，有时可采用联合用药。联合用药过程中，一是同类药物不宜联合使用，如链霉素、庆大霉素、卡那霉素之间不能联合应用，因为同类药物抗菌机理相似，易增强毒性、产生耐药等现象。二是抗菌机理相同的不同类药物，也不能联合应用，如林可胺类、大环内酯类和氯霉素类相互间不能联合应用；氨基苷类和四环素类相互不能联合应用。因为，抗菌机理相同的药物，其作用于细菌的位点一样，联合应用时不但不能协同作用，反而可能增强毒性作用。

5. 防止配伍禁忌 药物配伍是指两种药物混合后进行静脉或肌内注射过程，发生物理或化学变化，从而影响药物疗效，甚至产生毒性作用。抗生素药物之间、抗生素药物与其他药物之间在混用时，可能出现不溶、沉淀及变色等配伍禁忌，而影响药效，应努力避免。一般药物书籍都有药物配伍禁忌表，应严格遵守执行。

（五）常见的抗生素

1. 青霉素类药

（1）青霉素钠 主要用于治疗禽霍乱等及其他由革兰氏阳性菌、革兰氏阴性球菌和螺旋体引起的疾病。可以肌内注射、饮水内服等方式给药。但本品水溶液不稳定，宜现配现用，应注意过敏性反应。

本品与克拉维酸（青霉素酶抑制剂）制成复方注射剂可提高疗效；与丙磺舒（肾小管分泌抑制剂）合用可提高血浓度，进而提高疗效。

药物规格：注射用青霉素钠或钾　160 万 U/瓶

用法用量：雏鸭每只 0.5 万～1 万 U、青年鸭每只 10 万～15 万 U，饮水，1～2 次/d，连用 3～4d。肌内注射，青年鸭每只 3 万～5 万 U，每天 1～2 次，连用 3～4d。

（2）氨苄西林钠　为半合成广谱抗生素，抗革兰氏阴性菌活性比青霉素强，不易进入血脉屏障，在关节液中可达到或超过血浓度。对耐青霉素的金黄葡萄球菌无效。主要用于敏感细菌的肺部、肠道、尿路等感染及败血症等。可肌内注射或饮水内服。水溶液偏碱性，对胃酸稳定，内服后吸收良好。饮水内服时，宜现配现用。

本品与克拉维酸（青霉素酶制剂）制成复方注射剂可提高疗效；与丙磺舒（肾小管分泌抑制剂）合用可提高血浓度，进而提高疗效。

药物规格：注射用氨苄西林钠　0.5g/瓶　1g/瓶。

用法用量：内服，每千克体重 50mg，每天 1～2 次，连用 3～4d。肌内注射，每千克体重 30～50mg，每天 1～2 次，连用 3～4d。

（3）阿莫西林　为广谱抗生素。抗菌谱与氨苄西林相似，但抗菌活性比氨苄西林更强。可饮水或拌料内服，也可肌内注射。饮水或拌料内服比氨苄西林更耐胃酸，但对肠道有一定刺激性，故建议食后内服。在消化道内吸收不受食物影响（仅影响吸收速率，但不影响吸收量）。饮水内服时，宜现配现用。

本品与克拉维酸（青霉素酶制剂）制成复方注射剂可提高疗效；与丙磺舒（肾小管分泌抑制剂）合用可提高血浓度，进而提高疗效。

药物规格：注射用阿莫西林钠 0.5g/瓶。也有不同规格的预混剂。

用法用量：与氨苄西林相同。

（4）头孢氨苄（先锋Ⅳ）　为半合成第一代内服头孢菌素，

为广谱抗生素，对耐青霉素细菌有效，用于敏感菌所致的呼吸道、泌尿道、皮肤和组织感染。临床上一般用于其他抗生素治疗无效情况下，作为最后手段使用，且以肌内注射为主。

本品与克拉维酸（青霉素酶制剂）制成复方注射剂可提高疗效；与丙磺舒（肾小管分泌抑制剂）合用可提高血浓度，进而提高疗效。

药物规格：注射用头孢氨苄钠　0.25g/瓶。

用法用量：每千克体重25mg，肌内注射，1次/d，连用3～4d。

（5）头孢噻呋　为半合成第三代动物专用头孢菌素，为广谱抗生素，对革兰氏阳性、阴性菌，包括产β-内酰胺酶菌株均有效。本品肌内注射、皮下注射吸收迅速，血中和组织中药物浓度高，有效血浓度时间长。临床上一般用于其他抗生素治疗无效情况下，作为最后手段使用，且以肌内注射为主。

本品与克拉维酸（青霉素酶制剂）制成复方注射剂可提高疗效；与丙磺舒（肾小管分泌抑制剂）合用可提高血浓度，进而提高疗效。

药物规格：注射用头孢噻呋钠1g/瓶，4g/瓶。

用法用量：每千克体重30～50mg/只，肌内注射，1次/d，连用3～4d。

（6）头孢曲松　为第三代广谱高效关孢菌素，对革兰氏阳性、阴性菌均有效，本品耐酶，对青霉素酶有较好的稳定性。临床上一般用于其他抗生素治疗无效情况下，作为最后手段使用，且以肌内注射为主。

本品与丙磺舒（肾小管分泌抑制剂）合用可提高血浓度，进而提高疗效。

药物规格：注射用头孢噻呋钠，1g/瓶。

用法用量：每千克体重30～50mg/只，肌内注射，1次/d，连用3～4d。

2. 氨基苷类药

（1）链霉素　常用于治疗禽霍乱、番鸭伤寒、副伤寒、白痢，大肠杆菌病、传染性鼻炎等及其他由革兰氏阴性杆菌引起的呼吸道、肠道感染性疾病。可供肌内注射、饮水内服、滴鼻等。内服不容易吸收，可在胃肠道中形成高浓度，用于治疗肠道感染。本品水溶液不稳定，饮水给药宜现配现用。肌内注射吸收迅速，主要分布于细胞外液，在胸、腹水中浓度比较高，主要用于敏感细菌引起的全身感染。与青霉素联合应用，可提高抗菌效果，但不能同时混合使用（应分别肌内注射或饮水内服）。

用量过大，往往出现神经系统的毒性，有的会引起呼吸衰竭及肢体瘫痪而死亡。对蛋禽使用该药，易引起产蛋量明显下降。对肾疾病，如家禽痛风、肾型传染性支气管炎等应慎用该类药物。

药物规格：硫酸链霉素 100 万 U/瓶。

用法用量：肌内注射，每千克体重 1 万～2 万 U，每天 1～2 次，连用 3～4d。饮水，每升水 10 万～15 万 U，1～2 次/d，连用 3～4d。气雾，20 万 U/m^3，停留 30min（治呼吸道感染），1 次/d。

（2）庆大霉素、卡那霉素、丁胺卡那霉素　主要对大肠杆菌、沙门氏菌等革兰氏阴性菌有效。注射效力优于口服。其抗菌谱、体内分布、不良反应、注意事项，及临床应用同链霉素。临床上发现其有肠道毒性，即注射后部分家禽会出现一过性腹泻。

药物规格：硫酸庆大霉素，安瓿装，8 万 U/支。

硫酸庆大霉素水溶性粉，100g∶4g（400 万 U）。

硫酸卡那霉素，安瓿装，50 万 U/支。

硫酸卡那霉素水溶性粉，100g∶4g。

硫酸丁胺卡那霉素，安瓿装，20 万 U/支。

硫酸丁胺卡那霉素水溶性粉，100g∶4g。

用法与用量：硫酸庆大霉素，肌内注射，0.5 万～1 万 U/kg，

1次/d，连用3～4d。饮水，按使用说明，1次/d，连用3～4d。

硫酸卡那霉素，肌内注射，1万～2万U/kg，1次/d，连用3～4d。饮水，按使用说明，1次/d，连用3～4d。

硫酸丁胺卡那霉素，肌内注射或饮水均可，剂量为硫酸卡那霉素的1/2，1次/d，连用3～4d。

（3）硫酸新霉素　只用于内服（不能肌内注射），对金黄葡萄球菌和大肠杆菌有良好的抗菌活性。内服不容易吸收，可在胃肠道中形成高浓度，用于治疗肠道感染。

其抗菌谱、不良反应、注意事项及临床应用同链霉素。

药物规格：硫酸新霉素可溶性粉，100g∶32.5g。

用法与用量：按使用说明。

（4）盐酸大观霉素（壮观霉素）　其特点是对禽支原体有良好效果，其抗菌谱、不良反应、注意事项，及临床应用同链霉素。本品不能与氯霉素类、四环素类药物同用（有拮抗作用）；它与盐酸林可霉素（2∶1）合用，有协同作用。

药物规格：注射用盐酸大观霉素，2g（200万U）/瓶。

盐酸大观霉素可溶性粉，100g∶50g（5 000万U）。

用法与用量：肌内注射，每只番鸭0.5万～1万U；饮水内服 每只1万～2万U。

（5）硫酸安普霉素　其特点与大观霉素相似。可饮水或拌料内服。

药物规格：硫酸安普霉素可溶性粉，100g∶40g（4 000万U）。

硫酸安普霉素预混剂，100g∶10g（1 000万U）。

其用法与用量：按使用说明。

3. 大环内酯类药

（1）硫氰酸红霉素　抗菌谱与青霉素相似，主要用于治疗对青霉素有耐药性的葡萄球菌感染，对禽支原体和传染性鼻炎也有疗效。主要用于治疗呼吸道或全身感染。内服容易吸收，但易被胃酸破坏。细菌易对该药产生耐药性。与氯霉素类和林可霉素类有拮抗作用。可供饮水内服。

药物规格：硫氰酸红霉素可溶性粉，100g∶5g（500万U）。

用法与用量：饮水给药，用量按使用说明（每千克饲料1g预混剂）。

（2）泰乐菌素（包括泰乐菌素、酒石酸泰乐菌素、磷酸泰乐菌素）　抗菌谱及抗菌机理与红霉素相似，对禽支原体特别有效，临床上常用于治疗家禽“慢呼”。与红霉素、罗红霉素等有交叉耐药性，对红霉素治疗无效时，本品效果也差。

酒石酸泰乐菌素内服容易吸收，磷酸泰乐菌素则较少吸收；酒石酸泰乐菌素、泰乐菌注射给药能迅速吸收，但临床上常发生注射给药后出现不良反应，应引起注意，建议慎用注射给药方法。临床上大多用酒石酸泰乐菌素饮水或拌料内服，用于治疗禽类“慢呼”。

药物规格：酒石酸泰乐菌素可溶性粉，10g∶10g（1 000万U）。

酒石酸泰乐菌素注射液，6.32g/瓶。

磷酸泰乐菌素预混剂，100g∶8.8g（880万U）。

用法与用量：酒石酸泰乐菌素，肌内注射，禽每千克5～13mg。内服，每2kg饲料用1g。

磷酸泰乐菌素，每1 000kg饲料300～600g，或按使用说明。

（3）罗红霉素　抗菌机理、临床应用、注意事项等与泰乐菌素似，用法与用量按使用说明。

（4）阿奇霉素　抗菌机理、临床应用、注意事项等与泰乐菌素相似。本品内服吸收迅速，分布广泛，在组织中浓度是同期血浓度的10～100倍。临床上治疗慢呼效果明显。按每3～4kg饲料1g原药拌料内服，1次/d，连用4d。

4. 林可胺类药

（1）林可霉素（洁霉素）　对革兰氏阳性菌、支原体有较强的抗菌作用。主要在肝内代谢，经胆汁和粪便排泄。本品与大观霉素按1∶2比例配合组成利高霉素用于治疗慢呼和大肠杆菌病。本类药物不宜与丁胺卡那霉素配合使用，易引起猝死。

药物规格：盐酸林可霉素注射液，2mL∶0.6g（每克100万U，1.13g盐酸林可霉素=1g林可霉素）。

盐酸林可霉素预混剂，100g∶11g。

用法与用量：肌内注射，每千克体重30～50mg，1～2次/d，连用3～5d。饮水内服，每升水加17mg林可霉素，或0.02%～0.03%连用3～5d。

（2）氯林可霉素（氯洁霉素）　抗菌谱与林可霉素相似，但抗菌活性高4～8倍，内服吸收优于林可霉素。

药物规格：盐酸氯林可霉素注射液，2mL：0.15g。

盐酸氯林可霉素胶囊，每粒0.15g。

用法与用量：肌内注射或内服均可，剂量为林可霉素的1/2。

5. 酰胺醇类（氯霉素类）**药**

（1）氯霉素（食用动物类禁止使用）　为广谱抗生素，对革兰氏阴性、阳性细菌、衣原体、立克次氏体、钩端螺旋体都有效。但对绿脓杆菌、结核杆菌无效。临床上主要用于敏感细菌引起的消化道、呼吸道、泌尿道及全身感染。长期内服有粒细胞减少症、再生障碍性贫血、免疫抑制等副作用。

家禽临床上主要用于治疗伤寒、副伤寒等疾病。现国家法规禁止在食用动物身上使用。

（2）甲砜霉素　为氯霉素类第二代药物，已能人工合成。本品口服吸收迅速，连续用药在体内无蓄积。其代谢过程与氯霉素不同，甲砜霉素不在肝内代谢灭活，也不与葡萄糖醛酸结合，以原型经肾排泄。临床应用与氯霉素相同。

本品同剂量内服，组织中浓度比氯霉素高，但免疫抑制作用比氯霉素强6倍。

药物规格：100g∶5g。

用法与用量：每千克体重5～10mg，2次/d，连用4d。

（3）氟苯尼可（氟甲砜霉素） 为氯霉素类第三代药物（合霉素和氯霉素→甲砜霉素→氟苯尼可），不会产生氯霉素引起的粒细胞减少症、贫血等副作用，为动物类专用抗生素。其抗菌谱、抗菌活性比氯霉素、早砜霉素强，对多种革兰氏阳性和阴性菌、支原体等均有作用。

内服和肌内注射吸收迅速、分布广泛，半衰期长，血药浓度高。本品肌内注射时，局部有较强刺激性；长期或多次用药，可引起种鸭产蛋量下降，停药后可逐步恢复。临床上主要用于治疗鸭伤寒、副伤寒、白痢、传染性浆膜炎、大肠杆菌等疾病。

药物规格：氟苯尼可，2mL∶0.6g。10%氟苯尼可可溶性粉。

用法与用量：内服，每千克体重20～30mg（每2kg饲料1g预混剂），1～2次/d，连用4d。肌内注射，每千克体重20～30mg。2次/d，连用4d。

6. 四环素类药

（1）盐酸土霉素 为广谱抗生素，对革兰氏阴性、阳性细菌、支原体、衣原体、立克次氏体、钩端螺旋体都有一定作用。但因长期使用，许多细菌已对其产生耐药性，临床上主要用于预防感染。

本品肌内注射，局部刺激性强，临床上主要采用内服形式给药。内服过程中，忌与乳制品、钙、含金属离子（铁、镁、铝、铋等）药物同用。否则，易形成络合物而影响疗效。药物主要以原形在肾排泄，肾功能减退时，可在体内蓄积，应慎用。

药物规格：土霉素碱粉。

用法与用量：按饲料量0.1%～0.2%，拌料或饮水内服。

（2）强力霉素（多西环霉素） 为一种半合成四环素。抗菌谱与土霉素基本相同，但抗菌活性强于土霉素和四环素。临床上主要用于敏感细菌引起的呼吸道、泌尿道、消化道或全身感染。

内服容易吸收，进食对强力霉素吸收影响小，在组织中浓度比土霉素和四环素更高；其排泄过程独特，主要以非活性形式沿胆汁途径排入粪便内，肾排泄仅占用药量的25%。

药物规格：强力霉素预混剂。

用法与用量：按每5～10kg饲料1g原药剂量，拌料或饮水内服。

7. 多烯类药

（1）制霉菌素　属广谱抗真菌的多烯类抗真菌药。本品对念珠菌属真菌作用显著，对曲霉菌、毛癣菌、表皮癣菌等也有效。主要治疗曲霉菌病、念珠菌病和食用霉变饲料引起的消化道真菌感染。

内服不易吸收，几乎全部由粪便排出。

药物规格：50万U/片。

用法与用量：内服，雏鸭，每只0.5万U，1次/d，连用4d；成鸭，每千克体重10万U，1次/d，连用4d。气雾治疗，每立方米50万U，吸入30～40min，每天1次，连用4d。

（2）两性霉素　本品对白色念珠菌有较好疗效，对曲霉菌效果稍差。对某些原虫，如阿米巴虫也有效。内服不易吸收，仅能用于肠道真菌感染。肌内注射也吸收不良，治疗深部真菌感染，主要给药途径为静脉注射。

药物规格：注射剂50mg（5万U）/支。

用法与用量：内服，雏鸭，0.12mg（600U）/只，1次/d，拌料，连用3～4d。气雾治疗，每立方米30mg（3万U），吸入30～40min，每天1次，连用4d。

8. 喹诺酮类药

该类药是一类化学合成的具有喹诺酮基本结构的杀菌性广谱抗菌药。对革兰氏阳性、革兰氏阴性菌、某些支原体、厌氧菌均有活性。但对革兰氏球菌效果较差。与呋喃类药物有拮抗作用。

（1）氟哌酸（诺氟沙星）　本品抗菌活性强、抗菌谱广，无毒、副作用。内服吸收迅速，在肝、肾、胰、脾、淋巴结、支气管黏膜等组织中的浓度均高于血浆中浓度，主要通过肾在尿中排泄。内服半衰期比肌内注射长。

临床使用以内服为主。主要用于敏感菌引起的消化道、泌尿道感染，对鸭白痢、大肠杆菌、伤寒、副伤寒、禽霍乱、传染性浆膜炎等疾病以及一般呼吸道感染均有高效。

药物规格：100g∶10g，100g∶25g。

用法与用量：内服，每千克体重10～20mg，1～2次/d。肌内注射，每千克体重10mg，1～2次/d。

（2）环丙沙星、恩诺沙星、氧氟沙星、二氟沙星等　都是氟哌酸的同类药物，但其抗菌活性比氟哌酸强的多（10倍左右）。临床应用与诺氟沙星相同。同类药之间有交叉耐药性。

9. 磺胺及其增效剂类药物　本类药物具有抗菌范围广，不仅适用于细菌性疾病，而且对球虫病等也作用。本类药只有抑菌作用，无杀菌作用，故不能用于急性感染。在治疗时，首次应用剂量应加倍。服用本药后，应同时内服配合等量碳酸氢钠，并充分饮水，可以达到提高疗效、提高其乙酰化物溶解度，防止析出结晶而损害肾。本类药物连续用药时间不得超过7d，否则易引起肾损害。产蛋种鸭应用本类药后，会引起产蛋量下降，应慎用。

（1）磺胺嘧啶（SD）　主要应用于治疗鸭敏感细菌引起的疾病、鸭球虫病等。内服易吸收，排泄慢，血药浓度易于达到有效水平。易于通过血脑屏障，在脑脊液中能达到较高浓度。适于治疗鸭的全身感染。与磺胺增效剂（三甲氧苄啶TMP、二甲氧苄啶DVD）合用，可明显提高抗菌、抗球虫效果

药物规格：0.5g/片，5mL∶1g。

用法与用量：按饲料量的0.1%拌料，或每片4～5kg体重；1次/d，内服，连用4d。

（2）磺胺甲基异噁唑（SMZ）　抗菌谱与磺胺嘧啶相同，

但抗菌作用更强。临床应用、用法用量及注意事项与磺胺嘧啶相同。

（3）磺胺对甲氧嘧啶（SMD）　也称磺胺-5-甲氧嘧啶，抗菌作用较磺胺间甲氧嘧啶稍弱。内服吸收迅速，在血中维持有效浓度近24h，乙酰化率较低，乙酰化物溶解度较高，对肾损害较小。与磺胺增效剂（三甲氧苄啶TMP、二甲氧苄啶DVD）合用，可明显提高抗菌、抗球虫效果。临床应用、用法与用量及注意事项与磺胺嘧啶相同。

（4）磺胺间甲氧嘧啶（SMM）　也称磺胺-6-甲氧嘧啶，是目前抗菌作用最强的磺胺药。内服吸收良好，血中浓度高，维持作用时间长（近24h），乙酰化率低，乙酰化物溶解度高，对肾损害小。本品对禽住白细胞虫效果良好，临床应用、用法与用量及注意事项与磺胺嘧啶相同。

（5）磺胺脒（SG）　内服不易吸收，在肠道中有较高的浓度，适于治疗肠道感染性疾病，不适用于治疗全身性感染的疾病。

药物规格：0.5g/片。

用法与用量：内服，每千克体重1/4片，1～2次/d，连用4d。

（6）三甲氧苄啶（TMP）　本药属磺胺药增效剂，内服容易吸收。本品常与磺胺类药按1∶5比例配伍成复方制剂，以提高磺胺药抗菌效果。其复方制剂的用药量见磺胺类项下。

（7）二甲氧苄啶（DVD）　属磺胺药增效剂，为畜禽专用药，其单独应用，抗菌效力比TMP弱，内服不易吸收（仅为TMP的1/5），能在肠道中形成高浓度，故适于治疗肠道感染。本品与磺胺类药按1∶5比例配伍，用于治疗肠道感染和球虫病。

药物规格：复方二甲氧苄啶片，每片含SMD 30mg，DVD 6mg。

用法与用量：每千克体重1片，内服，1次/d，连用4d。

二、抗寄生虫药

抗寄生虫药是指能杀灭或驱除动物体内外寄生虫的药物。根据药物作用特点，又可分为抗蠕虫药、抗原虫药和杀虫药三大类。

（一）抗蠕虫药

抗蠕虫药，也称驱虫药。根据临床应用可分为驱线虫药、驱绦虫药、抗吸虫药等。

1. 驱线虫药

（1）左旋咪唑　左旋咪唑属噻咪唑类驱虫药，为广谱、高效、低毒的驱线虫药，对胃肠道线虫和肺丝虫成虫及幼虫均有高效，对蛔虫、异刺线虫成虫有100%的驱除效果。

驱虫机理：通过虫体表皮吸收，与延胡索酸还原酶结合，从而阻断虫体内糖的无氧酵解过程（脊椎动物糖代谢为有氧分解，故对家禽糖代谢无影响）。此外，噻咪唑类有拟胆碱作用，与线虫虫体接触会引起虫体肌肉持续收缩，最后导致麻痹；同时，也有促进禽体肠道蠕动，有利于麻痹虫体迅速排出。

本品治疗量与中毒量比较接近，如果拌料不均易发生中毒症状，表现为瞳孔缩小、流涎、腹泻、肌肉震颤等与有机磷中毒相似的症状，如出现中毒症状可用阿托品类药解毒。此外，本品作用可被哌嗪类驱虫药（如驱蛔灵）阻断，故不能同时应用。

药物规格：左旋咪唑片，25mg/片，50mg/片。

盐酸左旋咪唑注射液，0.1g/2mL，0.25g/5mL。

磷酸左旋咪唑注射液，0.25g/5mL（与盐酸左旋咪唑注射液比较，局部刺激较轻）。

用法与用量：内服，每千克体重20～25mg，一次内服；肌内注射，每千克体重20mg，一次注射。

（2）伊维菌素　伊维菌素由阿维链霉菌发酵产生的半合成大环内酯类多组分抗生素，是一种新型的广谱、高效、低毒抗生素类抗寄生虫药，对线虫和节肢动物（如蜱、蝇、蛆、虱、螨等）有良好的驱虫作用，但对异刺线虫无效。

驱虫机理：在较高浓度时，通过增加虫体抑制性递质——γ氨基丁酸（GABA）释放，从而阻断神经信号传递，最终神经麻痹，虫体肌肉失去收缩能力，导致虫体死亡。在较低浓度时可以引起与GABA系统无关的 Cl^- 通道的开放，越来越多的研究表明，其驱虫活性主要是引起由谷氨酸控制的 Cl^- 通道的开放，从而导致神经细胞膜对 Cl^- 通透性增加，带负电荷的 Cl^- 进入神经细胞内引起神经元静止电位的超极化，使正常的动作电位不能产生，神经传导受阻，最终引起虫体麻痹死亡。

由于吸虫、绦虫不以GABA为传递介质，故本类药物对其无效。此外，在吸虫和绦虫体内还缺少受谷氨酸控制的 Cl^- 通道，故认为这是阿维菌素类驱虫药对吸虫和绦虫无效的又一原因。

哺乳动物外周神经传导介质为乙酰胆碱，以GABA作传导介质的神经仅存在于中枢神经系统，由于哺乳动物具有血脑屏障，因而药物进入中枢神经系统的数量很少。此外，至今尚未发现在哺乳动物体内存在受谷氨酸控制的 Cl^- 通道。因此，阿维菌素对哺乳动物具有很高的安全性。

本类药物虽不能立即使节肢动物死亡，但能影响其摄食、蜕皮和产卵，从而降低其生殖能力，甚至致其不育，连续喂低浓度药物（每千克体重0.01mg，连续5d）效果更明显。

伊维菌素对线虫，尤其是节肢动物产生的驱除作用缓慢，有的需数天甚至数周才能出现明显药效。临床上除内服外，仅限于皮下注射，不得采用肌内或静脉注射，否则，易引起中毒反应。本品内服后，在肝代谢，5～6d大部分（90%）经肠道排出。此外，本类药对虾、鱼及水生生物有剧毒。

药物规格：伊维菌素预混剂，1 000g∶6g。

伊维菌素浇泼剂，250mL∶125mg。

用法与用量：内服，每千克体重 0.2～0.3mg，内服 1 次后隔 5d 再内服 1 次。也可用低剂量（每千克体重 0.01～0.05mg）连续内服 5～7d（或详见药品使用说明）。涂抹，伊维菌素浇泼剂，可用于局部涂抹。

（3）越霉素 A（得利肥素）　越霉素 A 对猪、鸡蛔虫有驱除作用，还能抑制虫体排卵。此外，对某些革兰氏阳性、阴性菌和霉菌有抑制作用。

驱虫机理：使线虫的体壁、生殖器管壁、消化道壁变薄和脆弱，致使虫体活性减弱而被排出体外。同时，它能阻碍雌虫子宫内卵膜的形成，使虫卵变形、异常而不能成熟，截断了线虫生命循环周期。

本品属氨基苷类抗生素，是畜禽专用抗生素，与其他抗生素不产生交叉耐药性。混饲给药不易被消化道吸收，动物组织中残留少（禽类休药期 3d），主要用于驱除猪、禽消化道线虫，促进生长，提高饲料转化率。故，主要作为猪、禽的药物性添加剂。本品禁用于产蛋鸭，可能引起产蛋下降。

药物添加剂规格：预混剂，有 100g∶2g、100g∶5g、100g∶50g（5 000 万 U）3 种。

用法与用量：每 1 000kg 饲料 5～10g（越霉素 A），连用 8 周。

2. 驱绦虫药

（1）丙硫咪唑（苯丙硫咪唑、阿苯达唑）　丙硫咪唑是我国兽医临床使用最广泛的苯并咪唑类驱虫药之一，它不仅对线虫有效，对绦虫和吸虫也有较强的驱除效果，故又称抗蠕敏。

驱虫机理：通过虫体表皮吸收，与延胡索酸还原酶结合，从而阻断虫体内糖的无氧酵解过程（脊椎动物糖代谢主要为有氧分解，故对家禽糖代谢基本无影响），最后导致虫体麻痹死亡。

本品是苯并咪唑类驱虫药中毒性较大的一种，临床使用中发现对家禽产蛋有一过性影响。建议不要使用最高剂量，使用中等剂量（每千克体重 10～15mg）即可。家禽中，本品对赖利绦虫效果良好，但对异刺线虫效果较差。

药物规格：25mg/片。

用法与用量：每千克体重 10～20mg，内服，隔日再内服1次。

（2）酚苯达唑　酚苯达唑为广谱、高效、低毒的新型苯并咪唑类驱虫药，它不仅对线虫有效，对绦虫和吸虫也有较强的驱除效果。驱虫机理与丙硫咪唑相同。

本品连续应用低剂量，其驱虫效果优于一次性给药。本品对异刺线虫效果良好。

药物规格：片剂，0.1g/片。散剂，100g：5g。

用法与用量：每千克体重 10～50mg，一次内服。或每千克饲料 60mg，混饲，连用 6d。或按使用说明。

（3）甲苯咪唑（甲苯达唑）　甲苯咪唑属苯并咪唑类驱虫药，对线虫、绦虫均有疗效。国内已广泛应用于人医临床，对旋毛虫有良好的驱虫作用。驱虫机理与丙硫咪唑相同。

本品连续应用低剂量，其驱虫效果优于一次性给药。

用法与用量：每千克饲料 60～120mg，混饲，连用 7～14d。或按使用说明。

（4）氯硝柳胺（灭绦灵）　氯硝柳胺属杀绦虫药。本品对多数动物使用安全，但对犬、猫敏感，2 倍治疗量，则会出现暂时性腹泻等症状。对鱼类毒性较强。

驱虫机理：通过抑制绦虫对葡萄糖的摄取，同时对绦虫线粒体的氧化磷酸化过程发生解偶联作用，从而阻断三羧酸循环，导致乳酸蓄积而杀死绦虫。通常虫体在宿主消化道内被消化掉，故粪便中不可能发现绦虫的头节和节片。

药物规格：片剂，0.5g/片。

用法与用量：每千克体重50～60mg，一次内服。

3. 驱吸虫药

（1）吡喹酮　吡喹酮是一种较理想的新型广谱抗绦虫、吸虫（特别是血吸虫）药。本品能使血吸虫向肝转移，并在肝组织中死亡；对大多数绦虫成虫及未成熟虫体均有良效；对动物毒性极小，是理想的抗寄生虫药。

驱虫机理：本品能被绦虫和吸虫迅速吸收，首先使虫体发生瞬间的强直性收缩，然后使合胞体外皮迅速形成空泡，并逐渐扩大，最终表皮糜烂，终至溶解。其次，在表皮破坏后，其体表抗原暴露，更易遭受宿主免疫攻击，促使虫体死亡。再次，本品还能使虫体表皮去极化，皮层碱性磷酸酶活性降低，以致葡萄糖摄取受阻，内源性糖元耗竭而死亡。此外，本品还能抑制虫体的核酸与蛋白质合成。

药物规格：吡喹酮片，0.2g/片，0.5g/片。

用法与用量：每千克体重10～20mg，一次内服。

（二）抗原虫药

能引起畜禽发生疾病的原虫有球虫、鞭毛虫、隐孢子虫、滴虫、弓形虫、锥虫、利什曼原虫和阿米巴原虫等。根据当前番鸭的疫情，本节我们仅讨论抗球虫药。

1. 抗球虫药分类　根据抗球虫药的结构不同主要可分为：

（1）聚醚类离子载体抗生素　本类药物主要有莫能菌素、盐霉素、甲基盐霉素、马杜霉素、海南霉素等。其抗球虫机理主要是，该类药物能与球虫孢子中的钾、钠离子形成不牢固的脂溶性络合物，通过虫体细胞生物膜妨碍钾、钠等离子的正常运转，影响虫体细胞内外渗透压、细胞神经信号传导，而导致虫体死亡。

本类药物对球虫发育的多个阶段均有作用，耐药相对较慢，但因临床不合理应用甚至滥用，耐药虫株已比较普遍。此外，本类药除莫能菌素外，家禽临床治疗量与中毒量比较接近，必须精确计算。综上所述，本类药宜作为饲料添加剂使用，而不作临床治疗之用。

（2）三嗪类　本类药物主要有妥曲珠利、地克珠利等。是一类新型、高效、低毒抗球虫药。其抗球虫机理主要是，一是干扰球虫核分裂；二是作用于细胞内线粒体、内质网，影响虫体的呼吸和代谢功能，使细胞空泡化。因而，具有杀球虫的作用。

（3）二硝基类　本类药物主要有二硝托胺、尼卡巴嗪等。其抗虫机理是，作用于第1代裂殖体。同时，对卵囊的子孢子形成也有抑杀作用（详见第十章鸭常见传染病—真菌和寄生虫病—番鸭球虫病部分的球虫生活史）。因此，本类药对球虫既有预防也有治疗作用。

（4）磺胺类　本类药物主要有磺胺喹噁啉、磺胺二甲嘧啶、磺胺氯吡嗪及其他磺胺类药。其抗球虫机理是，在球虫无性繁殖阶段抑制第2代裂殖体的发育（阻碍裂殖体叶酸合成，导致核酸合成受阻，使其裂殖生殖受抑制），对第1代裂殖体也有一定作用。

本类药物主要用于球虫治疗，若与抗菌增效剂（TMP、DVD）合用（5∶1），有协同作用，提高疗效。同时，在使用本类药物时，应同时内服碳酸氢钠，以提高动物尿液pH，进而提高疗效、减轻毒副作用。连续用药不得超过1周，否则，易发生中毒。

（5）其他类　主要有氯羟吡啶、氨丙啉、乙氧酰胺苯甲酯、常山酮等。

2. 常用抗球虫药

（1）地克珠利　本品抗球虫效力高、安全范围大，即使10倍治疗剂量也未见中毒；作用时间短，停药1d后，作用基本消失，因此必须用足1个疗程，以防复发。水溶液不稳定，见光易分解，因此必须现配现用。本品较易引起球虫耐药性，同类药物（如妥曲珠利）有交叉耐药性。

药物规格：地克珠利预混剂 100g∶0.2g、100g∶0.5g。

地克珠利水溶液 10mL∶100g∶0.5g。

用法与用量：混饲，每千克饲料 1mg，连用 4～5d。饮水，每千克水 0.5～1mg，连用 4～5d。

（2）妥曲珠利　妥曲珠利为地克珠利同类药，其抗菌机理、特性基本相同。与地克珠利主要区别是内服后机体内残留时间比较长。混饲或饮水给药均可，治疗量为地克珠利剂量的一半，或见药物使用说明。

（3）磺胺喹噁啉　本品为抗球虫专用磺胺药，在抗球虫的同时还具有抗菌作用。大多与抗菌增效剂混合，制成复方制剂用于临床。

药物规格：复方磺胺喹噁啉预混剂 100g（内含磺胺喹噁啉 20g、二甲氧苄啶 4g）。

用法用量：混饲，每千克饲料 0.5～1mg（按原药计算），或按药物使用说明。

（4）磺胺氯吡嗪　本品为抗球虫专用磺胺药，主要作为球虫暴发时短期应用。本品价格比较高，影响了临床广泛使用。

药物规格：磺胺氯吡嗪钠可溶性粉，100g∶30g。

用法与用量：每升水 1g（按原药计算），连用 3d。

（5）氯羟吡啶（克球粉）　本品属吡啶类化合物，为常用抗球虫药，属球虫抑制剂。其作用机理是，抑制球虫孢子发育阶段。同时，对裂殖生殖、配子生殖也有作用。

药物规格：氯羟吡啶预混剂，100g∶25g；500g∶125g。

用法与用量：混饲，每千克饲料 125mg，连用 4～5d。

（6）氨丙啉　氨丙啉是传统抗球虫药，具有较好的抗球虫效果。本品主要作用与第 1 代裂殖体（对柔弱、堆型艾美耳球虫作用较强，而对毒害、布氏、巨型、和缓艾美耳球虫作用较弱），临床上本品常与乙氧酰苯甲酯（对布氏、巨型艾美耳球虫作用较强，而对柔弱艾美耳球虫作用较弱）、磺胺喹噁啉（作用于第 2

代裂殖体）制成复方制剂使用，以增强疗效。

抗虫机理：其化学结构与硫胺素（维生素 B_1）相似，可竞争性的抑制球虫对硫胺的摄取。在细胞内硫胺被合成硫胺焦磷酸盐，是糖代谢中 α-酮酸脱羧酶的辅酶，由于氨丙啉缺乏羟乙基团，不能被焦磷酸化，从而妨碍了虫体细胞的糖代谢过程，抑制了球虫的发育。故临床上本品不能与维生素 B_1 合用。

药物规格：盐酸氨丙啉可溶性粉，30g：6g。此外，尚有盐酸氨丙啉—乙氧酰苯甲酯预混剂、盐酸氨丙啉—乙氧酰苯甲酯—磺胺喹噁啉预混剂。

用法与用量：按药物使用说明。

（三）杀虫药

具有杀灭体外寄生虫的药物称杀虫剂。畜禽体外寄生虫主要指螨、蜱、虱、蚤、蝇、蚊等节肢动物。

常用杀虫药可分为 4 类：一是有机磷化合物。主要有敌百虫、敌敌畏、辛硫磷、马拉硫磷、倍硫磷、皮蝇磷等。二是有机氯化合物。主要有林丹、三氯杀虫酯、杀虫脒等。三是拟除虫菊酯类化合物。主要有溴氰菊酯、氰戊菊酯、二氯苯醚菊酯、氟胺氰菊酯等。四是其他杀虫剂。如双甲脒、升华硫等。

目前，家禽生产过程中，有机磷类和有机氯类杀虫药虽然杀虫效果好，但存在着药物残留时间长、对畜禽毒性强而逐渐减少使用。临床上大多使用拟除虫菊酯类、双甲脒和硫黄软膏等。

1. 拟除虫菊酯类杀虫药 本类药物具有高效、广谱、低毒、低残留特点。缺点是外寄生虫易产生耐药性，对皮肤、黏膜、眼睛、呼吸道有一定刺激性。

（1）氯氰菊酯 用于杀死畜禽体表及环境中的蚊、蝇、牛皮蝇、各种虱类，以及蜱、痒、螨、疥螨等。本品对畜禽安全，用每升 500mg（10 倍治疗量）外用，仍无不良反应。

药物规格：含 5%溴氰菊酯乳油，1 000mL：50g。含 2.5%

溴氰菊酯可溶性粉。

用法与用量：按 1mL（约 1g）含 5%溴氰菊酯乳油掺水稀释至 1kg（即 50mg/kg），药浴或喷淋；必要时隔 7d 重复 1 次。或按药物使用说明。

（2）氰戊菊酯　用于驱杀畜禽体表寄生虫，如各类螨、蜱、虻等；杀死环境、畜禽棚舍卫生昆虫，如蚊、蝇等。

药物规格：含 20%氰戊菊酯乳油，500mL：100g。

用法与用量：药浴、喷淋，每 1mL（约 1g）20%氰戊菊酯乳油加水至 0.4～1kg（200～500mg/kg），或按药物使用说明。喷雾，稀释成 0.2%（即 400mg/kg），禽舍按每平方米 3～5mL，喷雾后密闭 4h 后，再打开门窗。

（3）二氯苯醚菊酯　本品具有高效、速效、低毒、无残留、作用时间长（一次用药，作用至少持续 42d）等特点。主要用于驱杀各种禽类体表螨、蜱、虱、蝇等寄生虫和环境中的卫生昆虫。

药物规格：二氯苯醚菊酯乳油，500mL：50g。

用法与用量：喷雾、喷淋，配成 0.1%～0.5%溶液，用于杀灭禽体表螨类、体虱、蚊蝇等。

2. 有机磷类杀虫药

二嗪农　本品为新型的有机磷杀虫、杀螨剂，具有触杀、胃毒、熏蒸和较弱的内吸作用，对各种螨类、蝇、虱、蜱均有良好的杀灭效果，喷洒后在皮肤、被毛上的附着力很强，能维持长期的杀虫作用，一次用药的有效期可达 6～8 周。家禽对有机磷药物比较敏感，临床应注意观察，严防中毒，一旦发现中毒症状，可用阿托品、解磷定等抢救。

药物规格：100mL：25g。

用法用量：喷雾，25%乳液作 10 倍稀释。

3. 其他杀虫药

（1）双甲脒　双甲脒是一种接触性杀虫剂，兼有胃毒和内吸作用。双甲脒产生杀虫作用较慢，一般在用药后24h才能使虱、蜱等解体，48h使螨自患部皮肤脱落。本品残效期长，一次用药可维持药效6～8周。对人畜安全。马属动物对此药敏感，不得使用。

药物规格：含12.5%双甲脒乳油，100mL∶1.25g。

用法与用量：按原药0.025%～0.05%浓度，即每10mL（约10g）含12.5%双甲脒乳油掺水稀释至2.5～5kg，药浴、喷洒、涂擦。或按药物使用说明。

（2）升华硫　升华硫与家禽皮肤接触后，逐渐生成硫化氢（H_2S）和五硫磺酸（$H_2S_5O_5$）后，对皮肤角质有溶解作用，使表皮软化并呈现灭螨和杀菌作用。临床上都作为疥螨、痒螨治疗药，对其他昆虫无效。

药物规格：10%硫黄软膏。

用法：局部涂擦。

三、消毒防腐药

消毒防腐药是指具有杀灭或抑制病原微生物生长繁殖的一类药物。这类药物没有明显的抗菌谱，在临床应用达到有效浓度时，往往也对机体脏器产生损伤作用。

随着我国家禽养殖业规模化、集约化发展，传染性疾病的危害成为制约其发展的主要因素之一。消毒防腐药在传染性疾病控制上的作用起来越重要，它能够在病原微生物进入机体前将其杀灭，阻断了传播途径，达到疾病防控的目的。

（一）消毒防腐药的分类

1. 按化学性质分类　可分为酚类消毒药、醛类消毒药、碱类消毒药、氧化物类、卤素类、季铵盐类、醇类、酸类、燃料类等。

（1）酚类消毒药　该类消毒药主要包括苯酚、甲苯酚（煤酚、来苏儿）、甲酚磺酸、复合酚等。酚类是一种表面活性物质（带极性的羟基是亲水基团，苯环是亲脂基团）。其消毒机理是，能够使菌体蛋白质变性，或使菌体关键性酶类发生变性失去活性，从而达到杀菌、抑菌的效果。其特点是消毒活性不受环境中有机物的影响。由于其具有较强的刺激性气味，且气味的存留时间较长，一般只用于空圈舍消毒。

（2）醛类消毒药　该类消毒药主要包括甲醛（福尔马林溶液）、戊二醛及聚甲醛等。该类药化学活性很强，在常温、常压下很易挥发，故称挥发性烷化剂。其消毒机理是，通过烷基化反应，使菌体蛋白（包括机体蛋白质）凝固变性，酶及核酸等功能发生改变，从而呈现杀菌作用。该类药对细菌、芽孢、真菌及病毒均有作用，但刺激性强，多用于环境消毒。

（3）碱类消毒药　该类消毒药主要包括氢氧化钠、生石灰及草木灰等。其消毒机理是，通过解离氢氧根离子（OH^-）破坏细菌的蛋白质和核酸结构达到消毒目的。临床上多用于环境消毒。其中，氢氧化钠的腐蚀性极强，不宜用于对金属物品进行消毒；草木灰的主要成分是氢氧化钾，对病毒效果不佳；生石灰水溶液可用于圈舍消毒，掩埋病死动物时也可使用。

（4）氧化物类　该类消毒药主要包括过氧乙酸、过氧化氢、高锰酸钾及臭氧等。其消毒机理是，通过氧化反应，直接与菌体或酶反应，破坏菌体的细胞结构，或使酶系统失活达到杀菌效果。其中，过氧乙酸因其高效、低毒、广谱等特点，被用于环境消毒（也可带禽消毒），其水溶液（0.2%～0.5%）可用于圈舍、用具、车辆、地面等环境消毒，但由于易分解，须现用现配。

（5）卤素类　该类消毒药主要包括含氯、含氟和含溴消毒药（主要有消毒威、聚维酮碘、碘溶液、碘酊等）。其消毒机理为：卤元素破坏菌体细胞结构及酶的活性基团，使其失去生物活性。含氯消毒药具有广谱、安全、环保的特点，是广受青睐的一类消毒药，常用于环境消毒（也可带禽消毒）；但药效持续时间较短，须现用现配。含碘消毒药消毒能力适中，持续时间较长，也可以起到很好的消毒效果，可用于环境消毒（也可带禽消毒）。含溴消毒药消毒效果与含氯消毒药效果相当，但价格昂贵，一般不作为环境消毒剂使用。

（6）季铵盐类　该类消毒药主要包括苯扎溴铵、辛氨乙甘酸、醋酸氯已定、新洁尔灭等。该类药为阳离子表面活性剂。其消毒机理是，解离出季铵盐阳离子，与细菌或病毒磷脂膜中带负电荷的磷酸基结合，导致膜的通透性改变而起消毒作用。该类药消毒作用较弱，对口蹄疫病毒、猪水疱病病毒及传染性法氏囊病病毒几乎无效。临床上常用于环境消毒（也可带禽消毒）、器械浸泡消毒。

（7）醇类　该类消毒药主要以乙醇为代表。其杀菌机理是，通过使菌体蛋白发生变性，达到杀菌的效果。临床上主要作为外用消毒药。

（8）酸类　代表药物为硼酸、醋酸、苯甲酸等。其杀菌机理是，通过释放氢离子（H^+）而发挥抑菌作用。部分酸类消毒剂，如苯甲酸对真菌也有效。临床上主要作为外用消毒药。

（9）染料类　如乳酸依沙吖啶（利凡诺、雷佛奴耳）、甲紫（龙胆紫）等。其杀菌机理是，通过解离出碱基而发挥抑菌作用（革兰氏阳性菌）。临床上主要作为外用消毒药。

2. 按作用机理分类　可分为使蛋白质变性类、抵制或破坏关键酶系统类和改变生物膜通透性类。

（1）使蛋白质变性类　该类消毒药可以使菌体蛋白变性、沉淀。主要包括上述的醛类、醇类、酚类及重金属盐类。因本类药物不具选择性，可损害一切生活物质（故称“一般原浆毒”），它不仅能杀菌，也能破坏宿主组织，因此适用于环境消毒。

（2）抑制或破坏关键酶系统类　该类消毒药可以通过与菌体各种关键性酶发生竞争性的结合，使酶系不能发挥其正常的生理功能；或药物可以通过其化学基团将关键性酶进行不可逆的破坏，使其丧失生物学活性，从而达到杀菌的作用。如上述的氧化物类、卤素类消毒药。

（3）改变生物膜通透性类　该类消毒药物可以降低生物膜的表面张力，如细菌的细胞膜及细胞器的生物膜。使水等低渗溶液大量进入细菌体内，噬菌体破裂死亡。主要是表面活性剂类药物，如上述的酚类、季铵盐类消毒药等。

（二）影响消毒效果的主要因素

1. 病原微生物类型　不同消毒药对环境中存在的各种病原微生物的消毒效果不尽相同。如革兰氏染色阳性菌对消毒剂比革兰氏阴性菌敏感；病毒对碱性消毒药敏感，对酚类、季铵盐类的抵抗力较大；芽孢则对大多数消毒药有较高的抵抗力；亲脂特性的消毒药（季铵盐类、醇类、酚类）对非囊膜病毒效果不佳。

2. 环境因素　须消毒的环境通常存在大量污染物，如粪便、尿液、饲料残渣及生产附属品等，这些污染物均对消毒药药效发挥产生影响。其中，环境 pH 对消毒药药效影响最大，在选择消毒药物时应考虑使用环境 pH 因素。常用的苯甲酸在酸性环境中消毒效果较好，而季铵盐类药物则适用于在碱性环境，氯制剂在中性环境中使用。

3. 温度因素　通常情况下，消毒药的杀菌效果与温度成正相关。0℃时，大部分消毒药均失去药效。最适温度通常为20～30℃。

4. 药物作用时间　通常情况下，药物作用时间越长，其杀菌消毒效果越好。作用时间主要根据药物浓度以及所须杀灭的病原微生物种类及数量而定。但有刺激性的药物如果作用时间过长则会对畜禽产生影响，应酌情使用。

5. 药物浓度　消毒药并不是浓度越高，其效果越好。药物都有最适浓度范围，过高或过低都不能充分发挥药物的消毒效果。如乙醇，其最适浓度为75%，浓度过高则影响其穿透能力，反而不易发挥作用。而有些挥发性药物在浓度过高时会产生刺激性气味，对机体造成影响。

6. 其他因素 包括配制消毒药的水质、消毒方法等，都能够对消毒效果产生影响。

（三）消毒药物使用注意事项

1. 使用对象 应根据使用对象选取最适合的消毒药物。原则上应做到全面无死角，如饲养场地、用品、排泄物、工作人员及进出厂区的车辆等。对家畜和工作人员进行消毒时，应选择刺激性及副作用小的药品。对饲养器具、圈舍、金属物品消毒时，可选用高效消毒药，但应注意充分的空置时间，以免残存药物对动物机体产生损害。

2. 正确药物配伍 市售消毒药多为配伍复方制剂，当两种或多种复方制剂联合使用时，应注意其中的有效成分。避免成分相互拮抗的药物配伍使用，同时也不应选择有效成分相同的药物进行配伍。如卤素、阳离子表面活性剂类消毒药不宜与酸性消毒药配伍使用；酚类不宜与碱类及碘、溴、过氧化物等同时使用。宜选作用机理不同、作用对象不同的药物进行配伍使用，做到全面、全方位消毒。如甲醛和三羟甲硝甲烷配伍使用，会使药效延长。

3. 消毒方式 根据消毒对象及性质选择合适的消毒方式，如冲洗、外涂、浸泡、喷淋及熏蒸等方式。小件物品用具可以使用煮沸消毒；空畜禽舍可以使用喷雾或熏蒸的方式；粪便等代谢产物可以使用生物发酵进行消毒处理。

4. 腐蚀性注意事项 氯制剂类消毒药对金属有一定的腐蚀作用，这类消毒药忌用金属容器及纺织品。

5. 熏蒸消毒注意事项 在实施熏蒸消毒前，应将畜禽全部撤出熏蒸的房舍，并进行清扫、除污。将房舍尽量密闭，温度在

20℃左右，相对湿度60%～80%。熏蒸结束后，应将气体彻底排净后才可进入。甲醛气体有致癌作用，应立即用肥皂水进行清洗。误服甲醛溶液，应灌服稀氨水解毒。

6. 喷雾消毒注意事项 应选用雾化效果好的雾化器进行喷雾消毒。雾化后的消毒药微粒在80～120μm。颗粒过大则沉降速度过快，未能起到消毒效果。颗粒过小则容易通过肺泡进入肺部，对动物机体造成损伤。

7. 配制注意事项 应选用无杂质的自来水或井水进行配制。硬水中的金属离子能与消毒药中的离子进行反应，降低药效。水温在30～40℃，夏季也可以使用凉水配制。稀释后的药物稳定性降低，一般现用现配。

8. 其他注意事项 消毒时间尽量固定，一般在中午、下午，最好在暗光下进行。消毒前应先进行清扫后消毒。动物免疫前后48h内不进行化学消毒。

（四）常用消毒药

1. 甲醛 甲醛为无色气体，一般出售其水溶液。40%甲醛溶液俗称福尔马林。该药一般与高锰酸钾合用，能杀死细菌繁殖体和芽孢、病毒、真菌等。用于栏舍、仓库、孵化室的熏蒸消毒，混合比例为2∶1，高锰酸钾为每立方米7～14g，消毒温度要求在20℃以上效果较好。

2. 戊二醛 戊二醛为无色油状液体，味苦，有微弱甲醛臭，可与水或醇作任何比例混合。可杀灭细菌的繁殖体和芽孢、真菌、病毒，其杀菌作用较甲醛强2～10倍。消毒过程中要避免与皮肤、黏膜和金属器具接触。

药物规格：20%戊二醛溶液。

用法与用量：喷洒、浸泡消毒，用2%溶液；熏蒸，配成10%溶液，每立方米1.06mL，密闭过夜。

3. 氢氧化钠（火碱、烧碱、苛性钠） 氢氧化钠为白色不透明固体，有强吸湿性，须戴橡胶手套操作，对人体组织和金属物品有强腐蚀性。能杀死繁殖型细菌、芽孢和病毒。用于栏舍地面、空栏消毒，对木质、塑料、橡胶无腐蚀性。

用法与用量：配成2%溶液进行喷洒消毒，消毒后6～12h要用水冲洗，避免未溶解颗粒被畜禽食入。

4. 氧化钙（生石灰） 氧化钙是一种价廉易得的消毒药。为白色粉状物，几乎不溶于水，有较强的吸湿性。对繁殖型细菌有良好消毒作用，对芽孢、结核杆菌和病毒类无效。干品无消毒作用，一般配成20%的石灰乳用于栏舍墙壁、地面消毒，或粪池周围消毒。

5. 二氯异氰尿酸钠（优氯净、氯毒杀、消毒威） 二氯异氰尿酸钠为白色晶粉，有浓氯臭，含有效氯60%～64.5%，对细菌繁殖体和芽孢、病毒、真菌孢子有杀灭作用。主要用于排泄物、栏舍、水等消毒，在酸性或加热条件下杀菌力更强，有机物对杀菌效力影响较小。该药易溶于水，水溶液稳定性较差，在20℃左右条件下，1周内有效氯丧失20%，故应现配现用。临床上常用于带禽消毒。

药物规格：100g/包。

用法与用量：0.5%～1%浓度用于杀灭细菌繁殖体和病毒。5%～10%浓度用于杀灭芽孢。

6. 聚维酮碘 聚维酮碘，其化学名称为1-乙烯基-2-吡咯烷酮均聚物与碘的复合物，即分子碘与聚乙烯吡咯烷酮（PVP）结合而成的水溶性能缓慢释放碘的高分子化合物。

本品固体为黄棕色至粉红色克定形粉末，溶液呈红棕色、酸性、含有效碘应为9.0%～12.0%。本品对多种细菌、芽孢、病毒、真菌等有杀灭作用。其作用机制是由表面活性剂PVP提供的对菌膜的亲和力将其所载的碘（释放出游离碘）与细菌膜和细胞质结合，使其巯基化合物、肽、蛋白质、酶、脂质等发生氧化或碘化，从而发挥杀菌作用。主要用于环境消毒（带禽消毒）、饮水消毒和皮肤创面消毒等。

本品对具有广谱的微生物杀灭抑制作用，在正常使用浓度下对皮肤黏膜和呼吸道无刺激性或损伤，具有不产生二次污染和易于稀释、使用简便、发送稳定的特点。其缺点是在光照和加热条件下不稳定，故应避光保存。是一种业界广泛认可的优秀的消毒剂。

药物规格：10%溶液，100mL。

用法与用量：0.1%浓度用于环境带禽消毒，1%浓度用于皮肤创面消毒，1mg/kg浓度用于饮水消毒。具体按使用说明。

7. 苯扎溴铵（新洁尔灭） 该药属季铵盐类消毒药，为阳离子表面活性剂。常温下为黄色胶状体，在水中易溶，水溶液呈碱性。0.1%浓度用于皮肤、感染创面、术前和手术器械消毒。不得与肥皂（阴离子表面活性制剂）、碘化物和过氧化物等消毒剂配伍使用；水溶液不得储存于聚乙烯（塑料制品）容器内，以免与增塑剂起反应，影响药效。临床上常用于带禽消毒、皮肤创面消毒和器械浸泡消毒。

药物规格：5%苯扎溴铵溶液，500mL。

用法与用量：一般为0.1%浓度用于消毒。

8. 癸甲溴铵溶液（百毒杀） 该药属季铵盐类消毒药，为阳离子表面活性剂。常温下为无色或微黄色胶状体，在水中易溶，水溶液呈碱性。消毒机理及配伍禁忌与新洁尔灭相同。主要用于栏舍、饲养器具、饮水消毒。临床上常用于带禽消毒。

药物规格：100mL，含50g或100g。

用法与用量：栏舍、器具消毒，0.015%～0.05%；饮水消毒，0.002 5%～0.005%（为栏舍、器具消毒的1/10）。

9. 雷佛奴耳（黄药粉） 属碱性染料，为黄性结晶性粉末，无臭，味苦。以0.1%～0.3%水溶液冲洗或以浸药纱布湿敷，治疗皮肤及创面感染，在治疗浓度时对组织无损害。抗菌作用较慢，但药物可牢固地吸附在黏膜和创面上，作用可持续1d之久，当有有机物存在时，活性增强。

溶液在保存过程中，尤其曝光下，可分解生成剧毒产物。若肉眼观察本品已变成褐绿色，则证实已分解，不得继续使用。

10. 甲紫 甲紫与龙胆紫、结晶紫是一类性质相同的碱性染料，为深绿紫色颗粒性粉末。对组织无刺激作用，对创面有收敛作用。对革兰氏阳性菌有强大的选择作用，也有抗真菌作用。主要用于皮肤或黏膜创面感染、溃疡和真菌感染。

药物规格：含甲紫0.85%～1.05%溶液。

用法与用量：配成1%～2%水溶液或醇溶液，治疗创面感染、溃疡或皮肤真菌感染。配成0.1%～1%水溶液，用于治疗烧伤。

11. 乙醇 浓度为75%的乙醇称为酒精，主要用于皮肤、黏膜局部消毒。

12. 碘酊 含碘2%、碘化钾1.5%，加水适量，以50%乙醇配制而成。用于术前和注射前的皮肤消毒。

13. 碘溶液 含碘2%、碘化钾2.5%的水溶液。用于皮肤浅表破损和创面消毒。

（五）常见家禽养殖消毒的误区

1. 有些养殖户为节省资金，或对消毒药物的特点、性质等缺乏了解等原因，购买走村串户人员推销的假、劣、过期的消毒药物，用这些药物消毒往往达不到效果，甚至无效，结果既未达到消毒目的，又白白浪费资金，得不偿失。

2. 有些养殖场（户）由于缺乏量具，配制消毒药物时往往凭感觉或嗅觉，误认为消毒药物配制的药液气味大效果就好。结果造成配制浓度不是太高，就是过低。这样进行消毒可能对人和动物不安全，或者消毒效果也会很低，甚至无效。

3. 目前经常看到的配好消毒药物的使用浓度的药液进行喷雾消毒时不按使用量喷雾，或不均匀的喷雾。由于消毒药用量少或不均匀，消毒效果很低，甚至无效。

4. 有的养殖场（户）未考虑自己养殖的动物存栏量较大，在选择消毒器械时图便宜，用小型喷雾器或农用小型农药喷雾器进行消毒。这种情况往往达不到应有效果。

5. 有些养殖场将两种或两种以上的消毒药物混合使用或者在同一地点同时使用两种或两种以上的消毒药物进行消毒。其主要问题是两种或两种以上的消毒药物互相作用后有可能失去消毒效果或产生副作用。目前，经过试验和监测两种消毒药物可以混合使用的有福尔马林和高锰酸钾，过氧乙酸和高锰酸钾，烧碱和生石灰等。其他药物要经过试验和监测证实效果后才可以混合或同时使用。

6. 许多养殖场提倡“消毒药物要交替使用”的做法。实际上这种做法存在以下问题：一是截至目前，现有的研究资料尚未作出关于病原（包括细菌和病毒等）对较长期使用的消毒药物产生抗药性；二是消毒药物和抗生素的作用机理是不同的，不应套用抗生素的使用经验；三是如果在交替使用消毒药物时操作不合理会造成两种消毒药物混合使用的副作用，反而使消毒失去效果。

7. 有些养殖场在场大门设有紫外线照射装置，其实际效果不理想。主要原因是紫外线消毒仅为直射，且穿透力很小，要达到效果一是需要一定照度；二是须照射 15min 以上，在实际生产中做不到或不实用。同时，长时间进行紫外线消毒会对人的眼结膜和皮肤产生伤害。但是，紫外线消毒运用得当其作用也非常大。如在无人员存在的实验室或其他场所，以及无人员和动物的畜禽舍等经 12h 左右的紫外线消毒效果很好。但在消毒后要对紫外线照射不到的地方再用其他方法消毒。

8. 有些养殖场在场区或场外道路上铺撒生石灰或漂白粉等消毒药物消毒。从表面上看或上级检查认为这些场进行了认真消毒。但是，实际上却只是作了表面文章，并未达到消毒效果。其原因是生石灰（用熟石灰更加错误）实际上并不属于真正的消毒药物，单独使用其并不产生消毒作用，只有在生石灰（CaO）溶于水后［即 $CaO+H_2O=Ca(OH)_2$］形成强碱，才能发挥杀灭病原的作用。因此，在使用生石灰时必须配成20%～30%的乳液后进行消毒。同时，有些地区在铺撒生石灰后再用烧碱消毒液喷洒使生石灰变为石灰乳后，两种强碱性药物作用其杀灭病原的作用会增强。

9. 漂白粉虽属于含氯消毒剂，但其与其他类粉剂消毒药物一样，如不按比例配成消毒药液，也同样不会发挥消毒效能的。

10. 一些养殖场虽设有人员进入必经的消毒池和消毒制度，但在消毒池中放置砖石等或从消毒池上跳（跨）跃过池，人员经过时其鞋靴实际未经消毒，并未达到消毒目的。实际上人员的鞋靴携带病原微生物造成传播疫病的机会最多。因此，人员进出场时要穿靴子或在鞋上套不漏水的塑料袋，经过消毒池时要认真消毒后方可进入。穿过的靴子要经常清洗和将靴底上存在的泥沙等物刷去后进行消毒处理。

11. 消毒池中的消毒药液更换时间过长，实际上未真正发挥其消毒作用。消毒池中消毒药液的更换应由以下因素决定：一是消毒药物在稀释后其药效维持时间，如烧碱在消毒池中因空气中的二氧化碳与氢离子结合生成碳酸，碳酸与烧碱起中和反应不断消耗烧碱及消毒池的强碱性作用逐渐降低。一般烧碱应每天更换一次才能保持消毒效果。二是根据经过消毒池的车辆、人员的频率更换消毒药。有些养殖场由于1d内过往车辆和人员频繁，致使消毒池的药液已经变混浊或变色仍不更换，其作用实际很小。三是更换消毒药应考虑季节因素。一般夏天日照时间长，更换应多于春、秋季节。四是露天的消毒池应考虑雨天因素。下雨后消毒药液实际浓度降低，其消毒效能已经降低或失效。

12. 一些养殖场户在消毒池中放入锯末、草帘或用麻袋加入锯末等后再加消毒液后作为人员进出的消毒池，认为消毒起了作用且使用方便。实际上这种消毒池基本无效。因为，目前所有的消毒药物均会受有机物质的影响。也就是说，锯末、草帘等均含有大量有机物质，加入消毒药物时与这些有机物质发生反应，消毒药物即失去效力或消毒效力甚微，基本无作用。当人员经过这种消毒池时等于未经消毒，但在人们心理上却产生了安全思想，反而容易将外面或场内的病原带出、带入，造成动物疫病的传播。

四、作用于内脏系统药物

（一）常用于消化系统药物

1. 止泻药 腹泻是家禽许多疾病所共有的病症之一，如病毒性、细菌性、真菌性等疾病均可引起腹泻。腹泻本身对机体具有一定的保护意义，可将毒物排出体外，但腹泻也会妨碍营养物质吸收，引起机体脱水及钾、钠、氯等电解质代谢紊乱，这时必须使用止泻药。止泻药包括抑制肠道蠕动药，如地芬诺酯、阿托品等；减轻对肠道黏膜刺激药物，吸附药如活性炭、收敛药如次碳酸铋等。止泻药属对症治疗药，临床上应与抗菌消炎药或解毒药联合使用。

（1）地芬诺酯（止泻宁、苯乙哌啶） 本品可直接作用于肠道平滑肌，减少肠蠕动，适应于急慢性功能性腹泻，慢性肠炎及顽固性腹泻等，对细菌性肠炎可配合抗菌药，对菌群失调可配合活菌制剂（如乳酶生等）使用，但活菌制剂不得与抗菌药混合使用。

药物规格：复方地芬诺酯片，每片含 2.5mg、硫酸阿托品 0.025g。

用法用量：混饲，每 1 000kg 饲料，2.5～5g（1 000～2 000片）；内服，每片 5～10kg 体重。

（2）药用炭（活性炭） 本品由动物骨骼在隔绝空气的条件

下焙制而成，有较强的吸附作用，内服后，能吸附肠道内容物中毒物（毒素）、减少它们对肠道的刺激，发挥保护、止泻和阻止毒物吸收的作用。本品宜单独服用，不能与治疗药物同时服用，以免被吸附而降低疗效。

药物规格：0.3g/片。

用法与用量：内服，每片2.5～5kg体重。

（3）矽碳银　本品由白陶土、活性炭和氯化银组成，白陶土和活性炭有吸附作用，银离子有收敛作用。

药物规格：每片含白陶土0.24g、活性炭0.06g、氯化银1.5mg。

用法与用量：内服，每片2.5～5kg体重。

（4）次碳酸铋（碱式碳酸铋）　本品内服后在胃肠内解离出铋离子，后者能与蛋白质结合起收敛保护作用，铋离子还能与硫化氢结合，形成不溶性的硫化铋，覆盖在肠黏膜表面起机械保护作用。并因硫化氢减少，对的刺激性变相应减少，使肠道蠕动减慢，达到止泻作用。

药物规格：0.3g/片。

用法与用量：每片2.5～5kg体重。

2. 健胃药　健胃药是指提高食欲、促进唾液和胃液分泌增加，调整胃肠机能活动的一类药物。临床上有苦味健胃（龙胆、大黄等）、芳香健胃（肉桂、小茴香等）和盐类健胃药（人工盐、碳酸氢钠等）。对家禽而言，其味觉不发达，食物在口腔内停留时间短，故家禽不宜用苦味或芳香健胃药，只能用盐类健胃药。

（1）碳酸氢钠（小苏打、食用苏打）　本品内服后，能迅速中和胃酸，促进胃液分泌、缓解胃幽门括约肌的紧张度，促进胃排空；对胃黏膜卡他性炎症，能溶解黏液和改善消化；进入肠道后，促进肠道消化液分泌和提高肠道消化酶活性，进而提高家禽食欲和消化能力。此外，本品是血液组织的缓冲物质，内服吸收后能增加血液中的碱储，降低血液中氢离子浓度，临床上常用于家禽腹泻引起的脱水、缓解禽的热应激、改善蛋壳质量等。

药物规格：片剂 0.5g/片、0.3g/片，食用苏打一般为粉状。

大黄碳酸氢钠片（每片含大黄 0.15g、碳酸氢钠 0.5g）。用法与用量：用于健胃、抗热应激、提高蛋壳质量，混料：0.5%～1%。

（2）硫酸钠（芒硝） 可作为动物的硫源，对治疗家禽食羽癖、食蛋癖及啄肛均有明显效果，并可改善羽毛色泽，在家禽饲料中添加 0.5%的本品，可提高采食量和产蛋率。同时，小剂量硫酸钠能轻度刺激消化道黏膜，增加肠道的分泌和蠕动，呈现健胃作用；大剂量内服，在肠道解离出难吸收的硫酸根离子和大量钠离子，形成高渗环境，能保留大量的水分，从而扩大肠腔，增加肠道蠕动，并稀释肠内容物、软化粪便，产生泻下作用。

药物规格：粉剂。

用法与用量：用于消化不良、食欲下降和啄癖，混饲，每 1 000kg 饲料 2 000～5 000g（0.2%～0.5%）；用于泻下，混饲，1.0%～1.5%。

3. 助消化药 助消化药是一类促进胃肠道消化过程的药物，多为消化液中的主要成分，如胃蛋白酶、淀粉酶、胰酶、稀盐酸等。它们能补充消化液中的成分不足，充分发挥其替代疗法的作用，从而恢复正常消化机能。此类药物针对性强，必须对症下药，才能收到良好效果。

（1）干酵母（又名食母生） 本品为麦酒酵母菌或葡萄汁酵母菌的干燥菌体，内含多种 B 族维生素（酵母粉为干酵母的粗制品）。这些维生素有提高食欲、促进消化的作用。主要用于治疗食欲下降、消化不良等。

药物规格：食母生：0.3g/片，酵母粉，每 50kg/包。

用法与用量：食母生，内服，每片 2.5～5kg 体重；酵母粉，混饲，1%拌料。

（2）多酶片 本品由淀粉酶、胃蛋白酶和胰酶组成，是消化酶的组成成分，有促进饲料消化的作用。主要用于因各种原因（如体温升高）引起的消化液分泌不足导致的消化不良、腹泻等。

药物规格：每片含淀粉酶 0.12g、胃蛋白酶 0.04g、胰酶 0.12g。

用法用量：每片 2.5～5kg 体重。

（3）乳酶生　本品为活性乳酸杆菌制剂，内服到达肠道后，能分解糖类形成乳酸，使肠内酸度提高，进而抵制肠内病原菌的繁殖，制止发酵，防止蛋白质的腐败，减少气体产生，也能促进消化和止泻。主要用于治疗胃肠异常发酵和腹泻。本品不宜与抗菌药、收敛剂、吸附剂同时使用，以免失效。

药物规格：0.3g/片。

用法与用量：内服，每片 2.5～5kg 体重。

（二）常用于呼吸系统药物

家禽呼吸道疾病是临床常见的病症之一。近年来，随着家禽集约化生产发展，家禽呼吸道疾病发生率越来越高，病因也越来越复杂，主要有病毒、细菌、支原体和霉菌等。呼吸道疾病的主要症状是咳嗽、喘气、流鼻涕、呼吸困难等，因咳嗽是呼吸系统受到刺激时所产生的一种防御性反应，且轻度咳嗽有利于排痰，故集约化养禽中一般不用镇咳药，主要用祛痰平喘药。

1. 祛痰药　祛痰药是指能促进呼吸道黏液分泌，使黏液变稀、黏性降低，易于咳出，或能增加呼吸道黏膜上皮的纤毛运动，促进痰液排出的药物。

（1）氯化铵　本品内服后刺激胃黏膜，通过迷走神经反射性引起支气管腺体分泌增加，使黏痰稀释，易于咳出，因而对支气管刺激减少，咳嗽也随之减轻；少量氯化氨经呼吸道排出，带走部分水分，故也有缓解热应激作用。同时，氯化铵吸收后，分解为氨离子和氯离子两部分，氨离子在肝合成尿素与氯离子都经肾排出，在肾小管形成高浓度，超过重吸收阀，带走部分水分和大量的阳离子（钠离子），从而呈利尿作用。

此外，由于氯化铵为强酸弱碱盐，可使尿液呈现酸性，而磺胺类药物在酸性条件下易产生结晶，增强毒性，故本品不能与磺胺类药同时使用。此外，本品遇重金属盐和碱即分解，故不能与碱性药物如碳酸氢钠（苏打粉）、呋喃类抗菌药（痢特灵）和重金属配合使用。

本品临床上主要用于呼吸道炎症初期，配合抗菌药用于细菌性呼吸道病，或病毒性呼吸道病的辅助治疗。也可用于家禽热应激、心性或肝性水肿。

药物规格：0.3g/片，10%溶液。

用法与用量：混饲，每片2.5～5kg体重；混饮，0.1%。

（2）乙酰半胱氨酸（痰易净、易咳净） 本品还原性痰液溶解剂，其分子中的巯基（-HS）能与痰液中的糖蛋白多肽链中的二硫键（-S-S-）结合，使其断裂，从而降低黏性痰液黏稠度，促进痰液咳出。本品对呼吸道中化脓性痰液中的纤维素也有降解作用。本品吸收后，在肝内脱出乙酰，而成胱氨酸代谢。

本品可减低青霉素、头孢菌素、四环素等药效，临床上不宜混合或并用，必要时可间隔4h交替使用。本品不宜与金属、橡胶、氧化剂接触，喷雾容器要采用玻璃或塑料制品。本品与碘化钾、糜蛋白酶、胰蛋白酶呈配合禁忌。

临床上主要适于急慢性支气管炎、喘息、肺炎、肺气肿等，特别适应于黏痰阻塞气管、咳嗽困难的病例。

药物规格：0.5g/支，1克/支。

用法与用量：常用10%～20%的溶液喷雾（气雾）给药，每天2～3次，一般喷雾2～3d或连续7d。混饮，每千克水50～70mg。

（3）盐酸溴己新（必消痰、必咳平） 本品可使痰中酸性糖蛋白的多糖纤维素裂解，黏度降低；但对脱氧核糖核酸无作用，故对黏性脓痰效果较差。同时，本品能作用于气管和支气管黏膜腺体的黏液产生细胞，使之分泌黏性较低的小分子黏蛋白，使痰液黏稠度下降，易于咳出，从而减轻咳嗽，缓解症状。

本品自胃肠道吸收快而完全，内服后 1h，血浓度达到峰值。绝大部分降解转化成代谢产物随尿排出体外，极少部分由粪便排出。本品能增加四环素类药在支气管中分布浓度，合并用药可增强四环素疗效。

临床上常用于传染性支气管炎、喉气管炎和慢性呼吸道病。

药物规格：盐酸溴已新片，4mg/片、8mg/片。

用法与用量：混饲，每 1 000kg 饲料 5～10g；内服，一次量，每千克体重 1mg，每天 2 次。

2. 平喘药 平喘药是指能解除支气管平滑肌痉挛，扩张支气管的一类药物。对单纯性支气管哮喘或喘息型慢性支气管炎病例，临床上不常用平喘药。平喘药按其作用特点分为支气管扩张药和抗过敏性药。支气管扩张药临床上常用的有麻黄碱、氨茶碱、拟肾上腺素、异丙肾上腺素等；抗过敏平喘药主要有肾上腺皮质激素等，家禽类兽医临床上极少使用。

（1）麻黄碱（盐酸麻黄碱） 本品有松弛支气管平滑肌作用，效果弱于肾上腺素，但作用持久。内服容易吸收，吸收后易透过血脑屏障，有明显的中枢兴奋作用，临床难买到。可从植物麻黄中提取，也可人工合成。

临床上用于缓解气喘症状。也常配合祛痰药用于急慢性支气管炎，以减轻支气管痉挛及咳嗽。

药物规格：盐酸麻黄碱片，25mg/片。

用法与用量：内服，一次量，每片 10kg 体重。

（2）氨茶碱 本品能松弛支气管平滑肌，并能抵制组胺、前列腺素等过敏介质释放，在解痉的同时，还可减轻支气管黏膜的充血和消肿。能增加呼吸肌，减少呼吸肌疲劳；还能增强心肌收缩力和输出量，呈现强心及间接利尿作用。

红霉素类、林可胺类、四环素类药可使本品半衰期延长、毒性增加。不宜与茶碱类药物同用。否则，会增加毒性。酸性药物可增加其排泄，碱性药物可减少其排泄。

临床上可用于传染性支气管炎、传染性喉气管炎的对症治疗，也可用于腹水症治疗。

药物规格：氨茶碱片，0.05g/片、0.1g/片、0.2g/片。

用法与用量：内服，一次量，每 kg 体重 20mg。

（三）作用于泌尿和生殖系统药物

1. 利尿药 利尿药是指作用于肾，促进电解质（钠离子为主）和水分排出，从而增加尿量、消除消肿或排出毒物的药物。通过影响肾小球的滤过、肾小管的重吸收和分泌等功能而实现其利尿作用，但主要是影响肾小管的重吸收。兽医临床上主要用于消肿和腹水的对症治疗。

（1）呋喃苯胺酸（速尿、呋噻咪） 本品为强效利尿药，主要作用于髓袢升支粗段和皮质部，抑制对钠、氯离子的重吸收，使肾小管管腔内钠、氯、钾离子深度升高，形成高渗状态而将水分带入肾小管，产生快速而强大的利尿作用。

临床多用于肉禽腹水症治疗，多配合维生素 C 使用。避免与头孢菌素、氨基苷类、二性霉素等通过肾排泄药物合用，以免增强其肾性毒性。

药物规格：20mg/片。

用法与用量：混饲，每 1 000kg 饲料 50～100g；内服，每片 20kg 体重（每千克体重 1mg），每天 1 次。

（2）双氢氯噻嗪（双氢克尿噻） 本品利尿强度中等，主要作用于肾小管髓袢升支皮质部和远曲小管近段钠、氯离子重吸收，使肾小管管腔内钠、氯、钾离子浓度升高，形成高渗状态而将水分带入肾小管，产生利尿作用。

临床多用于肉禽腹水症治疗，多配合维生素 C 使用。

药物规格：25mg/片。

用法与用量：混饲，每 1 000kg 饲料 100g；内服，每片 12.5kg 体重（每千克体重 2mg），每天 1 次。

2. 醒抱药 番鸭有较强的抱窝性，临床上常使用醒抱药。

（1）丙酸睾丸酮 本品具有促进雄性器官发育、维持第二性征和性欲以及同化作用。对就巢母鸭有醒抱作用，缩短醒抱时间。本品第一次使用效果良好，长期连续使用，效果逐渐下降；重复注射优于一次注射。

药物规格：25mg/mL。

用法与用量：肌内注射，25mg/次。

（2）异烟肼（雷米封） 本品原为抗结核药，其醒抱机理不详，但临床常有专业户用于鸭或鸡的醒抱。

药物规格：50mg/片，100mg/片。

用法与用量：内服，每千克体重 25mg，每天 1 次，连用3～5d。

五、解热镇痛药

解热镇痛抗炎药是一类具有退热和减轻局部慢性钝痛的药物。

动物的下丘脑存在着体温调节中枢，体温调节中枢神经元在炎性介质刺激下，合成并释放前列腺素 E（PGE），而前列腺素 E 有升高体温的作用。本类药物能抑制机体内环氧酶（COX）的合成，环氧酶能催化花生四烯酸转化为前列腺素。故环氧酶被抑制后，前列腺素合成也被抑制，从而产生解热镇痛作用。本类药物还能减轻炎性介质的形成与释放，缓解局部的红、肿、热、痛。

本类药物对正常体温无作用，主要通过体温调节中枢增加散热过程达到解热效果。本类药对神经痛、关节痛、肌肉痛等慢性钝痛有良好效果，但对内脏平滑肌痉挛产生的绞痛、创伤性剧痛一般无效。

（一）解热镇痛抗炎药分类

1. 按对环氧酶选择性分类 动物机体内环氧酶分为环氧酶-1（COX-1）和环氧酶-2（COX-2）两种。环氧酶-1是结构酶，主要参与正常细胞活动所需的前列腺素，以保护胃和十二指肠黏膜、维护肾及血小板功能。环氧酶-2为诱导酶，主要负责炎症及其他病理情况下前列腺素的合成，对胃黏膜几乎无作用。因此，按对环氧酶抑制的选择性可分为：

（1）特异性抑制环氧酶-2（如罗非昔布），为本类药物的优新品种，对胃肠道无刺激性，不良反应少。

（2）选择性抑制环氧酶-2（如美洛昔康），对胃肠道刺激小。

（3）非特异性抑制环氧酶-2（如阿司匹林、布洛芬、双氯芬酸等），在抑制环氧酶-2的同时，也抑制环氧酶-1。故本类药物在产生解热镇痛抗炎的同时，一般均伴有胃肠道反应。禽类对双氯芬酸钠敏感，易发生中毒反应，故禽类不应使用双氯芬酸钠。

2. 按化学结构分类 本类药（主要指非特异性抑制环氧酶-2类药）可分为苯胺类、吡唑酮类和有机酸类。有机酸类又可分为甲酸类（水杨酸类、芬那酸类）、乙酸类（吲哚类）、丙酸类（含苯丙酸类和萘丙酸类）。

在解热和抗炎作用方面，苯胺类、吡唑酮类和水杨酸类作用较强，在镇痛方面，吲哚类、吡唑酮作用较强。

（二）常用解热镇痛抗炎药

1. 苯胺类

扑热息痛（对乙酰氨基酚、醋氨酚） 本品为非那西丁在体内的代谢产物，对丘脑下部前列腺素的合成与释放有较强地抑制作用，而对外周作用较弱，故解热效果较好、镇痛抗炎效果差。

作用持久，对胃肠道刺激性较小，一般不引起出血，对血小板和凝血机制无影响。

本品内服吸收快，30min 后达到峰浓度，大部分在肝与葡萄糖醛酸结合后经肾排出。在肝内去乙酰基成为对氨基酚，再氧化成亚氨基醌。亚氨基醌在体内能氧化血红蛋白成高铁血红蛋白而失去带氧能力，造成组织缺氧、发绀、红细胞溶解、溶血、黄疸；肝损害。

临床上主要用于发热的对症治疗。大剂量可引起肝肾损害；不能与阿司匹林、磺胺类药联用，否则易增加毒性反应。本品与金刚烷胺合用，解热作用加速。与蛋氨酸、N-乙酰半胱氨酸、肝泰乐使用，可预防本品对肝的损害。

药物规格：0.5g/片。

用法与用量：混饲，每 1 000kg 饲料 300～500g；饮水，每千克 100～200mg。

2. 吡唑酮类　本类药物主要有氨基比林、安乃近、保泰松、羟基保泰松等，均为安替比林的衍生物，基本结构是苯胺侧链延长的化合物（即吡唑酮），均有解热镇痛和消炎作用。其中，氨基比林、安乃近解热作用强，保泰松消炎作用较好。家禽以安乃近较常用。

（1）安乃近　为氨基比林与亚硫酸钠合成物，作用迅速，药效可持续 3～4h，解热作用较显著（为氨基比林 3 倍），镇痛作用也较强，有一定的消炎抗风湿作用。具有在正常解热镇痛的同时，对胃肠运动无明显的影响，对胃肠平滑肌痉挛有良好的解痉作用。

临床上常用于解热、镇痛，解除肠痉挛、肠臌气等的对症治疗。不宜与氯丙嗪、巴比妥等镇静药合用，以免引起体温剧降；长期应用可抑制凝血酶原形成，加重出血倾向，可用维生素 K 治疗。

药物规格：0.5g/片。

用法与用量：混饲，每 1 000kg 饲料 300g；饮水，每千克 100～150mg。

（2）氨基比林（匹拉米洞）　本品解热镇痛作用强而长久，为安替比林的 3～4 倍，也强于非那西丁和扑热息痛。与巴比妥类合用强其镇痛作用。

临床上常用于解热、镇痛等的对症治疗。长期连续应用，可能引起粒细胞减少症。

药物规格：氨基比林片，0.3g/片；复方氨基比林片，每片含氨基比林 0.21g、巴比妥 0.09g。

用法与用量：混饲，每 1 000kg 饲料 300g；饮水，每千克 100～150mg。

3. 水杨酸类　本类药物有阿司匹林、水杨酸钠等。

阿司匹林（乙酰水杨酸）　本品有较好的解热镇痛和抗风湿作用，疗效肯定，不良反应较少。较大剂量可抑制肾小管对尿酸重吸收而促进其排泄。

本品能抑制凝血酶原形成，加重出血倾向，可用维生素 K 治疗。本品内服对消化道有刺激性，能引起食欲下降、消化道出血，长期应用可引发胃肠溃疡；内服时与同等剂量的碳酸氢钠合服，可减少对胃的刺激、防止尿酸在肾小管沉积。本品可抑制抗体产生及抗原抗体反应，使用疫苗时禁止使用。

临床上常用于发热性疾病、痛风等的对症治疗。

药物规格：阿司匹林片，0.3g/片；复方阿司匹林片，0.42g，每片含阿司匹林 0.226 8g、非那西丁 0.162g、咖啡因 0.035g。

用法与用量：混饲，每 1 000kg 饲料 200～300g。

4. 丙酸类（芳基烷酸类）　本类药物是一类较新型的非甾体抗炎药，为阿司匹林类似物，含苯丙酸衍生物（有布洛芬、酮洛芬等）和萘丙酸衍生物（萘普生）。本类药物对消化道的刺激比阿司匹林轻，不良反应比保泰松少。

（1）布洛芬（芬必得） 本品具有较好的解热镇痛抗休克作用。解热作用与阿司匹林相似，比扑热息痛好；镇痛作用不如阿司匹林，但毒副作用较阿司匹林少，在不能耐受阿司匹林时，可用本品替代；在各种非甾体抗炎药中，本品是耐受性最好的一种。

本品内服作用迅速，达峰时间0.5～3h，半衰期4～6h。

临床上常用于发热性疾病、局部炎症等的对症治疗。本品不可与其他非甾体类抗炎药物、丙磺舒和利尿药等配伍使用。

药物规格：布洛芬片，0.2g/片。

用法与用量：内服，一次量，每千克体重25mg。

（2）萘普生 本品对前列腺素合成酶的抑制作用是阿司匹林的20倍，抗炎作用明显，也有镇痛解热作用。

本品内服吸收迅速，在血中与蛋白结合，半衰期长达74h。本品除能抑制肾前列腺素-S（PGS）合成，还能抑制利尿药（速尿、双氢克尿噻）从肾小管排出。

临床上主要用于抗炎、镇痛。

药物规格：萘普生片，0.125g/片。

用法与用量：内服，一次量，每千克体重2～5mg（试用量）。

5. 吲哚类 本类药物特点是抗炎作用较强，对炎性疼痛镇痛效果显著。

吲哚美辛（消炎痛） 本品有消炎解热镇痛作用。以抗炎见长，抗炎作用是保泰松强84倍，也强于氢化可的松；其解热作用是氨基比林的10倍。

不良反应主要表现在消化道，可引起腹痛、下痢、胃出血和穿孔；可致肝和造血功能损害，对肾有严重毒性，肾病和胃溃疡患禽慎用。

临床上主要用于发热性疾病、痛风性关节炎等的对症治疗。

药物规格：吲哚美辛片，25mg/片。

用法与用量：饮水，每千克体重 12.5mg。

六、抗痛风药物

痛风是由于禽体内尿酸代谢障碍，血液中尿酸浓度增高，大量的尿酸经肾排泄；各种原因引起的肾损害及肾机能减退，进一步引起尿酸排泄受阻，形成尿酸中毒的一种代谢性疾病。引起家禽痛风的原因很多，主要有维生素 A 缺乏，饲料中蛋白质含量过高或钙含量过高，蛋白质中核酸（嘌呤）含量过高，某些抗菌药物的不合理使用（对肾有损害作用的磺胺类、氨基糖苷类，土霉素、四环素长期超剂量应用等），饮水不足，疾病因素（如传染性法氏囊病、沙门氏菌病）等。用于该病治疗的有丙磺舒、别嘌呤、秋水仙碱、苯溴马隆、磺吡酮等。在使用上述药物治疗痛风的同时，应给予充足饮水，并内服口服补液盐以防止机体脱水、促进尿酸盐排出。

1. 丙磺舒（羧苯磺胺）　本品为肾小管分泌抑制剂，可抑制尿酸盐在肾近曲小管的主动重吸收，增加尿酸盐的排泄而降低血中尿酸盐的浓度，可缓解或防止尿酸盐结晶的生成，减少关节的损伤，也可促进已形成的尿酸盐溶解。此外，本品可以增加青霉素类、头孢菌素类药物血浓度和延长它们的抑制时间。

本品在促进尿酸盐排出，降低血中尿酸盐浓度，但提高了肾输尿管中尿酸盐浓度，易形成肾或尿道结石，故肾结石不宜使用。

临床上本品主要用于治疗慢性痛风。对急性痛风的疼痛和炎症无作用，不适于急性痛风。使用本品时，必须给予充足饮水，同时服用碱化尿液药物（苏打粉），以增加尿酸盐溶解度，防止形成结石。使用本品期间不宜使用水杨酸钠类（阿司匹林、水杨酸钠）药物，因其有拮抗作用，且可降低尿液 pH（其代谢产物以水杨酸、醋酸经尿液排泄），促进结石形成。

药物规格：0.5g/片。

用法与用量：混饲，每吨饲料 100～200g。

2. 别嘌呤醇（别嘌醇） 本品及其代谢产物氧嘌呤醇通过抑制黄嘌呤氧化酶的活性（后者能使次黄嘌呤转化为黄嘌呤，再使黄嘌呤转变成尿酸），使尿酸生成减少，血中和尿中的尿酸含量降低到溶解度以下水平，从而防止尿酸结石的沉积，有助于尿酸结石的重新溶解。

本品口服容易吸收，自胃肠道可吸收 80%～90%，约 70%在肝代谢成为具有活性的氧嘌呤醇，由肾排泄，约 10%以原型随尿排出。呋噻咪（速尿）、噻嗪（双氢克尿噻）类等利尿药可增加血液中尿酸含量，与本品有拮抗作用，不能同用。本品与茶碱类［如氨茶碱、二羟丙茶碱（喘定）、胆茶碱］等黄嘌呤类药物同用，可使茶碱的清除率显著减少，血液浓度明显升高，也可使本品作用减弱。本品与维生素 C、氯化钙、磷酸盐合用，可增加肾中黄嘌呤结晶的形成。

临床上用于原发性或继发性高尿酸血症，慢性痛风。

用法用量：每千克体重 10～15mg。

七、维生素

维生素不是形成机体各组织器官的原料，也不是能量物质，是维持动物正常生理机能和生命活动必不可少的一类低分子有机化合物。维生素主要以辅酶或催化剂的形式参与体内的代谢活动，从而保证机体组织器官的细胞和功能正常。维生素不足时，会影响体内代谢，动物出现生产性能降低、繁殖性能下降、出现特异症状疾病、甚至出现死亡。

目前，已知的维生素有 20 余种，其结构和功能也各不相同。人们通常根据其溶解性将维生素分为脂溶性维生素和水溶性维生素两大类。

（一）脂溶性维生素

脂溶性维生素有维生素A、维生素D、维生素E、维生素K 4种，本类维生素都溶于油而不溶于水，它们在肠道内吸收与脂肪的吸收密切相关。当胆汁缺乏、脂肪吸收障碍时，脂溶性维生素吸收大为减少；饲料中含有大量钙盐时，也影响脂肪和脂溶性维生素的吸收。脂溶性维生素吸收后在体内的转运与脂蛋白密切相关。吸收后主要在肝和脂肪组织中贮存，其贮存量较大。若饲料中长期缺乏脂溶性维生素，须待组织中贮存的脂溶性维生素耗尽后，才会出现维生素缺乏症。临床上用量过大，或长期摄入过量，导致动物体内贮存的脂溶性维生素过多，则引起中毒。

（1）维生素A　维生素A在动物的肝、鱼肝油中含量丰富，全脂牛奶也含有一定量维生素A；维生素A原主要存在于幼嫩、多叶的青绿饲料和胡萝卜中，水果皮、南瓜、黄玉米、甘薯也含有较多的维生素A原。

维生素A的主要功能：一是维生素A是合成视紫物质的原料，具有维持动物正常视觉功能；缺乏时，视紫物质合成不足，就会出现“夜盲症”。二是维生素A促进结缔组织中黏多糖合成，从而促进黏膜和皮肤的发育与再生、维护生物膜结构完整；缺乏时，黏多糖合成不足，引起上皮组织（特别是眼、呼吸道、消化道、泌尿生殖道黏膜）过度角质化，从而易被病原体感染，并产生一系列病变。三是维生素A调节脂肪、碳水化合物及蛋白质代谢，缺乏时，动物生长发育迟缓、体重下降。四是维生素A促进类固醇合成，缺乏时，胆固醇和糖皮质类固醇激素的合成减少。

临床上，本品主要用于治疗眼角膜软化症、干眼病、夜盲症及皮肤粗糙等维生素A缺乏症；也可用于增强上皮组织对感染的抵抗力，及促进局部创伤、溃疡愈合。

用法与用量：禽，日内服量，每千克体重1 500～4 000IU；

饲料添加量，一般每千克饲料 10 000～15 000IU。

（2）维生素 D　维生素 D 存在于动物体内，动物的肝、鱼肝油含量丰富，全脂奶粉、蛋类含有一定量维生素 D；动物皮肤中 7-脱氧胆固醇在紫外线照射下可转化为维生素 D_3。一般饲料中维生素 D 含量很少，但青草内含丰富的麦角固醇，在日晒过程中部分可转化为维生素 D_2。

维生素 D 的主要功能：维持体内钙、磷的正常代谢。特别是促进小肠对钙、磷的吸收，调节肾对钙、磷的排泄，控制骨骼中钙与磷的储存和血液中钙、磷浓度等，从而促进骨骼正常钙化。维生素 D 缺乏时，肠道对钙、磷吸收减少，血钙、血磷浓度下降，导致钙、磷不能在骨组织中沉积，甚至造成骨盐溶解，成骨作用发生障碍，引起骨软化病（佝偻病）和骨质疏松症，家禽蛋壳粗糙甚至产软壳蛋等。

临床上，本品主要用于治疗畜禽骨软化病（佝偻病）、骨质疏松症，以及家禽蛋壳粗糙、产软壳蛋等。

用法与用量：禽，饲料添加量，一般每千克饲料 5 000IU。

附：

①维生素 AD 油。每毫升含维生素 A 5 000IU、维生素 D 500IU。混饲，0.1%～0.2%。

②鱼肝油。每毫升含维生素 A 1 500IU、维生素 D 150IU 以上。混饲，0.5%～1%。

③维生素 AD_3 预混剂。混饲，0.1%。

（3）维生素 E　维生素 E 在动物组织中含量较低；在青饲料和谷类的胚芽中含量较高，但在自然干燥和储存过程中损失很大（约 90%）。

维生素 E 的主要功能：一是在体内能保护维生素 A、维生素 C、碳水化合物代谢产物和构成生物膜的类脂质的不饱和脂肪酸免受氧化，维持细胞膜的完成性；不饱和脂肪酸过氧化物能损害细胞膜类脂质，引起细胞和细胞内溶酶破裂，释放出水解酶等，进一步损害细胞和组织。二是刺激垂体前叶，促进分泌性激素，调节性腺发育，促成受孕，防止流产；促进甲状腺激素和促肾上腺皮质激素的分泌。三是促进辅酶Q和免疫球蛋白形成，在细胞代谢中发挥解毒作用，提高机体抗病力。四是维护骨骼肌、心肌的正常功能，防止肝坏死和肌肉退化。

临床上主要用于治疗维生素E缺乏导致的不孕症、白肌病、脑软化、渗出性素质，家禽产蛋率、孵化率过低等。

药物规格：亚硒酸钠维生素E粉，含0.04%亚硒酸钠、0.5%维生素E。

用法与用量：混饲，每1 000kg饲料500～1 000g。

（4）维生素K　天然维生素K包括维生素K_1、维生素K_2，存在于苜蓿、菠菜、番茄、鱼糜中，动物肠道中某些微生物也能合成维生素K_2，为脂溶性维生素，其吸收有赖于胆汁的正常分泌。维生素K_3、维生素K_4为人工合成，为水溶性维生素，其吸收不依赖于胆汁，内服可直接吸收。目前，维生素K_1也能人工合成。

一般情况下，成年动物不易缺乏，幼龄动物，特别是刚孵出来的雏鸡凝血酶原比成年鸡低40%，容易引起维生素K缺乏。家禽患有球虫病、肝疾病、腹泻，使肠壁吸收障碍；长期内服广谱抗生素引起二重感染，或过量内服磺胺类药导致肠道微生物合成维生素K_2受阻等，也能引起维生素K缺乏。

维生素K主要功能：促进肝合成凝血酶原（因子Ⅱ）和凝血因子Ⅶ、Ⅸ、Ⅹ，并起激活作用，参与凝血过程。动物缺乏时，可导致内出血、外伤凝血时间延长或流血不止。

临床上主要用于家禽球虫病辅助治疗，以及维生素K不足引起的凝血不良等。

药物规格：维生素K_4片（乙酰甲萘醌），每片2mg、4mg。

用法与用量：混饲，每 1 000kg 饲料 2g。

（二）水溶性维生素

水溶性维生素包括 B 族维生素和维生素 C 等。B 族维生素包括硫胺素（维生素 B_1）、核黄素（维生素 B_2）、泛酸（维生素 B_3）、烟酸和烟酰胺（维生素 PP）、生物素（维生素 H）、维生素 B_6、叶酸（维生素 M、维生素 BC）、维生素 B_{12}、胆碱、肌醇等。

B 族维生素几乎都是辅酶或辅基的组成部分，参与机体各种代谢。水溶性维生素很少或几乎不在体内储存，超过机体需要的多余部分完全由尿排出。因此，短期缺乏或不足就能影响动物生产和健康。B 族维生素可由消化道微生物部分合成，成年反刍动物一般不会缺乏，单胃动物因肠内合成较少、幼龄动物合成更少，必须依靠饲料补充。维生素 C 在动物体内均能合成并满足需要，但在逆境或应激状态下会不足，需要补充。

（1）维生素 B_1（硫胺素）　维生素 B_1 广泛存在于种子外皮和胚芽中，在米糠、麸皮、酵母、大豆及青绿牧草中含量较多。临床上最常用的维生素 B_1 是人工合成的盐酸硫胺、呋喃硫胺、丙硫硫胺等 3 种。

维生素 B_1 主要功能：构成 α-酮酸氧化脱羧酶系的辅酶，参与机体碳水化合物代谢；维持神经组织和心肌的正常功能；抑制胆碱酯酶活性，促进肠道蠕动和分泌消化液。缺乏时，雏禽表现为多发性神经炎（共济失调、肌肉痉挛，呈观星状），食欲下降、消化不良、生长缓慢等。

临床上主要用于治疗维生素 B_1 缺乏所致的多发性神经炎，也用于治疗腹泻、球虫等原因引起的消化不良、食欲下降等，对氨丙啉等抗球虫药长期内服引起维生素 B_1 缺乏症也有良效。临床上都与其他 B 族维生素及维生素 C 联合应用。

药物规格：盐酸硫胺 10mg/片，呋喃硫胺 25mg/片。

用法与用量：混饲，每1 000kg饲料10～20g；维生素B_1预混剂，50g/包，按使用说明。

（2）维生素B_2（核黄素）　维生素B_2在酵母、干草、麦类、大豆和青饲料中含量较多，但植物性饲料中总体含量不高，不能满足家禽对维生素B_2的需要。特别是种禽需要量较高、雏禽肠道合成不足均容易发生缺乏症。在冷应激、高能高蛋白日粮中需要量增高。

维生素B_2的主要功能：是构成机体内黄酶的辅酶，黄酶在机体生物氧化还原反应中发挥递氢作用，参与体内碳水化合物、氨基酸和脂肪的代谢。此外，维生素B_2还协同维生素B_1参与糖和脂肪代谢。缺乏时，雏禽可出现典型的足趾蜷缩（蜷爪麻痹症）、腹泻、生长停滞，种禽可出现产蛋率、种蛋孵化率、雏鸡成活率下降。

临床上治疗维生素B_2缺乏症，常与维生素B_1合并应用。

药物规格：维生素B_2片，5mg/片。

用法与用量：混饲，每1 000kg饲料2～5g。

附：

①复合维生素B片。含维生素$B_1$3mg、维生素$B_2$1.5mg、维生素$B_6$0.2mg、烟酰胺（NNA）10mg。

②复合维生素B液。每100mL（g），含维生素$B_1$10mg、维生素$B_2$2mg、维生素$B_6$3mg、烟酰胺（NNA）30mg。

用于营养不良、食欲缺乏、多发性神经炎、粗皮病、口腔炎等及B族维生素缺乏所致各种疾病的辅助治疗。用量，按使用说明。

（3）泛酸（维生素B_3）　泛酸是辅酶A的组成成分之一，参与糖、脂肪、蛋白质代谢，是体内乙酰辅酶A生成和乙酰化反应等不可缺少因子。泛酸缺乏时，家禽常表现为皮毛粗乱、皮炎、眼周围脱毛、胫骨粗短、坐骨神经和脊髓脱髓鞘。

临床上主要用于治疗泛酸缺乏引起的皮炎、胫骨粗短症和滑腱症。常与烟酰胺等其他B族维生素、胆碱、微量元素锰等合用，治疗家禽胫骨粗短症和滑腱症。

药物规格：（消旋）泛酸钙，20mg/片。

用法与用量：混饲，每1 000kg饲料6～15g。

（4）烟酸和烟酰胺（维生素PP） 烟酸和烟酰胺在酵母、麸皮、青饲料、动物蛋白饲料中含量丰富，但在玉米、小麦、高粱等谷物中的烟酸大多呈结合状态，单胃动物和家禽利用很少，日粮中需要补充才能满足需要。

烟酸和烟酰胺的主要功能：烟酸在动物体内转化成烟酰胺，烟酰胺是构成体内辅酶Ⅰ、辅酶Ⅱ成分，在体内氧化还原反应中起传递氢的作用，它与糖酵解、脂肪代谢、丙酮酸代谢、高能磷酸键的生成有密切关系，并在维持皮肤和消化器官正常功能中起重要作用。动物体内可利用色氨酸转化成烟酸。缺乏时，家禽可出现生长受阻、口炎、胫骨弯曲、跗关节肿大、脱腱症等。

临床上主要用于治疗烟酸缺乏引起的口炎、胫骨粗短症和滑腱症。常与泛酸钙、胆碱等其他B族维生素、微量元素锰等合用，治疗家禽胫骨粗短症和滑腱症。

药物规格：烟酰胺片，50mg/片，烟酸片，50mg/片。

用法与用量：混饲，每1 000kg饲料15～20g。

（5）生物素（维生素H） 生物素是机体内羧化酶的辅酶成分，直接或间接参与蛋白质、脂肪、碳水化合物的代谢过程，生物素酶催化羧化和脱羧反应，与细胞内二氧化碳的定位或固定有关。缺乏时，家禽食欲下降、生长受阻；脚趾、爪底、嘴、眼角等处皮炎、角化、开裂，严重时出现胫骨粗短症及畸形；家禽产蛋率、孵化率下降等。

临床上主要用于治疗生物素缺乏引起的皮炎、胫骨粗短症。常与泛酸钙、烟酰胺、胆碱等其他B族维生素、微量元素锰等合用，治疗家禽皮炎、胫骨粗短症和滑腱症。

用法与用量：混饲，每 1 000kg 饲料 100～250mg。

(6) 维生素 B_6　维生素 B_6 是吡哆醇、吡哆醛、吡哆胺等的总称，三者在动物体内可以互相转化。维生素 B_6 在体内与 ATP 经酶作用，转化为具有生理活性的磷酸吡哆醛、磷酸吡哆胺，它们是氨基酸中间代谢中许多重要酶类的辅酶，参与氨基酸的脱羧作用、氨基转移作用，色氨酸、含硫氨基酸和不饱和脂肪酸代谢等。缺乏时，家禽蛋白合成受阻、生长速度下降、皮炎、腿软、神经兴奋性增高、产蛋率、孵化率下降。

临床上主要用于治疗维生素 B_6 缺乏引起的皮炎和周围神经炎；常与其他 B 族维生素合用，治疗 B 族维生素缺乏症。

药物规格：维生素 B_6 片（盐酸吡哆辛），10mg/片。

用法与用量：混饲，每 1 000kg 饲料 10～20g。

(7) 叶酸（维生素 M、维生素 BC）　酵母、苜蓿粉、大豆粕、鱼粉中均富含叶酸，但单胃动物对这些饲料中的叶酸利用很少，家禽通常需要补充叶酸，以防缺乏症。

叶酸的主要功能：在动物体内以四氢叶酸形式参与物质代谢，通过对一碳基团的传递，与嘌呤、嘧啶的合成，以及氨基酸代谢，从而影响核酸的合成和蛋白质代谢，对正常血细胞形成有促进作用，并能促进免疫球蛋白的生成。缺乏时，表现为生长停止、贫血、羽毛生长不良、羽毛退色等。

临床上主要用于治疗叶酸缺乏引起的生长不良、贫血等；常与维生素 C、维生素 B_{12} 等合用。

药物规格：叶酸片，5mg/片。

用法与用量：混饲，每 1 000kg 饲料 10～20g。

(8) 维生素 B_{12}（钴胺素）　维生素 B_{12} 参与体内一碳基团代谢，是传递甲基的辅酶，它与叶酸的作用互相联系，影响体内生物合成所需的活性甲基的形成和其他一碳基团的代谢。其中，最重要的是参与核酸和蛋白质合成，促进红细胞的发育和成熟，维持骨髓的正常造血机能。维生素 B_{12} 还能促进胆碱的合成。种禽对维生素 B_{12} 需要量增高。缺乏时，家禽表现为生长停止、贫血、羽毛生长不良、种蛋孵化率下降。

临床上主要用于治疗叶酸缺乏引起的生长不良、贫血、种蛋孵化率下降等；常与维生素 C、叶酸等合用。

药物规格：维生素 B_{12} 注射液 0.1g/mL、1g/mL。

用法与用量：混饲，每 1 000kg 饲料 3～10g。

（9）胆碱（氯化胆碱）　胆碱与其他维生素的区别在于在代谢过程中不作为催化剂，仅提供一碳基团。此外，胆碱有促进脂肪运输，提高肝利用脂肪酸的能力，起到防止脂肪肝的作用；是构成乙酰胆碱的主要成分，在神经递质的传递过程中起着重要作用。胆碱与蛋氨酸、甜菜碱有协同作用，日粮中添加胆碱，可节约蛋氨酸；预防胫骨粗短症、脂肪肝的发生，同时维护神经正常功能。缺乏时，家禽易发生脂肪肝、胫骨粗短症等。

临床上主要用于预防和治疗家禽脂肪肝、胫骨粗短症；常与泛酸钙、生物素、烟酰胺等 B 族维生素合用。

药物规格：胆碱预混剂：1 000g/包。

用法与用量：按 0.1%添加，因其具有强碱性，一般不与维生素预混剂直接混合。先与 10 倍量饲料混合，再与维生素添加剂混合。

（10）维生素 C（抗坏血酸）　维生素 C 在体内与脱氢维生素 C 形成可逆的氧化还原反应系统，参与体内氧化还原反应；促进细胞间质合成，抑制透明质酸酶和纤维素溶解酶，从而保持细胞间质的完整，增加毛细血管通透性和致密性；在体内可使氧化型谷胱甘肽转化成还原型谷胱甘肽，后者的巯基与重金属离子（如铅、汞、砷、苯）结合，从而起到解毒作用。此外，维生素 C 还有促进抗体形成、增加白细胞吞噬功能、增加肝解毒功能、抗炎、抗过敏作用，从而增加机体抗病力。

临床上主要用于抗应激、高温、高热，增强机体抗病力，作

为非特异性解毒药等

药物规格：维生素 C，100mg/片，预混剂（5%）。

胆量用法：混饮，每 100kg 水 1～5g。

八、其他

1. 口服补液盐 含氯化钠 3.5g，氯化钾 1.5g，碳酸氢钠 2.5g，葡萄糖 20g；加水 1kg。灌服或自由饮用。

临床上主要用于高热、腹泻、热应激、肾型传染性支气管炎等原因引起高渗性或低渗性脱水或体液电解质平衡失调的辅助治疗。

2. 肝泰乐（葡萄糖醛酸内酯） 能与肝和肠内毒物结合变成无毒的葡萄糖醛酸结合物而排出，故具有保肝及解毒作用。临床上常用于番鸭花肝病、肝硬化（番鸭腹水症），作为食物、药物中毒的非特异性解毒药。

药物规格：0.1g/片。

用法与用量：拌料，3 周龄内雏鸭每 20 只 1 片，1 次/d，连用 4d。

附　录

附录 1　农产品安全质量　无公害畜禽肉产地环境要求

1　范围

GB/T 18 407 的本部分规定了无公害畜禽肉类产品加工环境的质量要求、试验方法、评价原则、防疫措施及其他要求。

本部分适用于在我国境内的畜禽养殖场、屠宰场、畜禽类产品加工厂以及产品运输储存单位。

2　规范性引用文件

下列文件中的条款通过 GB/T 18 407 的本部分的引用而成为本部分的条款。凡是注日期的引用文件，其随后所有的修改单（不包括勘误的内容）或修订版均不适用于本部分，然而，鼓励根据本部分达成协议的各方研究是否可使用这些文件的最新版本。凡是不注日期的引用文件，其最新版本适用于本部分。

GB 4789.3　食品卫生微生物学检验　大肠菌群测定

GB/T 6920　水质　pH 的测定玻璃电极法

GB/T 7467　水质　六价铬的测定　二苯碳酰二肼分光光度法

GB/T 7468　水质　总汞的测定　冷原子吸收分光光度法（eqv ISO 5666－1～5666－3：1983）

GB/T 7475　水质　铜、锌、铅、镉的测定　原子吸收分光光谱法（neq ISO/DP 8288）

GB/T 7483　水质　氟化物的测定　氟试剂分光光度法

GB/T 7485　水质　总砷的测　二乙基二硫代氨基甲酸银分光光度法（neq ISO 6595：1982）

GB/T 7486　水质　氰化物的测定　第1部分：总氰化物的测定（eqv ISO 6703～1：1984）

GB/T 7492　水质　六六六、滴滴涕的测定　气相色谱法

GB 7959　粪便无害化卫生标准

GB/T 8170　数值修约规则

GB 8978　污水综合排放标准

GB 11667　居民区大气中可吸入颗粒物卫生标准

GB/T 11896　水质　氯化物的测定　硝酸银滴定法

GB 12694　肉类加工厂卫生规范

GB 14554　恶臭污染物排放标准

GB/T 14668　空气质量　氨的测定　纳氏试剂比色法

GB/T 14675　空气质量　恶臭的测定　三点比较式臭袋法

GB/T 15262　环境空气　二氧化硫的测定　甲醛吸收—副玫瑰苯胺分光光度法

GB/T 15264　环境空气　铅的测定　火焰原子吸收分光光度法

GB/T 15432　环境空气　总悬浮颗粒物的测定　重量法

GB/T 15433　环境空气　氟化物的测定　石灰滤纸·氟离子选择电极法

GB/T 15436　环境空气　氮氧化物的测定　Saltzman 法

GB 16548　畜禽病害肉尸及其产品无害化处理规程

GB 16549　畜禽产地检疫规范

GB/T 17095　室内空气中可吸入颗粒物卫生标准

中国环境监测总站　污染环境统一监测分析方法（废水部分）

中国环保总局　水和废水监测分析方法

中华人民共和国动物防疫法

3　术语和定义

下列术语和定义使用于 GB/T 18407 的本部分。

全进全出

将同一生产单元内的所有畜禽同时转进转出，并进行清洗、消毒、净化的养殖模式，这样可有效切断疫病的传播途径，防止病源微生物在群体中形成连续感染和交叉感染。

4　要求

4.1　选址与设施

4.1.1　畜禽养殖地、屠宰和畜禽类产品加工厂选择在生态环境良好、无或不直接受工业“三废”及农业、城镇生活、医疗废弃物污染的生产区域。选地应参照国家相关标准的规定，避开水源防护区、风景名胜区、人口密集区等环境敏感地区，符合环境保护、兽医防疫要求，场区布局合理，生产区和生活区严格分开。

4.1.2　养殖区周围 500m 范围内、水源上游没有对产地环境构成威胁的污染源，包括工业“三废”、农业废弃物、医院污水及废弃物、城市垃圾和生活污水等污物。

4.1.3　与水源有关的地方病高发区，不能作为无公害畜禽肉类产品生产、加工地。

4.1.4　养殖地应设置防止渗漏、径流、飞扬且具一定容量的专用储存设施和场所，设有粪尿污水处理设施，畜禽粪便处理后应符合 GB 7959 和 GB 14554 的规定，畜禽病害肉尸及其产品无害化处理应符合 GB 16548 的有关规定，排放出的生产和加工废水应符合 GB 8978 的有关规定。

4.1.5　饲养和加工场地应设有与生产相适应的消毒设施、更衣室、兽医室等，并配备工作所需的仪器设备，肉类加工厂卫生应符合 GB 12694 的有关规定。

4.2 畜禽饮用水、大气环境

4.2.1 畜禽饮用水质量指标应符合附表 1-1 的要求。

附表 1-1 畜禽饮用水质量指标

项目	指标
砷（mg/L）	≤0.05
汞（mg/L）	≤0.001
铅（mg/L）	≤0.05
铜（mg/L）	≤1.0
铬（六价）（mg/L）	≤0.05
镉（mg/L）	≤0.01
氰化物（以 F 计）（mg/L）	≤0.05
氟化物（以 Cl 计）（mg/L）	≤1.0
氯化物（mg/L）	≤250
六六六（mg/L）	≤0.001
滴滴涕（mg/L）	≤0.005
总大肠菌群（个/L）	≤3
pH	6.6～6.8

4.2.2 生产加工环境空气质量应符合附表 1-2 的要求。

附表 1-2 环境空气质量指标

项目	日平均	1h 平均
总悬浮颗粒物（标准状态）（mg/m^3）	≤0.30	
二氧化硫（标准状态）（mg/m^3）	≤0.15	≤0.05
氮氧化物（标准状态）（mg/m^3）	≤0.12	≤0.24
铅（标准状态）（mg/m^3）	季平均 1.50	

4.2.3 畜禽场空气环境质量应符合附表 1-3 的要求。

附表 1-3　畜禽场空气环境质量指标

<table>
<tr><th rowspan="3">序号</th><th rowspan="3">项目</th><th rowspan="3">单位</th><th colspan="5">舍区</th></tr>
<tr><th rowspan="2">场区</th><th colspan="2">禽舍</th><th rowspan="2">猪舍</th><th rowspan="2">牛舍</th></tr>
<tr><th>雏</th><th>成</th></tr>
<tr><td>1</td><td>氨气</td><td>mg/m³</td><td>5</td><td>10</td><td>15</td><td>25</td><td>20</td></tr>
<tr><td>2</td><td>硫化氢</td><td>mg/m³</td><td>2</td><td>2</td><td>10</td><td>10</td><td>8</td></tr>
<tr><td>3</td><td>二氧化碳</td><td>mg/m³</td><td>750</td><td colspan="2">1 500</td><td>1 500</td><td>1 500</td></tr>
<tr><td>4</td><td>可吸入颗粒
（标准状态）</td><td>mg/m³</td><td>1</td><td colspan="2">4</td><td>1</td><td>2</td></tr>
<tr><td>5</td><td>总悬浮颗粒物
（标准状态）</td><td>mg/m³</td><td>2</td><td colspan="2">8</td><td>3</td><td>4</td></tr>
<tr><td>6</td><td>恶臭</td><td>稀释倍数</td><td>50</td><td colspan="2">70</td><td>70</td><td>270</td></tr>
</table>

4.3　水质要求

无公害畜禽类产品加工水质应符合附表 1-1 的要求。

4.4　防疫要求

4.4.1　按照《中华人民共和国动物防疫法》及 GB 16 549 规定的要求进行。

4.4.2　采用“全进全出”养殖管理模式，生产地应建有隔离区。

4.4.3　实施灭鼠、灭蚊、灭蝇，禁止其他家畜禽进入养殖场内。

4.4.4　发现疫情应立即向当地动物防疫监督机构报告，接受防疫机构的指导，尽快控制、扑灭疫情，病死畜禽按 GB 16548 规定进行无害化处理。

4.5　消毒要求

4.5.1　养殖场应建立消毒制度，定期开展场内外环境消毒、畜禽体表消毒、饮用水消毒等不同消毒方式。

4.5.2　使用的消毒药应安全、高效、低毒、低残留。

4.5.3　进出车辆和人员应严格消毒。

5　试验方法

5.1　畜禽饮用、加工水质检测

5.1.1　砷的测定按 GB/T 7485 执行。

5.1.2　汞的测定按 GB/T 7468 执行。

5.1.3　铜、铅、镉的测定按 GB/T 7475 执行。

5.1.4　六价铬的测定按 GB/T 7467 执行。

5.1.5　氰化物的测定按 GB/T 7486 执行。

5.1.6　氟化物的测定按 GB/T 7483 执行。

5.1.7　氯化物的测定按 GB/T 11896 执行。

5.1.8　六六六、滴滴涕的测定按 GB/T 7492 执行。

5.1.9　大肠菌群的检测按 GB/T 4789.3 执行。

5.1.10　pH 的测定按 GB/T 6920 执行。

5.2　环境空气质量检测

5.2.1　总悬浮颗粒物的测定按 GB/T 15432 执行。

5.2.2　二氧化硫的测定按 GB/T 15262 执行。

5.2.3　氮氧化物的测定按 GB/T 15436 执行。

5.2.4　氟化物的测定按 GB/T 15433 执行。

5.2.5　铅的测定按 GB/T 15264 执行。

5.3　场区、舍区环境质量检测

5.3.1　氨气的测定按 GB/T 14668 执行。

5.3.2　硫化氢的测定按中国环境监测总站《污染环境统一监测分析方法》（废水部分）执行。

5.3.3　二氧化碳的测定按国家环保总局《水和废水监测分析方法》执行。

5.3.4　可吸入颗粒的测定场区按 GB 11667 执行，舍内按 GB/T 17095 执行。

5.3.5　恶臭的测定按 GB/T 14675 执行。

6　评价原则

6.1　无公害畜禽类产品生产加工环境质量必须符合 GB/T 18 407 的本部分的规定。

6.2　取样方法按相应的国家标准或行业标准执行。

6.3　检验结果的数值修约按 GB/T 8 170 执行。

附录 2　禁止在饲料和动物饮水中使用的药物品种目录（农业部公告第 176 号）

一、肾上腺素受体激动剂

1. 盐酸克仑特罗（Clenbuterol Hydrochloride）：《中华人民共和国药典》（以下简称《药典》）2000 年二部 P605。β2 肾上腺素受体激动药。

2. 沙丁胺醇（Salbutamol）：《药典》2000 年二部 P6。β2 肾上腺素受体激动药。

3. 硫酸沙丁胺醇（Salbutamol Sulfate）：《药典》2000 年二部 P870。β2 肾上腺素受体激动药。

4. 莱克多巴胺（Ractopamine）：一种 β 兴奋剂，美国食品和药物管理局（FDA）已批准，中国未批准。

5. 盐酸多巴胺（Dopamine Hydrochloride）：《药典》2000 年二部 P591。多巴胺受体激动物。

6. 西马特罗（Cimaterol）：美国氰胺公司开发的产品一种兴奋剂，FDA 未批准。

7. 硫酸特布他林（Terbutaline Sulfate）：《药典》2000 年二部 P890。β2 肾上腺素受体激动药。

二、性激素

8. 己烯雌酚（Diethylstibestrol）：《药典》2000 年二部 P42。雌激素类药。

9. 雌二醇（Estradiol）：《药典》2000 年二部 P1 005。雌激素类药。

10. 戊酸雌二醇（Estradiol Valerate）：《药典》2000 年二部

P124。雌激素类药。

11. 苯甲酸雌二醇（Estradiol Benzoate）：《药典》2000 年二部 P369。雌激素类药。《中华人民共和国兽药典》（以下简称《兽药典》）2000 年版一部 P109。雌激素类药。用于发情不明显动物的催情及胎衣滞留、死胎的排出。

12. 氯烯雌醚（Chlorotrianisene）《药典》2000 年二部 P919。

13. 炔诺醇（Ethinylestradiol）《药典》2000 年二部 P422。

14. 炔诺醚（Quinestrol）《药典》2000 年二部 P424。

15. 醋酸氯地孕酮（Chlormadinone acetate）：《药典》2000 年二部 P1037。

16. 左炔诺孕酮（Levonorgestrel）：《药典》2000 年二部 P107。

17. 炔诺酮（Norethisterone）：《药典》2000 年二部 P420。

18. 绒毛膜促性腺激素（绒促性素）（Chorionic Gonadotrophin）：《药典》2000 年二部 P534。促性腺激素药。《兽药典》2000 年版一部 P146。激素类药。用于性功能障碍、习惯性流产及卵巢囊肿等。

19. 促卵泡生长激素（尿促性素主要含卵泡刺激 FSHT 和黄体生成素 LH）（Menotropins）：《药典》2000 年二部 P321。促性腺激素类药。

三、蛋白同化激素

20. 碘化酪蛋白 Iodinated Casein）：蛋白同化激素类，为甲状腺素的前驱物质，具有类似甲状腺素的生理作用。

21. 苯丙酸诺龙及苯丙酸诺龙注射液（Nandrolone phenylpropionate）：《药典》2000 年二部 P365。

四、精神药品

22.（盐酸）氯丙嗪（Chlorpromazine Hydrochloride）：《药

典》2000年二部P676。抗精神病药。《兽药典》2000年版一部P177。镇静药。用于强化麻醉以及使动物安静等。

23. 盐酸异丙嗪（Promethazine Hydrochloride）：《药典》2000年二部P602。抗组胺药。《兽药典》2000年版一部P164。抗组胺药。用于变态反应性疾病，如荨麻疹、血清病等。

24. 安定（地西泮）（Diazepam）：《药典》2000年二部P214。抗焦虑药、抗惊厥药。《兽药典》2000年版一部P61。镇静药、抗惊厥药。

25. 苯巴比妥（Phenobarbital）：《药典》2000年二部P362。镇静催眠药。《兽药典》2000年版一部P103。巴比妥类药。缓解脑炎、破伤风、士的宁中毒所致的惊厥。

26. 苯巴比妥钠（Phenobarbital Sodium）：《兽药典》2000年版一部P105。巴比妥类药。缓解脑炎、破伤风、士的宁中毒所致的惊厥。

27. 巴比妥（Barbital）：《兽药典》2000年版一部P27。中枢抑制和增强解热镇痛。

28. 异戊巴比妥（Amobarbital）：《药典》2000年二部P252。催眠药、抗惊厥药。

29. 异戊巴比妥钠（Amobarbital Sodium）：《兽药典》2000年一部P82。巴比妥类药。用于小动物镇静、抗惊厥和麻醉。

30. 利血平（Reserpine）：《药典》2000年二部P304。抗高血压药。

附录3　怀溪番鸭饲养管理技术规程

1　范围

DB 330326/10 的本部分规定了怀溪番鸭的类群特征、饲养管理、无公害农产品生产、动物防疫准则、活鸭运输和入舍的要求。

本部分适用于加工怀溪番鸭炖品的番鸭饲养。

2　规范性引用文件

下列文件中的条款通过 DB 330326/10 的本部分的引用而成为本部分的条款。凡是注日期的引用文件，其随后所有的修改单（不包括勘误的内容）或修订版均不适用于本部分，然而，鼓励根据本部分达成协议的各方研究是否可使用这些文件的最新版本。凡是不注日期的引用文件，其最新版本适用于本部分。

GB 16548　畜禽病害肉尸及其产品无害化处理规程

GB/T 16569　畜禽产品消毒规范

NY/T 388　畜禽场环境质量标准

NY/T 5027　无公害食品 畜禽饮用水水质

GB 13078　饲料卫生标准

NY/T 5264　无公害食品 肉鸭饲养管理技术规范

中华人民共和国畜牧法

中华人民共和国动物防疫法

3　术语和定义

下列术语和定义适用于 DB 330326/10 的本部分。

3.1　怀溪番鸭

怀溪番鸭以放养为主，适当补充精饲料，饲养期不短于 120 日龄。

3.2 怀溪番鸭炖品

以怀溪番鸭为原料鸭及怀溪产的米酒、嫩姜等佐料，采用铁锅、柴爿慢火炖制而成。

3.3 雏鸭

指出壳到28日龄为雏鸭。

3.4 中番鸭

29～90日龄为中番鸭，亦称青年番鸭。

3.5 育肥鸭

指91日龄至育肥结束（约30d）。

4 番鸭类群特征

4.1 番鸭类群

怀溪番鸭。

4.2 类群特征

全身羽毛洁白，喙的基部和眼圈周围有红色或黑色的肉瘤，公鸭肉瘤展现较宽，喙短而狭。头大，颈短。体形前尖后窄，像长椭圆形，胸部平坦宽阔，尾部扁平而向上微翘。成鸭体重公鸭3.5～4.5kg，母鸭1.8～2.1kg。

5 场地环境卫生要求

5.1 环境卫生条件

5.1.1 番鸭饲养场的环境卫生质量应符合NY/T 388的要求，污水、污物处理应符合国家环保要求。

5.1.2 番鸭饲养场的选址、建筑布局及设施应符合NY/T 5264的要求。

5.1.3 自繁自养的番鸭饲养场应严格执行种鸭场、孵化场和商品鸭场相对独立，防止疫病互相传播。

5.1.4 病害肉尸的无害化处理和消毒分别按GB 16548和GB /T 16569的要求进行。

5.2 鸭舍内设备

5.2.1 鸭舍内应设置食盆、饮水器具、沙粒盆、产蛋箱等。

5.2.2 防寒保暖设施 主要有电热伞，直径1m，离地面高10cm。同时建成雏鸭保温室，保温室用棉毯、麻袋或塑料薄膜等进行隔热保温，并注意通风换气。

5.2.3 消毒池 鸭场门口应设置消毒池，放置消毒液，每天1次，用于进出鸭舍人员地面消毒。

6 不同时期番鸭饲养管理

6.1 饲养管理一般原则

6.1.1 天然饲料

6.1.1.1 能量饲料 主要有玉米、四号粉、麸皮、米糠，用量占日粮的60%～70%，其中玉米用量可占日粮的30%～40%。

6.1.1.2 蛋白质饲料 主要有豆粕、菜籽粕，用量为日粮的5%～20%。动物蛋白有鱼粉和鱼虾、泥鳅、黄鳝、螺蛳等。

6.1.1.3 青饲料 常用的有青菜、青草、番薯藤、南瓜、胡萝卜等。

6.1.1.4 矿物质饲料 常用的有骨粉和贝壳粉，用量为日粮的2%～3%。

6.1.2 配合饲料

6.1.2.1 饲料营养成分指标，应符合附表3-1的要求。

附表3-1 营养成分指标

营养成分	雏鸭（1～28日龄）		中番鸭（29～90日龄）		育肥鸭（91日龄至育肥结束）	
	最低	最高	最低	最高	最低	最高
代谢能（MJ/kg）	11.7	12.33	11.07	11.7	10.87	11.08
粗蛋白质（%）	19.0	20.5	17.0	18.0	15.5	17
粗纤维（%）	—	4.0	—	4.5	—	6.0

（续）

营养成分	雏鸭（1～28日龄）		中番鸭（29～90日龄）		育肥鸭（91日龄至育肥结束）	
	最低	最高	最低	最高	最低	最高
钙（%）	1.0	1.20	0.90	1.2	1.00	1.50
有效磷（%）	0.45	0.5	0.4	0.5	0.4	0.5
赖氨酸（%）	1.0	—	0.8	—	0.65	—
蛋氨酸+胱氨酸（%）	0.85	—	0.75	—	0.63	—
色氨酸（%）	0.23	—	0.16	—	0.16	—

6.1.2.2　配合要求　原料要新鲜，不能发霉变质。

6.1.3　添加剂

6.1.3.1　添加禽用多种维生素和微量元素。

6.1.3.2　应符合农业部《饲料和饲料添加剂管理条例》及《允许使用的饲料添加剂品种目录》的规定。

6.1.4　饮用水

6.1.4.1　水质应符合NY 5 027的要求。

6.1.4.2　饮用水供给整天不断，自由饮用。

6.1.5　饲料卫生指标按照GB 13 078的规定执行。

6.1.6　巡视　每天巡视观察鸭子的采食、饮水、粪便等情况，发现情况及时处理。

6.1.7　记录　做好记录工作，包括雏鸭、中番鸭、育肥鸭生长发育记录等。

6.2　雏鸭饲养管理

6.2.1　保温　冬春季节气温较低，群养育雏保温采用红外线灯保温伞，每盏250W红外线灯保温100～120只雏鸭。室温控制标准为：第一周28℃左右，每周减2℃，直至常温。

6.2.2　光照　出壳雏鸭3d内需24h光照，以后逐渐减少光照时间，晴天尽量让阳光充分照射。

6.2.3　饲养密度　采用平养的鸭舍，雏鸭1～7日龄时每平方米地面养40～30只，8～28日龄时养20～15只。

6.2.4　通风条件　雏番鸭需氧较多，对空气中的有害气体很敏感，要求鸭舍通风良好。

6.2.5　设备　要有料槽和饮水槽，每只雏番鸭都有足够饮水和采食位置。

6.2.6　饮水喂食　雏鸭出壳后24h，先饮水，后开食。雏番鸭用饮水器给水，以免沾湿鸭毛。

6.2.7　1～28日龄雏番鸭的饲料配方为：玉米40%，四号粉20%，麸皮5%，细糠10%，豆饼17%，鱼粉6%，矿物质与维生素适量。

6.3　中番鸭饲养管理

6.3.1　饲养密度

每平方米15～10只。

6.3.2　饲料配方

玉米50%，四号粉14%，麸皮7%，细糠10%，豆饼14%，鱼粉4%，矿物质与维生素适量。

6.3.3　管理

日喂食每天4～5次。进入中鸭时期，应增加下水的次数。

6.4　育肥鸭饲养管理

番鸭的育肥时间，宜在91日龄开始，肥育期约30d。

6.4.1　育肥鸭饲养

放养番鸭须补充精饲料和粗饲料，加喂动物性饲料。

6.4.2　育肥鸭管理

降低密度，并增加适量运动，防止被暴雨或烈日淋晒。

7　疾病防治

在番鸭饲养过程中，常见疾病有细小病毒病、鸭病毒性肝炎和啄羽癖等。

7.1 细小病毒病

用雏番鸭细小病毒疫苗，于3～5日龄时免疫接种，每羽皮下或肌内注射0.3mL。

7.2 鸭病毒性肝炎

用其弱毒疫苗进行主动免疫，或在发病初期用卵黄抗体进行紧急被动免疫。

7.3 啄羽癖

在群养番鸭的羽毛快速生长期，应提高维生素和微量元素添加水平，剂量要比常规大1倍左右；并在2周龄时断喙。在日常饲养管理中，结合加强卫生消毒，建立防疫制度，降低番鸭死亡率。

8 活鸭运输和入舍

8.1 包装

远距离运输时，可用竹笼或塑料笼（长×宽×高，80cm×50cm×40cm）上面覆盖渔网，每笼只能装8只，竹笼或塑料笼可重叠堆放，但不能挤压。

8.2 运输

8.2.1 调运的番鸭，场方必须出具当地动物防检监督机构签发的活鸭检疫合格证。如调运种鸭，必须有足环和种鸭卡片，注明产地、数量。

8.2.2 搬运和装车时，番鸭竹笼要轻拿轻放，车厢要避光透风。

8.3 入舍

运到目的地后，不能直接进入鸭舍，要隔离观察2周后，确定无疫病症状后，方可进入鸭舍。

9 无公害农产品生产

9.1 符合《中华人民共和国畜牧法》有关规定。

9.2　无公害番鸭饲养环境清洁卫生，粪尿无害化处理，鸭场环境符合无公害农产品产地环境要求。

9.3　合理使用兽药、饲料、添加剂等投入品

9.3.1　禁止使用国家和省明令禁止或淘汰的农业投入品。

9.3.2　禁止在无公害番鸭饲养、加工过程中使用违禁药物和有毒有害物质。

9.3.3　禁止在无公害番鸭饲养过程中使用未经国家或省批准的兽药、饲料、添加剂等农业投入品。

9.3.4　无公害番鸭饲养过程中使用兽药、添加剂等农业投入品后，必须达到安全间隔期、休药期，并经检验合格。

9.4　实行无公害番鸭产品质量安全跟踪制度。无公害番鸭产品生产过程中有完整的生产活动记录，包括兽药、饲料、添加剂等农业投入品的使用及防疫情况。

9.5　实行无公害番鸭农产品产地认证制度。经审查通过认定后，鸭场挂牌设立无公害番鸭农产品产地标识。

9.6　无公害番鸭产品实行产地检疫，销售时实行检疫和检验制度。检验合格的番鸭方可上市销售。

9.7　暂养、运输无公害番鸭产品的器具、设备和条件应符合国家和省规定的卫生标准要求。

10　动物防疫准则

10.1　应符合《中华人民共和国动物防疫法》有关规定。

10.2　封闭管理

10.2.1　人员管理要求　禁止非本场人员进入生产区；本场饲养人员进入生产区必须更换工作衣鞋，经消毒池入内。

10.2.2　工具车辆要求　场内外工具车辆要严格分开，定期消毒；场外车辆不得进入。

10.2.3　鸭群要求　实行全进全出制度，禁止与其他动物混养，禁止其他畜产品带入生产区。

10.2.4 引种要求 引种前要了解产地疫病情况并经检疫，引入后要隔离饲养观察2个星期。

10.3 科学免疫

按免疫程序对番鸭群进行免疫。重点做好禽流感、雏鸭病毒性肝炎、鸭瘟、番鸭白点病、鸭细小病毒等疫苗接种。对番鸭常见的几种疾病，如副伤寒、鸭出败、曲霉菌病、脱毛症、寄生虫病等及时做好预防工作。

10.4 规范消毒

消毒工作须做到经常化、制度化，定期交替使用广谱高效、低毒的消毒剂；制订科学消毒程序，即空舍严格消毒、存栏鸭舍带鸭消毒、鸭场门口设立消毒池。

10.5 合理用药

规模鸭场兽医用药严格执行处方用药制度，定期采集病料标本送上一级检验机关进行细菌分离培养和药敏试验，针对下药。

10.6 疫情监测

兽医每天定期巡查鸭舍，发现疫情及时上报，并采取应对措施；发现疫点迅速拔除，防止疫情扩散。

附　录　A

（规范性附录）

附表3-2　常用消毒药品及剂量

名称	消毒剂量	用　途
过氧乙酸	0.2%～0.5%　溶液	浸泡用具、人员洗手及带鸭消毒
来苏儿	3%～5%　溶液	鸭笼、用具、人员洗手消毒
甲醛	40%原液，每立方米14mL，加水一倍，用7g高锰酸钾熏蒸	衣、物、用具。剂量加倍熏蒸鸭舍。也可不用高锰酸钾、直接喷雾消毒

（续）

名称	消毒剂量	用 途
烧碱	2%～3% 溶液	空鸭舍及环境消毒
漂白粉	5% 悬浮液	空鸭舍喷洒消毒、粪便消毒
酒精	70% 溶液	注射针头、注射部位皮肤消毒
农福	0.4%～1% 溶液	鸭舍地面、用具、物品及车辆消毒
雅好生	1%～3% 溶液	带鸭消毒，鸭舍环境及垫料消毒
新洁尔灭	0.1%～1% 溶液	人员洗手消毒，器械用具消毒

附录4　常用饲料营养成分表

（摘自中国饲料数据库—1994）

序号	饲料名称	鸡代谢能(MJ/kg)	鸭代谢能(MJ/kg)	粗蛋白质（%）	粗脂肪（%）	粗纤维（%）	钙（%）	总磷（%）	有效磷（%）	赖氨酸（%）	蛋氨酸（%）	蛋＋胱氨酸（%）	色氨酸（%）	备注
1	玉米	13.47	16.90	8.0	3.3	2.1	0.02	0.27	0.12	0.24	0.16	0.34	0.06	
2	高粱	12.30	13.68	9.0	3.4	1.4	0.13	0.36	0.17	0.18	0.17	0.29	0.08	
3	小麦	12.72	14.87	13.9	1.7	1.9	0.17	0.41	0.22	0.30	0.25	0.49	0.15	
4	小麦麸	6.82	10.60	15.7	3.9	8.9	0.11	0.92	0.24	0.58	0.13	0.39	0.20	
5	稻谷	11.00	13.64	7.8	1.5	8.1	0.03	0.36	0.20	0.29	0.19	0.35	0.10	
6	糙米	14.06	17.72	8.8	2.0	0.7	0.03	0.35	0.15	0.32	0.20	0.34	0.12	
7	米糠（二八）	10.17	10.68	12.8	16.5	5.7	0.07	1.43	0.10	0.34	0.25	0.44	0.14	
8	米糠粕	8.28	/	15.1	2.0	7.5	0.14	1.69	0.22	0.72	0.28	0.60	0.17	
9	小米	11.88	/	9.7	2.3	6.8	0.12	0.30	0.11	0.15	0.25	0.45	0.17	
10	大麦（裸）	11.21	13.10	13.0	2.1	2.0	0.04	0.39	0.21	0.44	0.14	0.39	0.16	
11	四号粉	12.80	12.44	13.6	2.1	2.8	0.08	0.52	—	0.52	0.16	0.49	0.18	

（续）

序号	饲料名称	鸡代谢能(MJ/kg)	鸭代谢能(MJ/kg)	粗蛋白质（%）	粗脂肪（%）	粗纤维（%）	钙（%）	总磷（%）	有效磷（%）	赖氨酸（%）	蛋氨酸（%）	蛋+胱氨酸（%）	色氨酸（%）	备注
12	进口鱼粉	11.67	—	62.8	9.7	1.0	3.87	2.76	2.76	4.90	1.84	2.42	0.73	
13	国产鱼粉	11.46	13.39	52.5	11.6	0.4	5.74	3.12	3.12	3.41	0.62	1.00	0.67	
14	大豆粕	9.62	14.61	43.0	1.9	5.1	0.32	0.61	0.31	2.45	0.64	1.3	0.68	
15	菜籽粕	7.41	9.78	38.6	1.4	11.8	0.65	1.07	0.42	1.3	0.63	1.5	0.43	
16	棉籽粕	7.32	10.18	40.5	7.0	9.7	0.21	0.88	0.28	1.56	0.46	1.24	0.43	
17	花生粕	10.88	14.38	47.8	1.4	6.2	0.27	0.56	0.33	1.40	0.41	0.81	0.45	
18	玉米蛋白粉	13.30	16.21	44.3	6.0	1.6	—	—	—	0.71	1.04	1.69	—	
19	羽毛粉（水解）	11.42	8.13	77.9	2.2	0.7	0.20	0.68	0.68	1.65	0.59	3.52	0.40	
20	豆油	35.90	38.32											
21	牛脂	34.78	37.35											
22	贝壳粉						33.4	0.14						
23	石粉						38.0	—						
24	骨粉						30.0	14.0						
25	磷酸氢钙						16.0	14.4						

主要参考文献

曹平，2006. 消毒药在家禽生产中的应用［J］. 中国家禽（7）.
陈烈，赵爱珍，1991. 科学养鸭［M］. 北京：金盾出版社.
龚惠人，2004. 种番鸭自然培育经济性优于强制换羽［J］. 中国家禽（21）.
贺丹艳，等，2012. 50～75日龄番鸭日粮限制性氨基酸水平研究［J］. 中国家禽（2）.
胡功政，等，2010. 家禽常用药物及其合理使用［M］. 郑州：河南科学技术出版社.
黄瑜，等，2014. 禽坦布苏病毒感染的宿主及临床表现［J］. 中国兽医杂志（11）.
黄瑜，苏敬良，等，2001. 鸭病诊治彩色图谱［M］. 北京：中国农业大学出版社.
焦库化，王志强，等，2005，水禽常见病防治图谱［M］. 上海：上海科学技术出版社.
李健，等，2014. 种鸭蛋入孵前的处理［J］. 养禽与禽病防治（10）.
李可友，等，2005. 麻步白番鸭的生产现状及品种保护［J］. 浙江畜牧兽医（1）.
连森阳，等，2010. 番鸭本品种人工授精的关键技术［J］. 福建畜牧兽医（6）.
陆新浩，等，2011. 禽病类症鉴别诊疗彩色图谱［M］. 北京：中国农业出版社.
王光瑛，等，1999. 番鸭养殖新技术［M］. 福州：福建科学技术出版社.
吴晓玲，2009. 番鸭人工授精技术及其注意事项［J］. 水禽世界（3）.
杨芷，等，2015. 番鸭饲养阶段划分及饲养标准研究进展［J］. 上海畜牧兽医通讯（2）.
张建华，等，2011. 番鸭特性及其代谢能和蛋白质营养需要的研究进展

[J]．饲料博览（7）．
张建华，等，2012．1～3周龄黑羽公番鸭代谢能和粗蛋白质需要量的研究［J］．动物营养学报（8）．
张建华，等，2012．4～7周龄黑羽公番鸭代谢能和粗蛋白质需要量的研究［J］．动物营养学报（12）．
赵刚，2014．兽用消毒药分类及使用方法简介［J］．湖北畜牧兽医（5）．
朱模忠，等，2002．兽药手册［M］．北京：化学工业出版社．
朱云芬，等，2012．水禽营养需要与饲料营养价值评定技术［J］．中国家禽（14）．
邹仕庚，等，2009．肉番鸭营养需要与饲料配制［J］．广东饲料（10）．